物　理

（第三分册）

主编　刘　萍
编者　强蕴蕴

U0282176

图书在版编目(CIP)数据

物理.第3分册/刘萍主编;强蕴蕴编. —西安:西安交通大学出版社,2015.7(2021.1重印)
西安交通大学少年班规划教材
ISBN 978-7-5605-7471-4

Ⅰ.①物… Ⅱ.①刘… ②强… Ⅲ.①物理学-高等学校-教材 Ⅳ.①O4

中国版本图书馆CIP数据核字(2015)第129203号

书　　名 物理(第三分册)
主　　编 刘　萍
责任编辑 刘雅洁
责任校对 李　文

出版发行 西安交通大学出版社
(西安市兴庆南路1号　邮政编码710048)
网　　址 http://www.xjtupress.com
电　　话 (029)82668357　82667874(发行中心)
(029)82668315(总编办)
传　　真 (029)82668280
印　　刷 广东虎彩云印刷有限公司

开　　本 787mm×1 092mm　1/16　**印张** 11.75　**字数** 271千字
版次印次 2016年8月第1版　2021年1月第6次印刷
书　　号 ISBN 978-7-5605-7471-4
定　　价 36.00元

读者购书、书店添货如发现印装质量问题,请与本社发行中心联系、调换。
订购热线:(029)82665248　(029)82665249
投稿热线:(029)82669097　QQ:8377981
读者信箱:lg_book@163.com

版权所有　侵权必究

“西安交通大学少年班规划教材”编写委员会

主　任：杨　森

委　员（以姓氏笔画为序）：

仇国巍	毛建林	牛　莉	王　卫	王　娟	王黎辉
申建中	刘　炜	刘　萍	成　旻	吴　萍	张　晏
张小莉	张则玫	李　田	李　红	李　峰	李甲科
汪五一	邱　捷	陈晓军	苏蕴文	和　玲	庞加光
金　磊	段新华	胡　洁	胡友笋	费仁允	赵英良
郗英欣	闻一波	徐　樑	秦　江	秦春华	贾应智
顾　刚	崔舒宁	常　舒	常争鸣	曹瑞军	龚　颖
强蕴蕴	焦占武	程向前	蒋　帅	蒋　跃	简少国
樊亚东	樊益武				

总 序

为进行创新与素质教育改革试点，以探索新形势下高校与中学合作培养拔尖创新人才的新途径，经教育部批准，西安交通大学从1985年开始在全国范围内招收少年班大学生，目的在于不拘一格选拔智力超常的少年，进行专门培养，促使他们尽早成才。在教育部的支持下，西安交大历经30年的实践与探索，逐步形成了选拔、培养和后续培养的少年大学生培养体系，取得了明显的效果，一批又一批少年大学生脱颖而出，众多毕业生已在祖国各条战线上为国家建设做出突出贡献。

目前，西安交大少年班实行"预科(两年)—本科(四年)—硕士(两年)"八年制贯通培养模式：其中，预科阶段分别在中学(预科一)和大学(预科二)进行，为期两年。在预科学习中，少年班大学生既要学完高中三年的全部知识，又要先修部分大学基础知识，完成中学教育与高等教育的平滑过渡。而现行的教材无一例外都是中学与大学知识体系分开的教材，这种分开的教材反映出我国中学与大学教育在认知、方法和规律上存在着差异。因此，编写一套适合少年班大学生预科阶段学习的教材，在人才培养模式上实现中学基础教育与高等教育无缝衔接，是一项极具前瞻性和战略意义的教育任务。

对此，西安交通大学教务处于2009年9月启动少年班预科教材编撰工作，并专门设立教学改革项目，组织专家与教师进行少年班预科教材的研究与编写；2010年开始，教务处陆续出版了少年班预科试用教材；2011年12月，西安交通大学成立拔尖人才培养办公室(拔尖办)，少年班预科教材编撰任务交由拔尖办负责；2013年5月和12月，拔尖人才培养办公室连续两次组织相关任课教师与专家召开少年班预科教材编撰工作研讨会，来自大学及高中近60名专家和一线教师谨遵因材施教，发掘潜能，注重创新的指导思想，通过多次研讨和严格审核，规范了少年班预科课程教学大纲的内容，并决定在试用教材的基础上，于2014年正式出版少年班预科系列教材。

此次少年班预科教材涉及语文、数学、英语、物理、化学和计算机等课程，是专门针对少年班大学生的特点设计的预科教材，这些教材的出版不仅推动了少年班培养模式的创新与完善，同时对于探索新形势下教育体制改革有着重要的探索指导意义。最后，拔尖人才培养办公室要向参与少年班教材编撰工作的全体人员表示感谢，对他们的奉献表示敬意，并期望这些教材能受到少年大学生的欢迎。同时希望作者不断改版，形成精品，为中国的高等教育做出贡献。

杨森

西安交通大学拔尖人才培养办公室

2014年8月20日

前言

FOREWORD

自然界的物质永远处于永恒不息的运动变化之中。物质的运动变化具有各种各样的形态，每种运动形态都有其独特的规律。有些运动形态比较简单，有些运动形态则比较复杂。但是，比较复杂的运动形态都是在比较简单的运动形态的基础上发生的，并且包括了这些简单的运动形态。物理学就是研究这些最简单、最基本因而也是最普遍的运动形态所遵循的规律的学科。物理学所研究的规律具有极大的普遍性，其基本理论渗透到自然科学的各个领域，应用于生产技术的各个部门；物理学所创立的认识论与方法论，在人类追求真理，探索未知世界的过程中，也具有极其普遍的意义。

物理学课程是一门重要的基础理论课。通过物理学的学习，能够使学生比较系统地了解和掌握物理学的基本知识、基本规律和基本的思想方法；培养学生应用所学理论分析和解决实际问题的能力；特别是发现问题和自主创新的能力；帮助学生树立科学的世界观；同时为学习后续课程打好必要的物理基础；也为以后工作中再学习，进行知识更新打好理论基础。这些基本理论在人的一生中是长远起作用的。

本教材是参照《普通高中物理课程标准(实验)》和《高等工业学校物理课程教学基本要求》专门为少年班预科阶段编写的，前承初中物理，后接大学物理，涵盖了高中物理所要求的全部内容。编写中充分考虑到少年班学生的特点，除了着重讲清物理知识和物理规律外，特别注重使学生掌握物理思想和物理方法。在讲述每个物理定律之前，总是先讲述该定律产生的背景和过程，使学生体会到人类在认识自然的征程中，是如何揭开自然的奥秘，做到有所发现，有所创造的，从而启发学生的创新意识。为了增加信息量，在每章中还穿插选编了部分“课外拓展阅读”的内容，介绍物理学发展前沿和科学技术的新成就。尽管这些内容中有些在物理学界尚无定论，但对扩展学生的视野，激发学生学习物理的兴趣和研究物理的积极性是大有裨益的。

本教材共分三分册。第一分册由苏州中学秦江主编；第二分册由西安交通大学附属中学王黎辉主编，参加编写的有陈晓军、秦春华等；第三分册由西安交通大学大学物理教研室刘萍主编，参加编写的有强蕴蕴等。西安交通大学李甲科教授统阅了全稿。

在教材编写过程中，编者们参阅了许多国内外有创意的优秀教材和参考资料，在此恕不一一列举，谨向相关作者表示诚挚的谢意。由于时间紧迫和编者的水平所限，疏漏和不妥之处在所难免，恳请读者批评指正。

编　者

2015 年 6 月

目 录

CONTENTS

第 11 章 液体的流动

我们知道,固体不仅具有一定的体积,还具有一定的形状,而液体和气体则不同,它们不能保持固定的形状,各部分之间易发生相对运动,这种性质称为流动性(fluidity)。因为液体和气体都具有流动性,所以统称为流体(fluid)。研究流体运动规律以及流体与其中物体之间相互作用的力学称为流体动力学(hydrodynamics)。本章中我们将以液体为主来讨论流体动力学的一些基本规律,所得结论在一定范围内也适用于气体。

流体动力学是水力学、空气动力学、生物流变学等许多学科的理论基础,它在给水排水、防暑降温、采暖通风等许多工程中都有广泛应用。

11.1 理想液体的稳定流动

11.1.1 理想液体

液体可以被压缩,这种性质称为可压缩性(compressibility)。当液体各部分之间出现相对运动时,在其内部将出现摩擦力,称为内摩擦力(internal friction),液体的这种性质称为粘滞性(viscosity)。因此影响液体流动的因素除流动性外还有可压缩性和粘滞性,但是这些因素的影响程度是不相同的。例如,水在 10 ℃时,每增加一个大气压,体积只不过减少原来体积的二万分之一,因此,一般情况下,可压缩性是一个次要因素,可以忽略不计。对于粘滞性,将在本章的后半部分中讨论。许多常见液体(如水、酒精)的内摩擦力很小,因此粘滞性对这些液体来说,仍可作为次要因素而忽略。为了突出影响液体流动的主要因素(流动性),暂时忽略其次要因素(可压缩性和粘滞性),我们引入理想液体(ideal liquid)这一模型,所谓理想液体就是绝对不可压缩并且没有粘滞性的液体。理想液体事实上不存在,但根据这一理想模型得出的结论,在一定条件下完全可以近似地说明实际液体的流动情况。

液体可以看成是由许多液体微粒组成的系统。流体动力学中描述液体的流动有两种方法,一种和描述质点运动的方法相似,即研究某个液体微粒在各时刻的运动规律,然后再推广到整个液体。另一种方法是研究液体所在空间中的一点,对先后流经这一点的所有液粒,看它们的速度、压强等是如何随时间变化的。因此这种方法的着眼点是液体所在的空间。只要我们把上述观察点的位置遍及空间中的各点,那么整个液体的流动情况也就清楚了。本章采用的是后一种方法。

11.1.2 流线和流管

由于液体内部各部分之间可以做相对运动,所以一般情况下在流动中的某一瞬时,流经各处的速度可能并不相同，为了描述这一瞬时液体微粒的速度方向在空间的分布情况，我们可以在液体中画出这样一些线，使这些线上各点的切线方向和液体微粒在这一点的速度方向一致，这些线就称为这一时刻的流线(streamline)。因为液体微粒在任何时刻流经任一定点的速度只有一个，因此流线是不相交的。

如果液体流经空间各点的速度不随时间改变，这种流动状态称为稳定流动，简称稳流(stationary flow)。如图 11.1 所示，虽然 A、B、C 三处液体微粒的速度不同，但它们的大小和方向都不随时间改变，任何时刻流经 A 处的液体微粒速度总是 v_A，流经 B 处的液体微粒速度总是 v_B，流经 C 处的液体微粒速度总是 v_C，这样的流动状态就是稳定流动。显然，在稳流状态下，流线的形状是不随时间改变的，流线也就是液体微粒的运动轨迹。

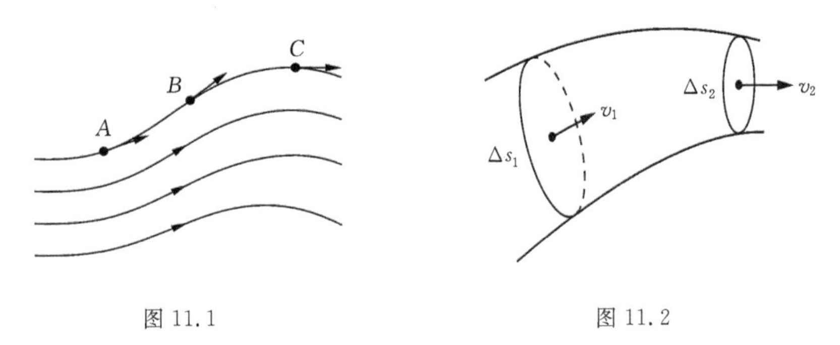

图 11.1　　　　图 11.2

如图 11.2 所示，假设在流动液体中划出一个小截面 Δs_1，并通过它的周边上各点作许多流线，这些流线所组成的管子就称为流管(flow tube)。因流线不相交，流管里面的液体不会穿出管外，管外的液体也不会流到管里去。整个流动的液体可以看作是由许多流管组成的，因此只要掌握了液体在流管中的运动规律，整个液体的流动规律也就可以知道了。为此，下面我们只讨论液体在一根流管中所做的稳定流动。

11.1.3　液体流动连续性原理

如图 11.2 所示，在稳定流动的液体中取一流管，并任意作两个与流管垂直的截面 Δs_1 及 Δs_2。设液体流过这两个截面时流速的大小分别为 v_1 和 v_2。则 Δt 时间内流过截面 Δs_1 的液体体积应等于 $\Delta s_1 v_1 \Delta t$，流过截面 Δs_2 的液体体积应等于 $\Delta s_2 v_2 \Delta t$。对于作稳定流动的不可压缩液体来说，在同样时间内流过两截面的液体体积应该相等，由此得

$$\Delta s_1 v_1 \Delta t = \Delta s_2 v_2 \Delta t$$

即

$$\Delta s_1 v_1 = \Delta s_2 v_2 \tag{11.1}$$

上式对该流管中任意两个与管垂直的截面都是成立的，所以一般可以写成

$$sv = \text{常量} \tag{11.2}$$

这说明不可压缩的液体在流管中作稳定流动时，液体的流速 v 与流管的截面积 Δs 成反比，即粗处流速小，细处流速大。这一结论称为液体流动连续性原理，式(11.2)称为液体流动连续性方程。这个原理不仅适用于作稳定流动的理想液体，亦适用于不可压缩粘滞性实际液体的稳定流动，但 v 为液体流经截面 Δs 时的平均流速。

单位时间内流过流管中任一截面的液体体积称为流量，用符号 Q 表示。液体流动连续性原理也说明：不可压缩的液体，在流管中作稳定流动时的流量不变。

11.2 伯努利方程

现在我们来讨论理想液体作稳定流动时压强、流速和高度之间的关系。如图 11.3 所示，理想液体在一根截面不均匀的细小流管中由左向右作稳定流动。设液段 XY 经很短的时间 Δt 后移到了 $X'Y'$，在这段时间内，假设液段动能的变化为 ΔE_k，势能的变化为 ΔE_p，外力对液段所做的净功为 W。由于是理想液体，没有内摩擦力，根据功能原理，机械能的变化应等于外力所做的功，即

$$\Delta E_k + \Delta E_p = W \tag{11.3}$$

下面我们分别求上式中的各项。

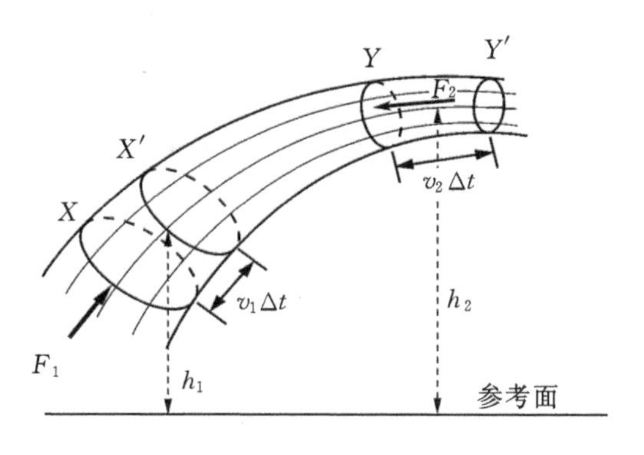

图 11.3

从图中可见，在 Δt 时间内，液段虽由 XY 移到了 $X'Y'$，但由于是作稳定流动，各点的压强、流速等物理量是不随时间变化的，因此，在这段时间内，液段中 $X'Y$ 部分的机械能不会发生变化，而变化的仅仅是 XX' 部分被 YY' 部分所取代，所以 ΔE_k 即为 XX' 和 YY' 部分动能之差。对于 ΔE_p，由于理想液体不可压缩，没有弹性势能，因此它应为 XX' 和 YY' 部分的重力势能之差。

因为我们取的流管很细，时间又很短，所以 XX' 部分的截面积可视为不变，设为 s_1；XX' 间流体的压强、流速和相对于参考面的高度也可视为不变，分别设为 p_1、v_1 和 h_1；同理，YY' 部分的截面积、压强、流速和相对于参考面的高度分别设为 s_2、p_2、v_2 和 h_2。显然，XX' 部分和 YY' 部分液体的质量应该相同，设为 m，则

$$\Delta E_k = \frac{1}{2}mv_2^2 - \frac{1}{2}mv_1^2 \tag{11.4}$$

$$\Delta E_p = mgh_2 - mgh_1 \tag{11.5}$$

我们再来求外力对液段 XY 所做的功 W。因为理想液体没有内摩擦力，因此，流管周围的液体对管内液段的作用力垂直于流动方向，对液段不做功，只有流管内 XY 段左边的液体给予一个推力 $F_1(=P_1s_1)$ 促使它流动，同时 XY 段右边的液体又给予一个阻力 $F_2(=P_2s_2)$ 阻碍它运动。其中 F_1 是沿着液流方向使 X 截面位移了 $v_1\Delta t$，故 F_1 做了正功 $F_1v_1\Delta t$；Y 截面则在 F_2 的阻碍下位移了 $v_2\Delta t$，故 F_2 做了负功 $F_2v_2\Delta t$。所以外力对液段 XY 所做的功应为

$$W = F_1v_1\Delta t - F_2v_2\Delta t = P_1s_1v_1\Delta t - P_2s_2v_2\Delta t$$

式中的 $s_1v_1\Delta t$ 和 $s_2v_2\Delta t$ 分别等于 XX' 及 YY' 之间的液体体积，按照液体流动连续性方程，这两个体积是相等的，用 V 表示，则上式可改写为

$$W = P_1V - P_2V \tag{11.6}$$

将式(11.4)、式(11.5)、式(11.6)代入式(11.3)中，得到

$$\frac{1}{2}mv_2^2 - \frac{1}{2}mv_1^2 + mgh_2 - mgh_1 = P_1V - P_2V$$

移项后得

$$P_1V + \frac{1}{2}mv_1^2 + mgh_1 = P_2V + \frac{1}{2}mv_2^2 + mgh_2$$

以上等式两边同除以 V，即只取单位体积的液体，将液体密度 $\rho = m/V$ 代入得

$$P_1 + \frac{1}{2}\rho v_1^2 + \rho gh_1 = P_2 + \frac{1}{2}\rho v_2^2 + \rho gh_2 \tag{11.7}$$

上式中 v 一项是平方，这样无论液体是向左还是向右流动，此式都同样适用。另外，上式的推导过程中 X 和 Y 这两个截面是任意取的，可见对同一流管的任一截面来说

$$P + \frac{1}{2}\rho v^2 + \rho gh = 常量 \tag{11.8}$$

对不同的流管，常量的值不同。

式(11.7)和式(11.8)是伯努利于 1738 年首先提出的，故称为伯努利方程(Bernoulli's equation)，它是流体动力学的基本方程之一。从本质上说明了理想液体作稳定流动时的功能关系，也是能量守恒定律在流体运动中的体现。

例 11.1 设有流量为 0.12 m^3/s 的水流通过如图 11.4 所示的流管。A 处的压强为 2.0×10^5 N/m^2，截面积为 100 cm^2，B 处的截面积为 60 cm^2，求 A、B 两处的流速 v_A、v_B 和 B 处的压强 P_B。

解 已知流量 $Q=0.12$ m^3/s，A 处的截面积 $s_A=10^{-2}$ m^2，B 处的截面积 $s_B=6.0\times10^{-3}$ m^2，A 处的压强 $P_A=2.0\times10^5$ N/m^2。以 A 处作参考面，故 $h_A=0$；B 处的高度 $h_B=2$ m。

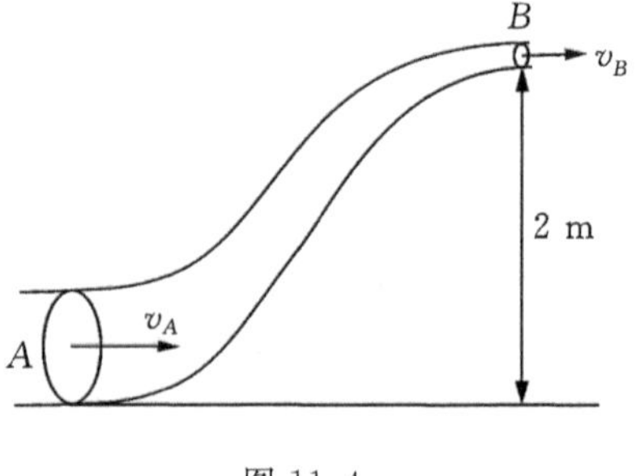

图 11.4

根据液体流动连续性方程和流量的定义可知 $s_Av_A=s_Bv_B=Q$

即：$v_A=\dfrac{Q}{s_A}=\dfrac{0.12}{10^{-2}}=12$ m/s

$v_B=\dfrac{Q}{s_B}=\dfrac{0.12}{60\times10^{-4}}=20$ m/s

又根据伯努利方程可知

$$P_A+\frac{1}{2}\rho v_A^2=P_B+\frac{1}{2}\rho v_B^2+\rho gh_B$$

将 $\rho_水=1.0\times10^3$ kg/m^3 代入并移项得

$$P_B=P_A+\frac{1}{2}\rho(v_A^2-v_B^2)-\rho gh_B$$

$$=2\times10^5+\frac{1}{2}\times1.0\times10^3\times(12^2-20^2)-1.0\times10^3\times9.8\times2$$

$$=5.24\times10^4\ N/m^2$$

11.3 伯努利方程的应用

从伯努利方程的推导可知，只有理想液体在流管中作稳定流动时才能应用伯努利方程。而实际液体不可能完全满足这些条件，所以在应用时要注意它的近似性。当我们把这个方程应用于不易压缩和粘滞性较小的液体时，所得的结果很接近实际情况。下面举几个例子来说明伯努利方程的应用。

11.3.1 水平管中压强和流速的关系

如图 11.5 所示的水平管内，水由左向右作稳定流动，三个直立的小竖管是用来显示压强的。当小竖管不存在时，水的压强由管壁来承担，显示不出来。在管壁上开一个小孔并安装上小竖管后，如小孔处的压强大于大气压强，则小竖管中的水面将上升，直到小竖管中水柱的静压强等于原来管壁所承担的压强为止，因此水柱的静压强和外界大气压强之和，就是水流在小孔处的压强。如水平管很细，同一截面上的压强可视为相同，则这个压强之和也就表示了小孔下的横截面上的压强。

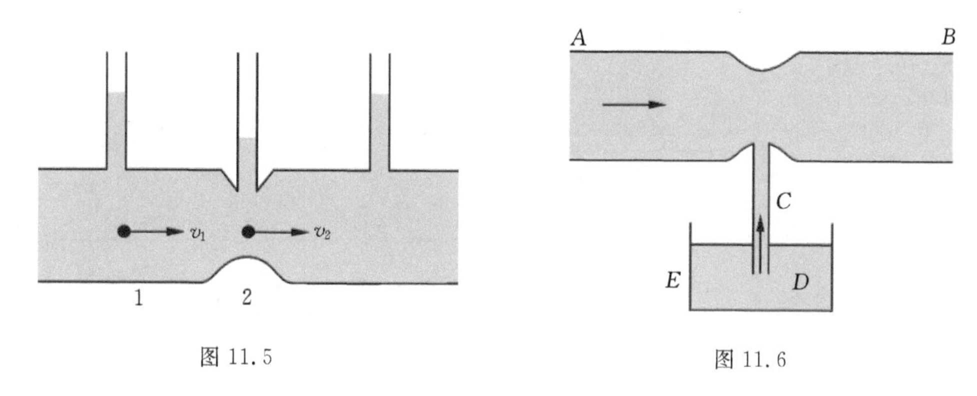

图 11.5

图 11.6

假设横截面"1"处水流的速度和压强分别为 v_1 和 P_1，截面中心离参考面的高度为 h_1；横截面"2"处的相应量分别为 v_2、P_2 和 h_2，并设水的密度为 ρ。因 $h_1=h_2$，故伯努利方程可简化为

$$P_1+\frac{1}{2}\rho v_1^2=P_2+\frac{1}{2}\rho v_2^2 \tag{11.9}$$

即

$$P+\frac{1}{2}\rho v^2=\text{常量} \tag{11.10}$$

上两式说明：水平管中流速小的地方压强较大，流速大的地方压强较小。这一结论可用如图 11.6 所示的装置来证实。在水平管 AB 的狭窄处，连接一根细管 CD，其下端插入盛有有色液体的容器 E 中，当 AB 管中水流速度大到一定值时，狭窄处的压强就小于大气压强，这时 E 中的有色液体就会沿着 CD 管上升，好像被吸了上来，这种现象称为空吸作用。空吸作用应用广泛，如喷雾器、水流抽气机等都是根据这种原理设计的。

11.3.2 毕托管

1. 动压强、位压强和静压强

从伯努利方程可知,$\frac{1}{2}\rho v^2$ 与 ρgh 两项和 P 有相同的量纲,因而可以认为它们也具有压强的性质,前者是与动能相关的压强,故称为动压强;后者是与重力势能相关的压强,故称为位压强。为了区别,常把式中的 P 称为静压强。在水平管中,位压强不变,因此只是动压强和静压强的相互转换。

2. 驻点及其静压强

设想在平行流动的液体中有一障碍物,这时流线的分布如图 11.7 所示,其中至少有一根流线要正面碰到障碍物体的 A 点,这表示液体微粒流向物体时要逐渐减速,到 A 点处速度减小为零,我们称 A 点为驻点。

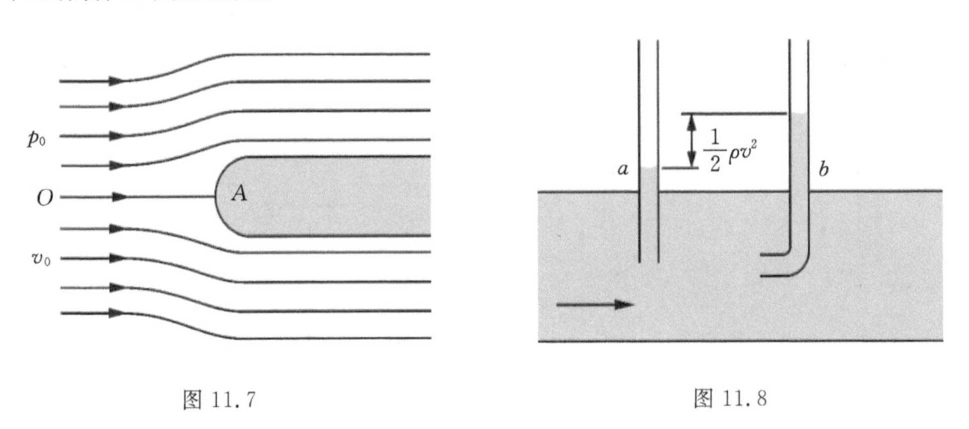

图 11.7　　　　图 11.8

设离物体较远而没有受扰动的液体的静压强为 P_0,速度为 v_0;驻点处的静压强为 P_A,速度为 v_A,显然 $v_A=0$。以图 11.7 中 OA 为轴选取一根很细的水平流管,并分别在 O 和 A 处取两个截面,代入式(11.9)可得

$$P_A = P_0 + \frac{1}{2}\rho v_0^2 \tag{11.11}$$

上式说明驻点处的静压强比未受扰动的液体的静压强大,增大的部分正是动压强 $\frac{1}{2}\rho v_0^2$ 转换来的。这可以通过下述实验证实:在如图 11.8 所示的装置中,a 是直管,管口的截面与液体流线平行;b 是直角弯管,管口的截面与液体流线垂直,并迎着液流方向。如使两个管口的截面中心处于同一水平面上,因直管的管口截面与流线平行,故该处的液流不受干扰,而弯管的管口截面与流线垂直,故该处形成驻点,因此 b 管内所示的静压强较 a 管为大,两管的静压强差则等于直管处的动压强。

3. 毕托管

毕托管是常用的流速测定装置之一,其结构如图 11.9 所示,它是由套在一起彼此又不相通的两根金属管组成,外面的粗管为 L_1,其一端的开口在 B(即管壁上钻的几个小孔),另一端经橡皮管和U形管压强计相连；套在里边的细管为 L_2，其一端的开口在 A，另一端经另一橡皮管和压强计的另一端相连。测量时使 A 垂直于流线并迎着液流方向，而 B 则与流速方向一致。由于 L_1 和 L_2 都很细，A 和 B 可视为在同一水平面上。假设U形管压强计中液体的密度为 ρ'，测量时压强计内液面的高度差为 Δh，把这些量代入式(11.11)中，移项可得

$$\rho' g \Delta h = P_A - P_B = \frac{1}{2}\rho v^2$$

如图11.8所示直管和弯管的静压强，即

$$v = \sqrt{\frac{2\rho' g \Delta h}{\rho}} \tag{11.12}$$

因此，只要已知所测液体的密度 ρ 和压强计中液体的密度 ρ'，测出了 Δh，液体的流速即可求得。

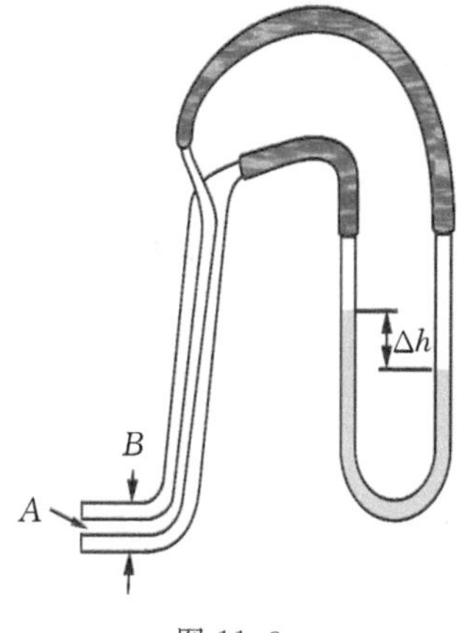

图11.9

11.4　实际液体的流动

以上讨论仅限于理想液体的流动，本节将进一步讨论实际液体的流动。实际液体在流动中的可压缩性很小，所以可以忽略，因此主要讨论实际液体流动中的粘滞性问题。

11.4.1　牛顿粘滞定律　粘度

前面曾讨论过液体在流动中各部分之间有相对运动，也就出现内摩擦力，现在我们就来讨论影响内摩擦力大小的因素。如图11.10所示，把液体放在相距为 x 的两块平行板 A 和 B 之间，B 板保持不动，A 板受一与板面相切的恒力 f 作用，使之由左向右运动。刚开始时，A 板有加速度，不久即达到一定速度 v。由于分子力的作用，在 A、B 相向的两个表面上，各附着一层液体，显然附在 B 板上的液层应静止不动，而附在 A 板上的液层将以速度 v 运动。因此，在 A、B 间的液体将被分为若干与 A、B 平行的液层，它们的流速则从 A 板到 B 板依次均匀地递减，意味着这些液层之间出现了速度差，并且 A 板的速度愈大，各层之间的速度差也就愈显著，为了说明各液层流速的差异程度，在流体动力学中引入了速度梯度(velocity gradient)这一物理量，它定义为：垂直于流速方向相距单位距离的两个流层的速度差。若垂直于流速方向相距 Δx 的两层的速度差为 Δv，则速度梯度为 $\Delta v/\Delta x$。对于如图11.10所示装置中的液层，如果速度是均匀变化的，那么各层之间的速度梯度就是相同的，并且等于附着在 A、B 板上两液层之间的速度梯度，即 v/x。一般情况液层流速的变化是不均匀的，例如液体在水平管道中流动，可以想象，管中的液层应该是不同半径的许多同轴空心圆柱体，管轴附近的液层，流速最大，但速度梯度最小；距管轴越远，流速越小，速度梯度则越大；在管壁处，流层附着在管壁上，流速为零，它附近的速度梯度也增到最大值。图11.11所示的是管道中各液层在通过管轴的一个纵剖面上的流速分布曲线。速度梯度是随位置而变化的，为了表示 x 处液层的速度梯度，我们令 $\Delta x \to 0$ 而求极限，得

$$\lim_{\Delta x \to \infty} \frac{\Delta v}{\Delta x} = \frac{\mathrm{d}v}{\mathrm{d}x}$$

因此，速度梯度就是 v 对 x 的导数。

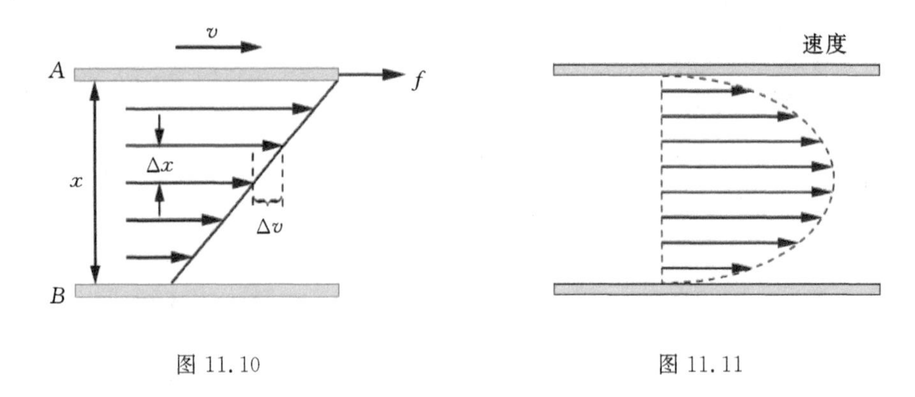

图 11.10　　图 11.11

实际液体在流动中各液层的流速不同，相邻液层之间有相对运动，快的一层给予慢的一层以拉力，慢的一层则给予快的一层以阻力，这一对力就是前面提到的内摩擦力（粘滞力）。实验指出，液体内部相邻两液层之间的内摩擦力，除与两液层的接触面积 ΔS 成正比外，还与两液层处的速度梯度 $\mathrm{d}v/\mathrm{d}x$ 成正比，写成等式为

$$f=\eta\frac{\mathrm{d}v}{\mathrm{d}x}\Delta S \tag{11.13}$$

上式称为牛顿粘滞定律。式中的比例常数 η 称为粘滞系数（coefficient of viscosity）或粘度（viscosity）。从上式可知，粘度表示两液层间具有一个单位的速度梯度时，单位面积的液层上所受到的内摩擦力的大小。其值与液体的性质有关，粘滞性强的液体，其粘度值也大，所以粘度的大小表示了液体粘滞性的强弱。在国际单位制中，粘度的单位是牛顿・秒/米^2，称为“帕斯卡・秒”，简写为“Pa・s”。其意义是表示在速度梯度均匀的流动中，相距 l 米的两液层，当速度差为 1 米/秒时，沿液层 1 m^2 的面积上受到 l 牛顿的内摩擦力。

液体粘度的大小除与液体的性质有关外，还和温度有关，一般均随温度的增高而减小。表 11.1 中列出了几种液体在不同温度下的粘度。

表 11.1　不同温度下一些液体的粘度

液　体	温度(℃)	η(Pa・s)	液　体	温度(℃)	η(Pa・s)
水	0	1.8×10^{-3}	汞	0	1.68×10^{-3}
水	20	1.0×10^{-3}	汞	20	1.55×10^{-3}
水	37	0.68×10^{-3}	汞	100	1.2×10^{-3}
水	100	0.3×10^{-3}	甘　油	20	830×10^{-3}
蓖麻油	17.5	1225.0×10^{-3}	甘　油	26.5	494×10^{-3}
蓖麻油	50	122.7×10^{-3}	血　液	37	$2.5\sim3.5\times10^{-3}$

从表 11.1 中可以看出，一般液体在一定温度下，它们的粘度值为常量，是遵循牛顿粘滞定律的，这类液体称为牛顿液体；另一类液体，它们的粘度值在一定温度下不是常量，还与速度梯度有关，因此它们并不遵循牛顿粘滞定律，这类液体称为非牛顿液体。一般含相同物质的均匀液体多为牛顿液体，而含有悬浮物或弥散物的液体则多为非牛顿液体。

11.4.2 实际液体的伯努利方程

11.2 节中讨论过伯努利方程是在忽略了内摩擦力的情况下导出的，因此它只适用于作稳定流动的理想液体，如要把它应用于有粘滞性的实际液体，则必须考虑由于内摩擦力所引起的机械能损耗。

假设如图 11.3 所示的流管中是作稳定流动的实际液体，其可压缩性仍可忽略，但液体从截面 X 流到截面 Y 的过程中要克服内摩擦力做功，这就必然要把一部分机械能转换成热能，因此单位体积的实际液体流经截面 X 处所具有的总机械能应大于流经截面 Y 处时所具有的总机械能，即

$$P_1+\frac{1}{2}\rho v_1^2+\rho g h_1>P_2+\frac{1}{2}\rho v_2^2+\rho g h_2$$

若将上式写成等式，必须在右边增加一项，令其为 ΔP，因此得

$$P_1+\frac{1}{2}\rho v_1^2+\rho g h_1=P_2+\frac{1}{2}\rho v_2^2+\rho g h_2+\Delta P \tag{11.14}$$

上式即为适用于实际液体的伯努利方程。显然式中的 ΔP 是表示单位体积的实际液体从截面 X 流到截面 Y 的过程中克服内摩擦力所做的功，也是表示这个过程中因克服内摩擦力而出现的压强降。ΔP 的大小与液体的流动状态有密切的关系。

11.4.3 粘度的测定

1. 奥氏粘度计

在长度为 l，半径为 R 的毛细管中，设有粘度为 η 的液体流过，如管两端的压强差为 ΔP（即 P_1-P_2），并在 t 时间内流过的体积为 V。由相关公式可得

$$V=\frac{\pi R^4 \Delta P t}{8\eta l} \tag{11.15}$$

奥氏粘度计（Ostwald viscometer）就是奥斯特瓦尔德（Ostwald）根据上式设计的，其结构如图 11.12 所示，它是带有两个球泡 M 和 N 的 U 形玻璃管，M 泡的两端各有一刻痕 A 和 B。使用时，使体积相等的两种不同液体，分别流过 M 泡下的同一毛细管，由于两种液体的粘度不同，因而流过的时间不同。测定时一般都是用水作标准液体，先将水注入粘度计的 N 泡，再将水吸到 M 泡内，并使水面达到刻痕 A 以上，由于重力作用，水经毛细管流入 N 泡，当水面从刻痕 A 逐渐降至刻痕 B 时，记下其间经历的时间 t_1，然后把水倒掉，清洁后在 N 泡内换以相同体积的待测液体，用同样方法测出相应的时间 t_2，根据式(11.15)，应有

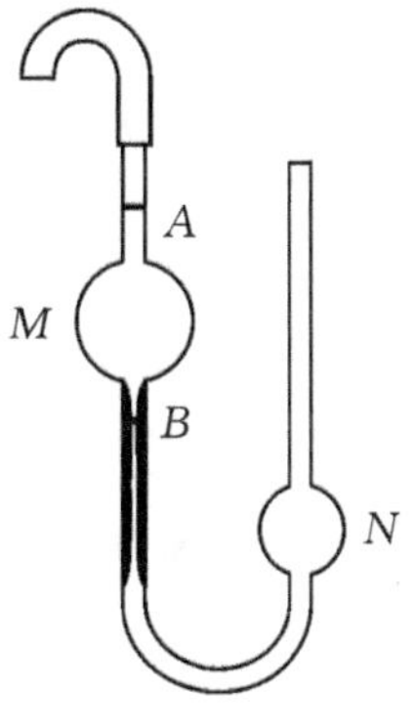

图 11.12

$$V=\frac{\pi R^4 \Delta P_1 t_1}{8\eta_1 l}=\frac{\pi R^4 \Delta P_2 t_2}{8\eta_2 l}$$

即

$$\frac{\eta_2}{\eta_1}=\frac{\Delta P_2 t_2}{\Delta P_1 t_1} \tag{11.16}$$

式中：η_1 和 η_2 分别表示水和待测液体的粘度；ΔP_1 和 ΔP_2 分别表示水和待测液体在毛细管两端的压强差。因为液体受重力作用而流动，所以毛细管两端的压强差与液体的密度 ρ 和粘度

计两臂中的液面高度差 Δh 成正比。测定时 Δh 虽在不断变化，但两次实验中，Δh 的变化情况完全相同，因此

$$\frac{\Delta P_2}{\Delta P_1}=\frac{\Delta h\rho_2}{\Delta h\rho_1}=\frac{\rho_2}{\rho_1}$$

代入式(11.16)可得

$$\eta_2=\frac{\rho_2 t_2}{\rho_1 t_1}\eta_1 \tag{11.17}$$

由手册查出室温下水的粘度 η_1 以及水和待测液体的密度 ρ_1、ρ_2 后，根据上式即可算出室温下待测液体的粘度 η_2。

奥氏粘度计在测定过程中毛细管两端的压强差是逐渐变化的，测定时两种液体的 Δh 的变化情况虽可控制得相同，但两种液体的密度不同，所以压强差的变化情况是不相同的。一般对牛顿液体而言，其粘度是常量，与速度梯度无关，因此压强差的变化情况虽不相同，但不会对粘度的测定值带来影响；对非牛顿液体而言，压强差变化的不同会引起速度梯度和粘度的改变。对于奥氏粘度计中使用的两种液体，所引起的粘度的改变程度并不相同，因此，严格地说，奥氏粘度计不能用来测定非牛顿液体的粘度。

2. 斯托克斯定律

对于大多数牛顿液体，还可用沉降法测定它的粘度。因为物体在粘滞性液体中运动时，物体表面将附着一层液体，这一液层与其相邻液层之间有内摩擦阻力，如果物体是球形，液体相对于球体是作稳定匀速运动而速度又较小时，则根据斯托克斯的计算，球体所受的阻力为

$$F=6\pi\eta rv \tag{11.18}$$

式中：r 为球体的半径；v 是它相对液体的匀速度；η 是液体的粘度。上式是斯托克斯于1845年首先导出的，因此称为斯托克斯定律(Stoke's law)。

若让一小球在液体中自由下沉，由于小球所受的重力大于粘滞阻力与浮力之和，在开始一段时间内将加速竖直下沉，随着速度的增大，它所受的粘滞阻力也会增大，当粘滞阻力与浮力之和等于重力时，小球就会匀速下沉了。如以 ρ_0 和 ρ_1 分别表示小球和液体的密度，则小球所受的重力为 $\frac{4}{3}\pi r^3\rho_0 g$，所受的浮力是 $\frac{4}{3}\pi r^3\rho_1 g$，代入上式可得

$$\frac{4}{3}\pi r^3\rho_0 g=\frac{4}{3}\pi r^3\rho_1 g+6\pi\eta rv$$

因此

$$\eta=\frac{2(\rho_0-\rho_1)gr^2}{9v}$$

测量小球在液体中匀速下沉一定距离所需的时间，可得到下沉的速度，r 已知，即可由上式求出液体的粘度 η；如已知 η 则可用此方法求出小球半径 r。

思考题

11.1　什么是理想液体？什么是理想液体的稳定流动？

11.2　伯努利方程适用的条件是什么？

11.3　喷雾器是如何利用空吸作用制作的？

11.4 实际液体作稳定流动，其伯努利方程中的 ΔP 值与哪些因素有关？

习 题

11.1 理想液体在截面不均匀的管子中稳定流动，若在截面积为 50 cm^2 处的流速为 40 cm/s，问在截面积为 10 cm^2 处的流速是多少？

11.2 自来水由一根大管子进入某居民家中，根据家中的需求它将与四个直径相同的小管子相连接，已知两种管子的直径比是 2∶1，若水在大管子中的流速为 1 m/s，那么水在小管子中的流速是多少？

11.3 匀速地将水以流量为 $1.5\times10^{-4}\ m^3/s$ 注入盆中，盆底有一面积为 0.5 cm^2 的小孔，问盆中将保持多高的水面？

11.4 一排水管道粗处的截面积为 $4.0\times10^{-3}\ m^2$，细处为 $1.0\times10^{-3}\ m^2$，粗细二处接一装有水银的 U 形管，水管中水的流量为 $3.0\times10^{-3}\ m^3/s$。求：①粗处和细处的流速；②粗处与细处的压强差；③U 形管中水银面的高度差。

11.5 截面均匀的虹吸管，一端插入大水盆中，出口端与水面相差 40 cm，求：①虹吸管中水的流速；②虹吸管中与大水盆水面高度相同处的压强。

11.6 一半径为 1 mm 的钢球，在盛有甘油的玻璃容器中下落，当钢球的加速度恰为自由落体加速度的一半时，求此时钢球的速率。（设 $\rho_{钢}=8.5\times10^3\ kg/m^3$，$\rho_{甘油}=1.32\times10^3\ kg/m^3$）

课外拓展阅读

摘自中国科学院主办，中国科学技术协会协办的“科学智慧火花栏目”。

（主题：从发现发明上升到科学规律的条件和过程　主办机构：中国科学技术协会学会学术部）

谈谈科学方法

李醒民

李醒民，1945 年 10 月生，1969 年毕业于西北大学物理系，现任中国科学院研究生院教授和博士生导师、中国科学院《自然辩证法通讯》杂志社主编。

讲到科学发明、科学发现，这跟科学方法联系密切。中国古代就有“工欲善其事，必先利其器”的说法，这说明方法在做事上的重要性。在科学中，一切理论的发明或发现，归根结底也是科学方法的创新。大凡是比较重大的发明，一般都有自己独特的方法。正像世界上没有两个相同的事物一样，每一个发明或者发现在方法上也不可能完全一样，不过总是有共享的方法。科学方法尽管千差万别，但是基本上能够概括为两大类：一是经验归纳法，二是假设演绎法。这是两个很重要的方法论的走向。

关于经验归纳法，英国科学家皮尔逊，写了一本书叫《科学的规范》，把这种科学方法加以概括。经验归纳法有这样三个步骤：仔细而精确地分类事实，观察它们的相关和顺序；借助创造性的想象发明科学定律；自我批判和对所有正常构造的心智来说是同等有效的最后检验。也就是说，我们先收集整理资料，这个资料可以是观察，也可以是实验，然后对资料进行分析和审视，辨明相互关系；再运用创造性的想象力，在经验资料的基础上构想科学定律；然后再通过进一步的实验来验证定律到底符合不符合事实，是不是能够真正成立。一般来说，一门学科以经验特色为主时，或者处于初创时期，经常运用的是经验归纳法。植物学、动物学是以经验为特色的学科。物理学中的电学、磁学、热学刚开始时都是收集资料，然后在这个基础上提出一些简单的经验定律，是以经验归纳作为主要方法的。

但是随着科学的发展和成熟，形成了某些理论体系，科学抽象性和涵盖性已经很高了。比如，经典物理学到19世纪末已经达到其理论顶峰，在这种情况下，经验归纳法很难再起大的作用。通过经验归纳法发明或发现的不是根本性的原理，只是一个经验性的分类和关联，或者是一些比较低层次的定律。高层次的科学理论的建构需要的是假设演绎法。

假设演绎法的关键是要提出基本概念和基本假设，基本假设也叫基本原理或者基本公理，这是科学理论的逻辑前提或逻辑起点。然后经过逻辑演绎和数学推导，演绎出实验定律或导出命题，最后用实验来检验（往往是多次检验）它们，看与实验结果是否相符。若符合，便是对理论的支持；若不符合，说明理论本身尤其是假设的集合有一定的问题。哪一个假设有问题，实验并没有告诉我们，需要我们根据直觉去判断，需要敏锐的洞察力和健全的判断力。因此，基本假设必须尽可能地少，这样便于做出分辨和裁决。狭义相对论只有两个基本假设，外加一个同时性定义就行了。但是，面对同样的课题，洛伦兹构造的电子论居然有多达11个假设。疑难解释不了，就提出一个假设，包括运动物体收缩的假设——这在爱因斯坦的理论中只不过是从基本假设推导出来的命题。假设演绎法在迪昂的书里讲得很详细，他的《物理学理论的目的和结构》(1906)很经典。迪昂是哲人科学家（物理学家、科学史家和科学哲学家），他的著作虽然已经出版了100多年，但是现在还没有一本同类的书能超过。他提出了整体论思想，说的是有限的实验并不能推翻一个内容庞大、逻辑严谨的理论。实验与导出命题不符合，只是说明理论体系本身有问题。至于问题到底在哪里，实验并没有告诉你。比如你的理论有三个假设，哪一个假设有问题，实验没有告诉你。所以这种情况下，科学家可以抛弃某一假设，也可以增加辅助假设，还可以对假设修正或调整，把实验对付过去，甚至把反驳实验变成对理论的支持。在这种情况下，科学家的直觉是很重要的，科学大家的高明之处就在这里。

基本假设和基本原理是科学理论的公理。人们以往一般认为，科学公理是不证自明的，或者是从经验里边归纳出来的。实际上并不是这样。从少量的经验或为数不多的实验，很难归纳或概括出具有极大普遍性的、内涵丰富的科学公理。在这里，对于科学公理的提出，经验仅仅起启示或提示的作用，只能启发你，并不是从经验里能逻辑地归纳出来的。过去有人以为，爱因斯坦的狭义相对论是从迈克耳逊-莫雷实验（二阶光以太实验）归纳出来的。其实，他当时并不清楚这个实验，或者说即便他当时知道这个实验，该实验也没有实质性地影响他。对他来说，一阶的斐索实验的启示已经足够了。他是从追光的思想实验中悟出光速不变原理以及相对性原理的。爱因斯坦在16岁时想到这样一个悖论："如果我以速度c（真空中的光速）追随一条光线运动，那么我就应当看到，这样一条光线就好像一个在空间里振荡而停滞不前的电磁场。可是，无论依据经验，还是按照麦克斯韦方程，看来都不会有这样的事情。从一开始，在我直觉地看来就很清楚，从这样一个观察者的观点来判断，一切都应当像一个相对于地球是静止的观察者所看到的那样按照同样的一些定律进行。因为，第一个观察者怎么会知道或者能够判明他是处在均匀的快速运动状态中呢?"这个悖论是狭义相对论的萌芽，爱因斯坦为此沉思了整整10年。

广义相对论的基本公理的提出，得益于升降机思想实验。当一个升降机自由下落的时候，在升降机这个局域空时中，相当于把引力场屏蔽了。这是等效原理的思想源泉，厄缶的引力质量与惯性质量相等的实验，只起到启示性的作用。情况就是这样：以少数经验作为启示，通过思想的飞跃，跨越经验资料和基本公理之间的鸿沟，非逻辑地或直觉地得出科学公理来。然后从这个公理出发，可以推导出很多东西，而且有些是原先根本料想不到的，比如质能关系式$E=mc^2$就是一个导出命题，爱因斯坦事先根本没有想到它。爱因斯坦对科学公理来源的看法与传统观点不同，他称自己发明和运用的方法是“探索性的演绎法”，其中的关键是，科学的基本概念和基本公理是思维的自由创造，是理智的自由发明。

科学方法很重要，每一个理论的重大突破都伴随着方法的突破，伴随着新的方法的诞生。尽管科学方法千变万化，但是总的来说就是这两个。我们讨论科学发现和科学发明，与科学方法有很紧密的联系。

第12章 气体分子动理论基础

物质是由大量分子或原子组成的;这些分子、原子永不停息的做无规则运动。气体动理论是以气体为研究对象,将气体分子看作没有大小的弹性小球,通过对单个气体分子运动规律的观察、研究,运用统计的方法,揭示出气体分子宏观现象的本质。

12.1 物质结构的基本景象

12.1.1 物质是由大量分子或原子组成

实验证明,宏观物体都是由分子(或原子)组成的。组成宏观物体的分子数目非常巨大。例如,我们在化学中学过,1 mol 的任何物质都含有相同的粒子数,即 $N_0=6.022\times10^{23}$,称为阿伏伽德罗常数;标准状态下,每立方厘米气体中有 2.69×10^{19} 个分子。

1. 分子的大小

问题 若已知铁的原子量是56,铁的密度是 $7.8\times10^3\ \text{kg}\cdot\text{m}^{-3}$,试求质量1 g的铁块中铁原子的数目 N(取1位有效数字),并估算铁原子的直径。

1 g 铁的质量 m	$\frac{1}{56}$ mol
1 g 铁含有的铁原子数 N	$N=\frac{1}{56}\times6\times10^{23}\approx1\times10^{22}$ 个
1 g 铁的体积 V	$V=\frac{m}{\rho}=\frac{1\times10^{-3}}{7.8\times10^3}\approx1\times10^{-7}\ \text{m}^3$
一个铁原子的体积 v	$v=\frac{V}{N}=\frac{1\times10^{-7}}{1\times10^{22}}=1\times10^{-29}\ \text{m}^3$
铁原子的直径 d	$d=\sqrt[3]{\frac{6v}{\pi}}=\sqrt[3]{2\times10^{-29}}\approx3\times10^{-10}\ \text{m}$

由以上估算可知,铁原子直径的数量级[①]为 10^{-10} m。一般分子直径的数量级为 10^{-10} m。那么,用什么方法能观察到尺寸如此小的分子(原子)呢?

① 注:数量级是用10的幂次方表示很大或很小的物理量或物理常数。数学中称为科学记数法。如 7.6×10^{-10}、3×10^8。将10的幂次方称为数量级,如 7.6×10^{-10} 中的 10^{-10}、3×10^8 中的 10^8。

2. 测量分子大小的实验

(1)油膜法估算分子直径。

油酸分子是一种高分子,油酸的化学分子式是 $C_{17}H_{33}COOH$,它的一个分子可以设想为由两部分组成:一部分是 $C_{17}H_{33}$,它不受水的吸引;另一部分是 COOH,它对水有很强的亲合性。经过酒精稀释的油酸滴在水面上形成分子近似为圆形的油膜,酒精溶于水并挥发后,在水面上形成一层单分子纯油酸层,如图 12.1(a)所示。其中 $C_{17}H_{33}$ 冒出水面,而 COOH 部分在水中。估算油酸分子的直径只需求出这层油膜的厚度即可。如果油酸滴的体积为 V,测得单分子油膜的面积为 S,如图 12.1(b)所示,则可估算出油酸分子的直径为 $d=V/S$。

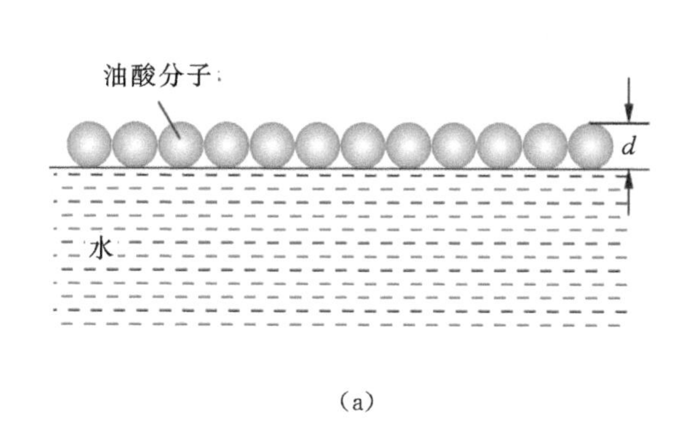

(a)

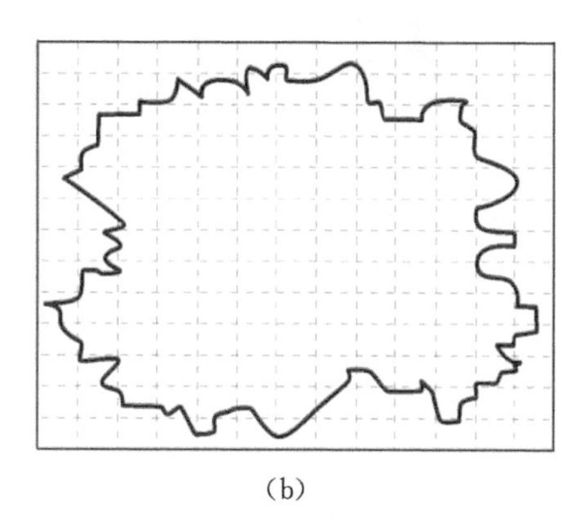
(b)

图 12.1

次数	S/cm^2	$d=\frac{V}{S}/10^{-7}$ cm	d 的平均值
1			
2			
3			

(2)利用离子显微镜测定分子直径。

E. W. 弥勒于 1951 年发明的一种分辨率极高、能直接用于观察金属表面原子的分析装置,简称 FIM。FIM(Field Ion Microscope)是最早达到原子分辨率,也就是最早能看得到原子尺度的显微镜。只是要用 FIM 进行观察的话,样品需要事先处理成针状,针末端的曲率半径约为 200~1000 埃。将样品置于充有成像气体(He、Ne、Ar)的高真空中,使其与低温物质接触将其温度降到液态氮的温度之下。之后,给样品加上正高压使附着在样品上的成像气体解离成带正电的阳离子,带正电的气体离子接着被电场加速并射出,被接收器接收、放大,最终射到荧光屏幕,我们就能在屏幕上看到一颗一颗的原子亮点。图 12.2 所示为单壁碳纳米管的氦 FIM 像。

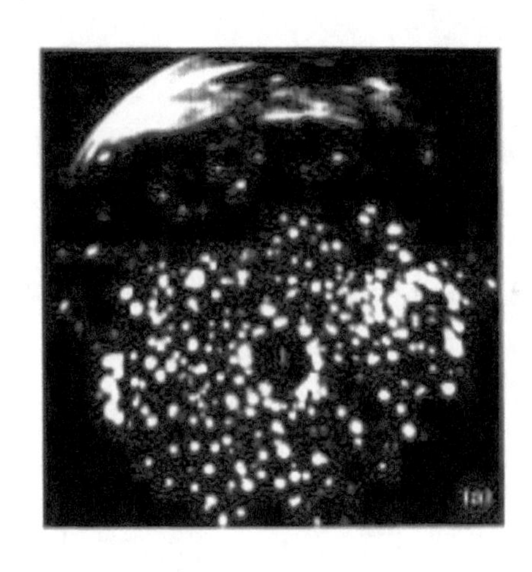

图 12.2

图 12.3

(3)扫描隧道显微镜观察物质表面分子。

扫描隧道显微镜亦称为“扫描穿隧式显微镜”、“隧道扫描显微镜”，是一种利用量子理论中的隧道效应探测物质表面结构的仪器。它于 1981 年由格尔德·宾宁(G. Binnig)及海因里希·罗雷尔(H. Rohrer)在 IBM 位于瑞士苏黎世的苏黎世实验室发明，两位发明者因此与恩斯特·鲁斯卡分享了 1986 年诺贝尔物理学奖。如图 12.3 所示为硅原子在高温重构时组成的美丽图案。

目前一般的光学显微镜的分辨率可达 0.2 μm，人眼的分辨率为 0.2 mm，所以一般光学显微镜设计的最大放大倍数通常为$\frac{0.2\times10^3\ \mu\text{m}}{0.2\ \mu\text{m}}=1000$；电子显微镜分辨率可达 0.2～0.3 nm，扫描隧道显微镜在平行于样品表面方向上的分辨率分别可达 0.1 nm 和 0.01 nm，即可以分辨出单个原子。

问题　(1)成年人做一次深呼吸，吸进的空气约为 400 mL，其中氧气约占 20%。请估算成年人一次深呼吸吸进氧气分子的数目。

(2)如图 12.4 所示为扫描隧道显微镜拍下的“量子围栏”照片。该量子围栏由 48 个铁原子在铜的表面排列成直径为 14.3 nm 的圆周而组成。请估算每个铁原子的直径。

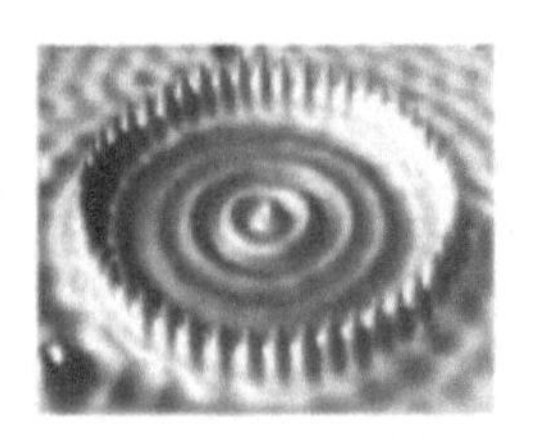

图 12.4

12.1.2　分子的热运动

1. 布朗运动

布朗运动是悬浮在液体或气体中的微粒所做的永不停息的无规则运动。1827 年英国植物学家罗伯特·布朗(Robert Brown)利用一般的显微镜观察悬浮于水中花粉所分裂的微粒时，发现微粒会呈现不规则状的运动。

由于液体分子的热运动，这些被液体分子包围的微粒受到来自各个方向液体分子的碰撞。由于这种碰撞是不平衡的，使得微粒将沿着冲量较大的方向运动。且这种不平衡的碰撞在无规则的改变，使得微粒得到的冲量不断地改变方向，所以微粒作无规则的运动。温度越高，布朗运动越剧烈。值得注意的是，布朗运动观察的是花粉微粒的运动，花粉微粒是大的分子团，并不是分子，但是花粉微粒运动的无规则性，间接地反映了液体分子运动的无规则性。

2. 扩散现象

不同物质相互接触时彼此进入对方的现象，称为扩散现象。美味的红烧肉里浸入了酱油的色素、调料的味道；滴入清水中的红墨水慢慢地散开形成均匀溶液；敞口瓶的香水分子弥散在空气中；相互压紧的金片和铅片，金中有铅，铅中有金。工业中常用渗碳来提高钢件的表面硬度，采用扩散来提高半导体的导电性。生活和工业中的这些扩散现象都表明：组成物质的分子之间存在一定的间隙，物质分子在做永不停息地无规则运动。

产生扩散现象的原因为：大量分子做无规则热运动时，分子之间发生相互碰撞，由于不同空间区域的分子密度分布不均匀，分子发生碰撞的情况也不同。这种碰撞迫使密度大的区域的分子向密度小的区域转移，最后达到均匀的密度分布。

思考　布朗运动与扩散现象有本质区别吗？如果两者有本质区别，试陈述。

3. 热运动

无论是布朗运动还是扩散现象，我们都可以观察到分子无规则运动的剧烈程度与温度有关，温度越高，分子无规则运动的剧烈程度越高。这种与温度相关的分子无规则运动称为分子热运动。

12.1.3　分子间的相互作用力

1. 分子间的相互作用力

气体容易被压缩，说明气体分子之间存在着很大的间隙；滴入清水中的红墨水慢慢地散开，说明液体分子之间存在着间隙；相互压紧的金片和铅片，各自的分子能渗透到对方的内部，说明固体分子之间也存在着间隙。

因为组成物质的分子之间存在着间隙，所以气体、液体、固体都可以被压缩。但是，气体不能无限制地被压缩，说明气体分子之间存在着斥力；固体、液体很难被压缩，说明固体分子之间、液体分子之间也存在着斥力。剪断铁丝要费力，纯净的金片和铅片压在一起会粘住，清洁的、抛光的两块光学玻璃叠在一起，施加一定压力也会粘合在一起。这些现象都说明分子之间存在着相互作用力。

研究表明：两个相邻的分子之间同时存在着斥力和引力，斥力和引力的大小都与分子间的距离 r 有关，其变化曲线如图 12.5 虚线所示。由图可见，随着分子之间的距离 r 的增加，斥力和引力的大小都在减小，且当 r 达到一定的值时，斥力和引力都趋向于零。我们把分子之间存在着的相互作用力，称为分子力。分子力的大小随分子间距离 r 的变化曲线，如图 12.5 实线所示。实线是分子受到的斥力与引力叠加后合力随分子间距离 r 的变化曲线。由图可知，当分子之间的距离 $r=r_0$ 时，斥力等于引力，分子力为零，该位置称为平衡位置，r_0 的数量级约

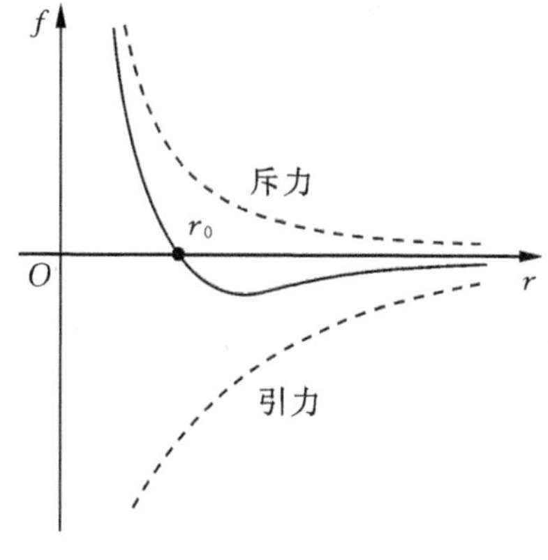

图 12.5

为 10^{-10} m，常称为分子的有效直径。当分子之间的距离 $r<r_0$ 时，分子力表现为斥力，而且随 r 的减小急剧地增大。当 $r>r_0$ 时，分子力表现为引力。当 $r>10^{-9}$ m 时，分子间的引力就趋近于零。由此可见，分子力是一种短程力，一般情况下，在相互碰撞时，才考虑分子力的作用。

2. 物质结构的基本景象

由以上的内容我们知道：物质由大量的分子（或原子）组成，分子之间存在一定的间隙，分子在做永不停息地无规则运动，分子之间存在着相互作用力。这就是物质结构的基本景象。

通过以上的学习，我们了解到：物体的状态或物理性质的变化，总是与物体的冷热程度有关，物体的冷热程度常用温度表示。物体与温度有关的物理性质及状态的变化，称为热现象。热学就是研究热现象的理论。气体动理论是热学中的一种微观理论，它基于以下两个基本概念进行研究：物质是由大量分子或原子组成的；热现象是大量分子做无规则运动的一种集体表现形式。

思考 列举生活中的事例，试说明分子力是短程力。

12.2 温度和温标

12.2.1 平衡态

在力学中求解问题时，我们要选择研究对象。在热学中，我们研究的是物体的状态或物理性质随温度的变化。这个被选的“物体”就是热学的研究对象，称为热力学系统，简称系统。它不仅是宏观的，而且是有限的。一般把系统的周围环境称为系统的外界，简称外界。如图 12.6 所示，我们要观察、研究容器 A 内气体的状态或物理性质的变化，该容器内的气体即为系统，除了系统之外的容器及容器外的空间即为外界。

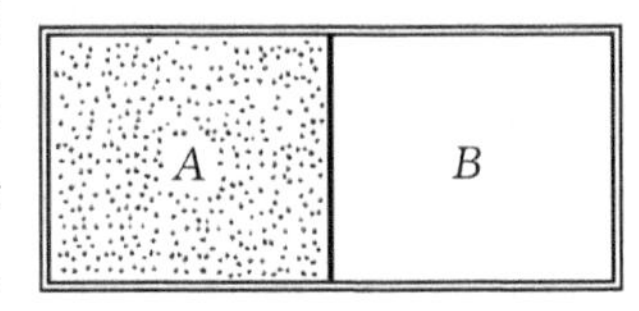

图 12.6

在力学中，我们使用位置、速度来描述物体的运动状态，在热学中，也需要一些物理参量来描述系统的状态。实验表明，对于一定质量的气体所组成的系统，其状态一般可用压强 p、体积 V 和温度 T 来描述，所以常将这三个物理量 p、V、T 称为气体的状态参量。

应该注意，因为气体没有固定的形状，气体分子由于热运动可以到达整个容器所占有的空间，所以气体的体积 V 等于容纳气体的容器的容积，而不是气体中分子本身体积的总和。

气体的压强 p 是指气体作用在容器壁单位面积上的垂直作用力。压强的单位为$\mathrm{N\cdot m^{-2}}$，称为帕斯卡，简称帕，用 Pa 表示，有时也用标准大气压(atm)表示。两者的关系为

$$1\ \mathrm{atm} = 1.013\,25 \times 10^5\ \mathrm{Pa}$$

温度的概念比较复杂，它在本质上与物体内部大量分子热运动密切相关。温度的高低反映了物体内部分子热运动剧烈程度的不同，但在宏观上可以简单地把温度看成是物体冷热程度的量度，并规定较热的物体具有较高的温度。

我们知道，力学中物体的状态往往是随时间变化的，那么热学中系统的状态参量也是随时间变化的。这样一来，要准确的描述系统的状态就显得困难了。如图 12.6 所示，用绝热隔板将绝热容器分成体积相等的 A、B 两部分，A 中充满某种气体，B 中抽为真空。以 A 中的气体

为研究对象，在隔板未去掉前，我们可以等待足够长的时间，以使系统内各部分的状态参量达到稳定。之后将隔板去掉，A 中的气体自由膨胀，最终会充满整个容器。在气体膨胀过程中，由于容器绝热，所以系统与外界之间没有能量交换，只要经过足够长的时间，容器内各部分的状态参量就不再变化，我们将此时容器内气体的状态称为平衡态。所以，平衡态是指系统在没有外界影响的条件下，其各部分的宏观性质长时间不发生变化的状态。“没有外界影响”是指系统与外界之间不通过做功或传热的方式交换能量。实际上，容器中的气体总是不可避免地会与外界发生不同程度的能量交换，因此，平衡态定义中的条件是难以存在的。在处理实际问题时，只要系统状态的变化很小，小到可以忽略的程度，就可以将系统状态看作平衡态。

思考　试分析气体的绝热自由膨胀的起始状态、最终状态，膨胀过程中的各个状态是否是平衡态。

12.2.2　热平衡

生病时，使用体温计测量体温。使用体温计之前，我们会将体温计的示数降到低于 36 ℃。在体温计未与人体接触前，体温计、人体的状态都是平衡态，但这两个平衡态的温度是有差异的。当体温计与人体接触后，人体的温度高于 36 ℃，体温计中的水银吸热，体积膨胀，温度计示数增大。经过大约 5 分钟以后，体温计的示数保持稳定，不再变化。在以上的这段操作过程中，体温计和人体两个系统相互接触而传热，体温计水银的状态参量改变。经过一段时间以后，体温计中的水银与人体组成的系统处于平衡态，体温计的示数保持稳定，不再变化。此时，我们就说该系统处于热平衡。

如果两个系统达到热平衡以后，再将它们分开，立刻再将它们接触，它们的状态参量不会有丝毫的变化。由此可见，热平衡是系统在接触时它们状态不再变化的状态。热平衡是平衡态，但它是两个或两个以上系统接触之后达到的平衡态。

如果 A、B、C 为三个处于任意平衡态的系统，系统 A 和系统 B 相互绝热。现使 A 与 B 同时与 C 相互接触，经过足够长的时间以后，A 与 B 都将与 C 达到热平衡，如图 12.7(a)所示。这时，使 A 与 B 不再绝热而相互接触，如图 12.7(b)所示，实验证明，A 与 B 的状态都不发生变化，即 A 与 B 也处于热平衡状态。此实验表明，如果两个热力学系统各自与第三个热力学系统处于热平衡，则它们彼此也必处于热平衡。这一实验结果称为热平衡的传递性，或热平衡定律，或热力学第零定律。

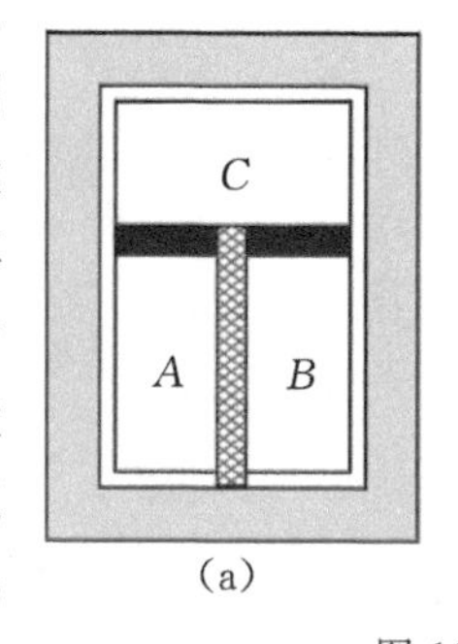

(a)

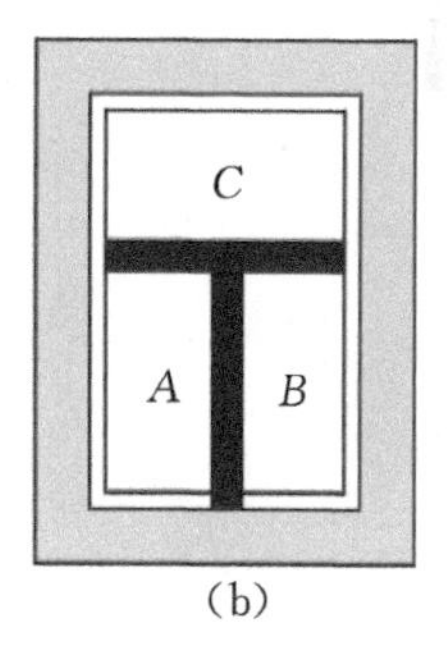

(b)

图 12.7

由以上的诸多实验可以得出，一切达到热平衡的系统具有相同的温度。

12.2.3　温标

温度宏观上表示物体的冷热程度，微观上与物体内部大量分子热运动的剧烈程度密切相关。然而人对冷热的感觉有时是靠不住的，有偏差的。英国哲学家约翰·洛克(John Locke，1632 年 8 月 29 日—1704 年 10 月 28 日)认为人类所有的思想和观念都来自或反映了人类的感官经验。认为人的心灵开始时就像一张白纸，而向它提供精神内容的是经验。他提出过如下的对比试验：三个容器，一个盛有热水，一个盛有温水，一个盛有冷水。将一只手放入热水中，另一只手放入冷水中，待一段时间后，将双手拿出一起放入温水中，这时，两只手的感觉是完全相反的。事实上两只手是放入了相同温度的温水中。因此，我们需要采用科学的、不随主观感觉而改变的温度的定义。

温度的数值表示称为温标。常用的温标有三种：一是热力学温标 T，单位为开尔文，简称为开，用 K 表示；二是摄氏温标 t，单位是摄氏度，用℃表示；三是华氏温标，单位为℉。温度计是能连续自动记录温度随时间变化的仪器，是测温仪器的总称。

温标具有三要素：测温物质及其测温属性、定标点、分度法。选定测温物质的一种随温度连续、单值变化且变化显著、便于测量的属性作为测温属性，如水银温度计中选定了水银的体积随温度变化的属性作为测温属性。选定测温物质的两个状态所对应的温度作为参考点，如水银摄氏温度计中，选择一个标准大气压下，纯水的冰点作 0 ℃、沸点作 100 ℃。然后在这两个参考点之间进行刻度，如水银摄氏温度计中，将 0～100 ℃之间分成 100 格，每格为 1 ℃。

华氏温标，以冰点为 32 ℉，汽点为 212 ℉，其间分成 180 份，1 ℉/格。欧洲较多地方使用华氏温标。热力学温标与摄氏温标的关系为

$$T(\mathrm{K}) = t(℃) + 273.15 \tag{12.1}$$

摄氏温标与华氏温标的关系为

$$t(℉) = \frac{9}{5}t(℃) + 32 \tag{12.2}$$

训练　查阅各类型温度计的工作原理。

12.3 内　能

物质结构的基本景象是：物质由大量的分子（或原子）组成，分子之间存在一定的间隙，分子在做永不停息地无规则运动，分子之间存在着相互作用的斥力和引力。从微观上来看，分子在做永不停息地无规则运动，分子就具有动能。无论是布朗运动还是扩散现象，我们都可以观察到分子热运动的剧烈程度与温度有关，温度越高，分子热运动的剧烈程度越高。而分子热运动的剧烈程度与分子的动能相关，温度又是系统中所有分子热运动剧烈程度对外表现的度量，它是一个统计物理量。所以，我们可以说温度是大量分子热运动平均动能的度量。

值得注意，内能中分子的动能是分子做无规则热运动的动能，而系统分子整体做宏观机械运动的能量是不能计算在内的。

分子之间存在着相互作用力，分子间就存在相互作用势能、电子能和核内部粒子间的相互作用能。由于在热学的研究范围内，电子能和核内部粒子间的相互作用能在大多数物理过程中保持不变，因此，我们将分子动能和分子势能之和称为分子的能量。

物质是由大量的分子组成，物体内部所有分子动能和分子势能的总和，称为内能，用 E 表示。内能是系统的一种状态函数，简称态函数，即内能可以表示为系统状态参量的函数。当系统处于平衡态时，系统具有确定的状态参量，内能也就具有了确定的数值。当系统的状态发生变化时，即系统从一个平衡态过渡到另一个平衡态时，内能的变化量仅与变化前后的系统状态有关，而与具体的变化过程无关。内能的这个属性与力学中保守力做功的性质相似，即重力对

一定质量物体做功的大小仅与物体运动前后的垂直位置有关，而与物体运动的具体路径无关。

思考 (1)分子势能是由分子之间的相对位置所决定的。现规定两分子相距无穷远时其势能为零。设分子 a 固定不动，分子 b 以一定的初速度由无穷远处向分子 a 运动，直至它们之间的距离为最小。试分析在此过程中，两分子之间势能的变化。

(2)在匀速运动火车厢的桌面上，盛有热水的茶杯 A 静止于桌面放置，试分析该茶杯中热水的内能如何计算。

12.4 理想气体的压强

12.4.1 理想气体的微观模型

实验表明：实际气体在压强不太大(相对于一个大气压)、温度不太低(相对于室温 27 ℃)的条件下，其性质非常接近理想气体的性质，可以将实际气体看作理想气体来处理。

实验指出，实际气体越稀薄就越接近理想气体。这时，气体中分子的间隔比分子本身的线度大得多，它们之间有非常大的间隙。据此，我们对理想气体分子建立如下的微观模型：

(1)分子的大小比分子间的平均距离小得多，因而不必考虑分子的内部结构并忽略其大小，将理想气体分子视为质点；

(2)除碰撞的瞬间外，分子与分子之间、分子与器壁之间的相互作用力忽略不计；

(3)分子与分子之间、分子与器壁之间的碰撞是完全弹性的。

理想气体微观模型是从实际气体中抽象出来的一个理想模型。在一定范围内与实际气体的性质很接近。当然，在更大范围内对气体性质的深入研究，还需对这个模型进行补充和修正。

12.4.2 理想气体的压强公式

1. 压强

压强是一个可以测量的物理量，它是一个统计平均值。从气体动理论的观点来看，气体的压强是大量气体分子对器壁碰撞作用的统计结果。就单个分子而言，它与器壁的碰撞完全是偶然的、不连续的，所以从微观上看，器壁受到的作用力是间断的、变化不定的。但从大量分子的整体作用效果来看，气体作用于器壁上的力是持续的、稳定的。正如雨点落在伞上的情况，少数雨点落在伞上时，持伞者感觉到的是一次次间断的作用力；当密集的雨点落在伞上时，持伞者就无法区分单个雨点间断的作用力了，感觉到的就是一个持续的、稳定的作用力。因此，气体的压强，在数值上等于单位时间内与器壁碰撞的所有分子对器壁单位面积作用力的统计平均值。

2. 理想气体压强公式

一任意形状的容器，体积为 V，其内贮有一定量的某种理想气体，气体分子的总数为 N、单个分子的质量为 μ。当气体处于平衡态时，单位体积内的气体分子数为 n，容器壁上的压强 p 处处相等。因此，只需计算容器壁上任一小面积上的压强就可以了。

建立坐标系 $Oxyz$，在垂直 x 轴的器壁上任取 ΔS 面积，如图 12.8 所示。设一分子以速度 $\boldsymbol{v}_i(v_{ix},v_{iy},v_{iz})$ 与 ΔS 作完全弹性碰撞。碰撞前后，v_{iy}，v_{iz} 两个分量没有变化，只有 v_{ix} 变为 $-v_{ix}$。则该分子动量的增量为 $-\mu v_{ix}-\mu v_{ix}=-2\mu v_{ix}$。根据质点的动量定理，器壁施予分子的冲量等于分子动量的增量 $-2\mu v_{ix}$。由牛顿第三定律知，该分子施予容器壁的冲量为 $2\mu v_{ix}$。

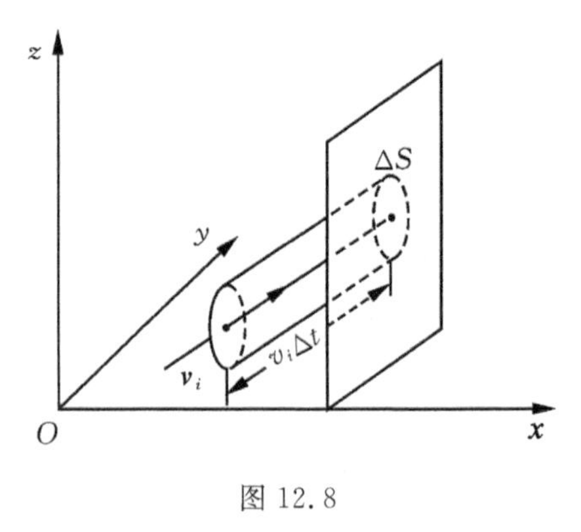

图 12.8

以 ΔS 为底，v_i 为轴线，$v_{ix}\Delta t$ 为高作一斜柱体，见图 12.8。该斜柱体的体积为 $\Delta V_i=v_{ix}\Delta S\Delta t$。在 Δt 时间内，斜柱体内所有速度为 v_i 的分子都将与 ΔS 发生碰撞。设容器单位体积内速度为 v_i 的分子数为 n_i，则在 Δt 时间内，能与 ΔS 碰撞的分子数为

$$\Delta n_i = n_i\Delta V_i = n_i v_{ix}\Delta S\Delta t$$

这些分子对 ΔS 的冲量为

$$\Delta I_i = \Delta n_i \cdot 2\mu v_{ix} = 2\mu n_i v_{ix}^2\Delta S\Delta t$$

除了速度为 v_i 的分子外，具有其他速度的分子也会与 ΔS 相碰撞，所以应把 ΔI_i 对所有可能与 ΔS 碰撞的分子求和。但是只有 $v_{ix}>0$ 的分子才能与 ΔS 相碰撞。由于分子沿各个方向运动的机会均等，所以 $v_{ix}>0$ 与 $v_{ix}<0$ 的分子数是相等的，因而

$$\Delta I = \frac{1}{2}\sum_i \Delta I_i = \sum_i \mu n_i v_{ix}^2\Delta S\Delta t$$

所有分子对 ΔS 的冲力为

$$F = \frac{\Delta I}{\Delta t} = \sum_i \mu n_i v_{ix}^2\Delta S$$

则气体对器壁的压强为

$$p = \frac{F}{\Delta S} = \mu\sum_i n_i v_{ix}^2$$

根据统计平均值的定义，x 方向上速度分量平方的平均值为

$$\overline{v_x^2} = \frac{\sum_i \Delta N_i v_{ix}^2}{N} = \frac{\sum_i n_i V v_{ix}^2}{N} = \frac{\sum_i n_i v_{ix}^2}{N/V} = \frac{\sum_i n_i v_{ix}^2}{n}$$

代入得

$$p = \mu n\,\overline{v_x^2}$$

由于 $\overline{v_x^2}=\frac{1}{3}\overline{v^2}$，因此

$$p = \frac{1}{3}n\mu\,\overline{v^2} \tag{12.3}$$

或

$$p = \frac{2}{3}n\left(\frac{1}{2}\mu\,\overline{v^2}\right) = \frac{2}{3}n\bar{\varepsilon} \tag{12.4}$$

式中：$\bar{\varepsilon}=\frac{1}{2}\mu\,\overline{v^2}$，称为气体分子的平均平动动能。上式称为平衡态下理想气体的压强公式。

它表明：理想气体的压强是由大量分子的两个统计平均值（n 和 $\bar{\varepsilon}$）所决定的。因此，压强具有统计平均意义，是大量分子对容器壁碰撞的平均效果，对少量分子是无压强可言的。

3. 物理方法介绍

（1）理想模型。

理想气体的微观模型是将气体分子系统抽象为由大量的、自由的、无规则运动着的弹性小球所组成。该模型忽略了分子内部的复杂结构及其运动，忽略了分子内部各种能量之间的转换。借助这个微观模型，运用数学的统计方法，推导出了气体的压强表达式，得出的结果与实际气体在压强不太大、温度不太低的情况下吻合得很好。但在高压、低温情况下，该公式的偏差较大。这说明一切理想模型都有一定的限制条件和适用范围。当理想模型计算的结果与实际问题中测量的结果不符、出现矛盾时，必须对模型本身和实际问题进行细致深入的观察、分析，寻找出矛盾的症结，形成新的科学模型。

（2）统计方法。

对单个分子来说，可以认为它遵守牛顿运动定律，符合机械运动规律。由于分子在做永不停息地无规则运动，每个分子的运动变化万端，具有偶然性，对如此巨大数量的分子来说，寻找出每个分子的运动规律，实际上是不可能的。但分子数量的增多，使得量变引起质的变化，使分子热运动表现出不同于机械运动的特征，即物质的热学性质和规律是大量分子热运动对外的宏观表现。因此，研究热运动的规律要运用不同于研究机械运动的方法。这种大量偶然事件的整体所具有的确定规律称为统计规律。统计规律是偶然事件的整体性规律，它不是单个偶然事件特点的简单叠加，而是事件整体所具有的必然规律。研究统计规律的方法称为统计方法。

气体动理论是以气体为研究对象，将气体分子看作一定半径的小球体，通过对气体分子运动规律的观察、研究，运用统计的方法推理出气体分子宏观现象的本质。可见，统计方法是描述系统宏观与微观现象之间相互关系的科学方法。

12.5　麦克斯韦速率分布定律

我们知道，气体中的分子都在做永不停息的、无规则的热运动，分子之间还进行着频繁的碰撞，使得气体分子热运动的速度不停地变化着。对单个分子来讲，它的速度变化具有偶然性，各个分子速度的大小和方向也各有差异。但对大量分子的整体来看，在平衡态下，气体分子的速度分布遵循一定的统计规律。

12.5.1　气体分子速率分布的实验测定

测定气体分子速率分布的实验装置如图 12.9 所示。A 是盛有金属汞的恒温箱，以产生金属蒸气，S 是狭缝，以产生一束定向的、细的分子射线，B、C 是两共轴圆盘，盘上各开一狭缝，两缝略微错开 φ 角，两盘可以绕轴转动，以选择通过两圆盘蒸气分子的速率，P 为检测器。

金属蒸气从 A 中射出，经狭缝 S 后形成一束定向的、细的分子射线到达圆盘 B，虽然分子束中各种速率的分子都能通过圆盘 B 上的狭缝，但由于两转盘的狭缝略微错开了 φ 角，分子束中能通过第一个狭缝的分子一般是无法通过第二个狭缝的，只有一定速率的分子才能通过，

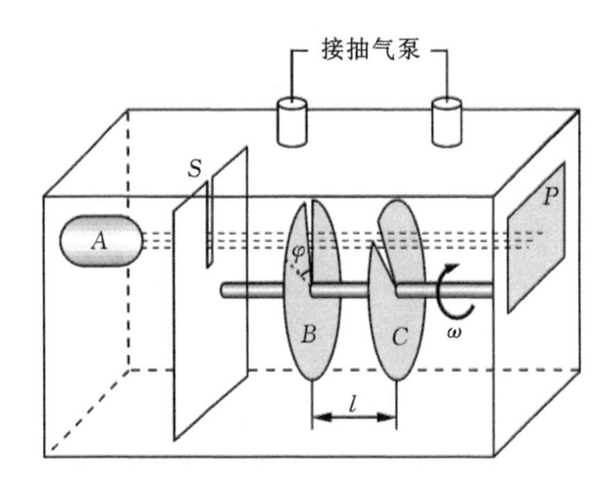

图 12.9

并到达检测器 P。只有分子通过 B 盘上狭缝到达 C 盘时，C 盘恰好转过 φ 角，该分子束才能顺利通过两盘，到达检测器 P。所以，分子束的速率需满足

$$t=\frac{l}{v}=\frac{\varphi}{\omega}$$

即

$$v=\frac{\omega l}{\varphi}$$

实验中，通过改变转盘的转速 ω 即可选择不同速率 v 的分子。更确切地说，因为狭缝具有一定的宽度，所以选择的不是恰好某一速率大小的分子，而是某一速率区间内的分子。即，选择的分子速率区间为 $v\sim v+\Delta v$。通过测量检测器 P 上所沉积的金属层的厚度，以获得不同速率区间分子数的相对比值。

当圆盘以不同的角速度 ω 转动时，通过测量检测器 P 上所沉积的金属层的厚度，就获得不同速率区间内的分子数，比较这些厚度的比率，就可以获得在分子射线中，不同速率区间内的分子数与总分子数之比。实验表明：在实验条件不变的情况下，分布在给定速率区间内的相对分子数是确定的。

12.5.2 麦克斯韦速率分布定律

1. 分子速率分布的直方图

为了描述气体分子按速率的分布，将分子所具有的各种可能的速率分成许多相等的区间 Δv。设分子总数为 N，其中速率在 $v\sim v+\Delta v$ 区间内的分子数为 ΔN，则$\frac{\Delta N}{N}$表示速率分布在 $v\sim v+\Delta v$ 区间内的分子数占总分子数的百分比。由于分子数目非常巨大，所以$\frac{\Delta N}{N}$也就是分子速率分布在 $v\sim v+\Delta v$ 区间内的概率。$\frac{\Delta N}{N}$不仅与 Δv 有关，还与这个速率区间 Δv 在哪个速率 v 附近有关。理论和实验证明：当 Δv 取得足够小时，速率分布在 $v\sim v+\Delta v$ 区间内的分子数 ΔN 占总分子数的百分比$\frac{\Delta N}{N}$应与 Δv 成正比。我们以速率 v 附近单位速率区间的分子

数占总分子数的百分比$\frac{\Delta N}{N\Delta v}$为纵轴，以 v 为横轴，根据实验数据做出的直方图如 12.10 所示。它直观地描绘了平衡态下、温度为 T 的理想气体分子按速率分布的情况。由图可以看出：

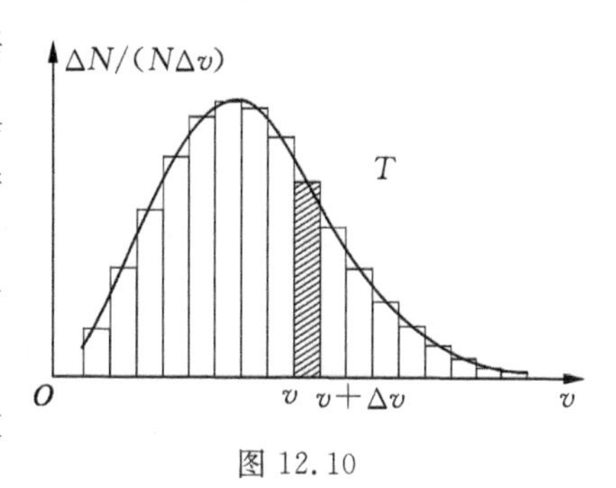

图 12.10

(1)分子速率很高或很低的分子所占总分子数的百分比甚小，多数分子以中等速率运动。

(2)曲线从原点出发，随着速率的增大而上升，经过一个极值后，又随着速率的增大而下降，最终趋近于零。表明气体分子速率可取大于零的一切可能的有限值。

(3)与$\frac{\Delta N}{N\Delta v}$的极大值对应的速率称为最概然速率，以 v_p 表示。其物理意义为：如果将整个速率区间分成许多相等的小区间，则 v_p 所在区间内的分子数占总分子数的百分比最大。或者说，分子热运动的速率分布在 v_p 所在的区间的概率是最大的。

(4)图 12.10 中阴影的矩形面积等于分子速率在 $v\sim v+\Delta v$ 的速率区间内的分子数 ΔN 占总分子数 N 的百分比，即$\frac{\Delta N}{N}$。

(5)分子速率在 $v_1\sim v_2$ 区间内小矩形面积之和就等于速率区间(v_1,v_2)内的分子数占总分子数的百分比。

(6)图中所有小矩形面积之和等于 1。它表示分布在整个速率区间 0～∞内的分子数就等于总分子数。

*2. 麦克斯韦速率分布定律

理论和实验都证明：当 Δv 取得足够小时，速率分布在 $v\sim v+\mathrm{d}v$ 区间内的分子数 $\mathrm{d}N$ 占总分子数的百分比$\frac{\mathrm{d}N}{N}$应与 $\mathrm{d}v$ 成正比，还与速率的某一函数 $f(v)$成正比。即

$$\frac{\mathrm{d}N}{N}=f(v)\mathrm{d}v$$

其中 $f(v)=\frac{\mathrm{d}N}{N\mathrm{d}v}$称为速率分布函数。它的物理意义是：速率在 v 附近单位速率区间内的分子数占总分子数的百分比。或者说分子速率分布在速率 v 附近单位速率区间内的概率。

麦克斯韦于 1859 年从理论上导出了理想气体在平衡态下、温度为 T 时分子速率分布函数为

$$f(v)=4\pi\left(\frac{\mu}{2\pi kT}\right)^{3/2}\mathrm{e}^{-\frac{\mu v^2}{2kT}}v^2$$

式中：μ 为分子的质量，T 为气体的温度，k 为玻尔兹曼常量。因此，一定质量的某种理想气体处于平衡态时，分子热运动速率分布在 $v\sim v+\mathrm{d}v$ 区间内的分子数占总分子数的百分比为

$$\frac{\mathrm{d}N}{N}=4\pi\left(\frac{\mu}{2\pi kT}\right)^{3/2}\mathrm{e}^{-\frac{\mu v^2}{2kT}}v^2\mathrm{d}v \tag{12.5}$$

称为麦克斯韦速率分布定律。

根据麦克斯韦速率分布定律，我们可以用积分的方法求出分子速率在 $v_1\sim v_2$ 区间的分子数占总分子数的百分比为

$$\frac{\Delta N}{N}=\int_{v_1}^{v_2}f(v)\mathrm{d}v=\int_{v_1}^{v_2}4\pi\left(\frac{\mu}{2\pi kT}\right)^{3/2}\mathrm{e}^{-\frac{\mu v^2}{2kT}}v^2\mathrm{d}v$$

我们以 $f(v)$ 为纵轴，以 v 为横轴，根据分子速率分布函数做出的曲线如图 12.11 所示。由图仍然可以看出：

(1)分子速率很高或很低的分子所占总分子数的百分比甚小，多数分子以中等速率运动。

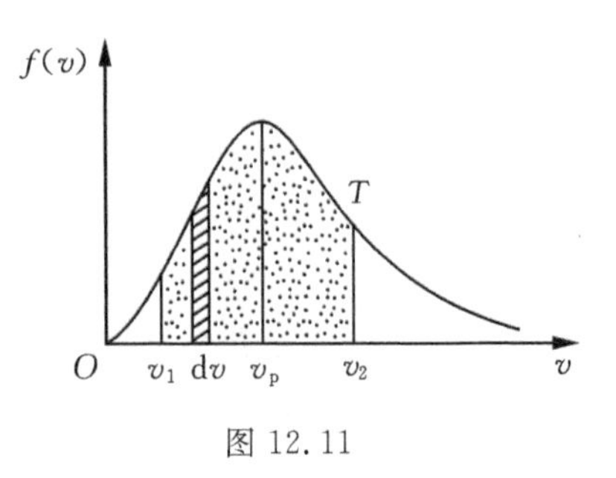

图 12.11

(2)曲线从原点出发，随着速率的增大而上升，经过一个极值后，又随着速率的增大而下降，最终趋近于零。表明气体分子速率可取大于零的一切可能有限值。

(3)与 $f(v)$ 的极大值对应的速率称为最概然速率，以 v_p 表示。其物理意义为：如果将整个速率区间分成许多相等的小区间，则 v_p 所在区间内的分子数占总分子数的百分比最大。或者说，分子速率分布在 v_p 所在区间的概率最大。

(4)在 $v\sim v+\mathrm{d}v$ 的速率区间内的分子数 $\mathrm{d}N$ 占总分子数 N 的百分比为

$$\frac{\Delta N}{N}=f(v)\mathrm{d}v$$

(5)分子速率在 $v_1\sim v_2$ 区间内的分子数占总分子数的百分比为

$$\frac{\Delta N}{N}=\int_{v_1}^{v_2}f(v)\mathrm{d}v \tag{12.6}$$

(6)分子速率分布在 $0\sim\infty$ 区间内的分子数占总分子数的百分比为

$$\int_0^{\infty}f(v)\mathrm{d}v=1 \tag{12.7}$$

该式是由速率分布函数的意义决定的，它是速率分布函数 $f(v)$ 必须满足的条件，也称为速率分布函数的归一化条件。在图 12.11 中，它就等于速率分布曲线下的面积。

12.5.3 分子热运动速率的三种统计平均值

利用式(12.6)可以求出气体分子速率的三种统计平均值。

1. 平均速率

$$\bar{v}=\frac{\int_0^{\infty}v\mathrm{d}N}{N}=\int_0^{\infty}v\frac{\mathrm{d}N}{N}=\int_0^{\infty}v\cdot f(v)\mathrm{d}v=\sqrt{\frac{8kT}{\pi\mu}}=1.59\sqrt{\frac{RT}{M}}$$

即
$$\bar{v}=\sqrt{\frac{8kT}{\pi\mu}}=\sqrt{\frac{8RT}{\pi M}}\approx 1.59\sqrt{\frac{RT}{M}} \tag{12.8}$$

式中：k 为玻尔兹曼常数，$k=\frac{R}{N_0}=\frac{8.31}{6.023\times10^{23}}=1.38\times10^{-23}\ \mathrm{J\cdot K^{-1}}$；$M$ 为气体分子的摩尔质量。

2. 方均根速率

$$\overline{v^2}=\frac{\int v^2\mathrm{d}N}{N}=\int v^2\frac{\mathrm{d}N}{N}=\int_0^{\infty}v^2\cdot f(v)\mathrm{d}v=\frac{3kT}{\mu}=\frac{3RT}{M}$$

即
$$\sqrt{\overline{v^2}}=\sqrt{\frac{3kT}{\mu}}=\sqrt{\frac{3RT}{M}}\approx 1.73\sqrt{\frac{RT}{M}} \tag{12.9}$$

3. 最概然速率

将麦克斯韦速率分布函数 $f(v)$ 对 v 求一阶导数，并令其为零。即

$$\frac{\mathrm{d}f(v)}{\mathrm{d}v}=0$$

可以解得 v，令 $v=v_\mathrm{p}$，有

$$v_\mathrm{p}=\sqrt{\frac{2kT}{\mu}}=\sqrt{\frac{2RT}{M}}\approx 1.41\sqrt{\frac{RT}{M}} \tag{12.10}$$

由以上结果可以看出，三种速率都是温度的函数，都具有统计平均意义，反映的都是大量分子热运动的统计规律。

应该指出，麦克斯韦速率分布定律只适用于平衡态下大量分子组成的系统，对少量分子组成的系统是无意义的。在通常情况下，比较稀薄的实际气体的分子速率分布也可用麦克斯韦速率分布定律来描述。

思考 试画出某理想气体在平衡态下、温度为 T_1 时的麦克斯韦速率分布曲线，当温度增高到 $T_2(T_2>T_1)$，且达到平衡态时的麦克斯韦速率分布曲线。分析随温度的增高，麦克斯韦速率分布曲线的变化趋势。在同一张图中试分别画出平衡态下、温度为 T 时，氢气、氦气作为理想气体，其麦克斯韦速率分布曲线。

12.6 能量按自由度均分定理

12.6.1 自由度

前面讨论大量气体分子热运动时，我们将理想气体分子视为了质点，因而在讨论气体分子热运动时只考虑了平动。实际上分子都有一定的大小和比较复杂的结构。一般来说，分子的运动，不仅有平动，而且还有转动和分子内部各原子间的振动，相应的分子热运动的能量包括平动、转动和振动的能量。为了研究分子热运动能量所遵循的规律，有必要引入自由度的概念。

决定一个物体空间位置所需要的独立坐标的数目，称为该物体的自由度。

一个在空间自由运动的质点，其位置需要 3 个独立坐标(如 x,y,z)确定，如图 12.12(a)所示，所以自由质点具有 3 个自由度。对刚体来说，除平动之外，还可能有转动，一般来说，刚体的运动可以视为随质心的平动和绕过质心轴转动的叠加。因此，除了 3 个独立坐标确定其质心位置外，还需要确定过质心轴的方位和绕该轴转过的角度。确定过质心轴方位需(α、β、γ)3 个方向角，但因 $\cos^2\alpha+\cos^2\beta+\mathrm{cso}^2\gamma=1$，所以只有两个坐标是独立的。再加上确定绕轴转动的一个独立坐标，因此，自由刚体共有 6 个自由度，其中 3 个平动自由度，3 个转动自由度，如图 12.12(b)、(c)所示。

当物体受到某种约束时，自由度就会减少。如限制在曲面上运动的质点，需要两个独立坐标来确定它的位置，所以只有 2 个自由度；限制在曲线上运动的质点，则只有 1 个自由度。定轴转动的刚体仅仅有 1 个自由度。

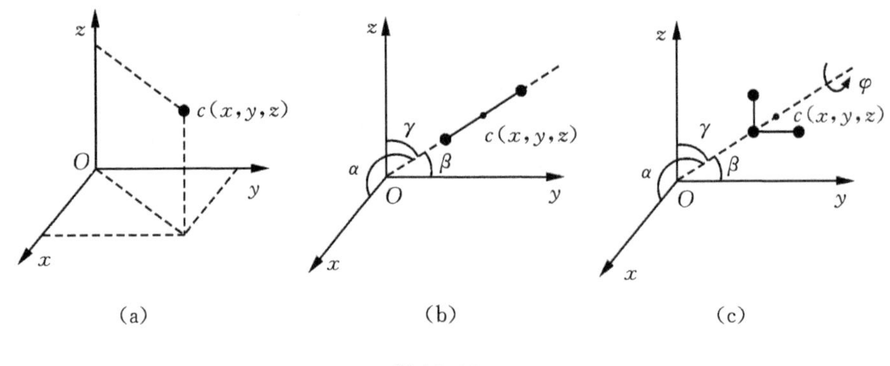

图 12.12

从分子结构来看，可将气体分子分为单原子气体分子（如氦气、氖气等惰性气体）、双原子气体分子（如氢气、氧气等）、多原子气体分子（如二氧化碳、甲烷等）。单原子气体分子可以看作自由质点，有 3 个自由度；双原子气体分子可认为是由一轻质的刚性杆将两个视为质点的原子连接起来，由于连接杆是刚性的（即两原子距离不变），所以双原子气体分子就相当于一个自由的刚性细棒，因此，有 5 个自由度，其中 3 个平动自由度，2 个转动自由度；对于多原子气体分子，则可视为一自由的刚体，有 6 个自由度，其中 3 个平动自由度，3 个转动自由度。实际上，在原子间作用力的影响下，分子内部原子间还会发生振动，还应该有相应的振动自由度，不过在常温下，可以不考虑振动自由度，把分子视为是刚性的。

12.6.2 温度的微观本质

前面讨论大量气体分子热运动时，将理想气体分子视为质点，因而在讨论气体分子热运动时只考虑了平动。所以，理想气体分子的平均平动动能的表达式为

$$\bar{\varepsilon} = \frac{1}{2}\mu \overline{v^2}$$

方均根速率为

$$\sqrt{\overline{v^2}} = \sqrt{\frac{3kT}{\mu}}$$

上面两式联立，可得

$$\bar{\varepsilon} = \frac{3}{2}kT \tag{12.11}$$

上式表明：平衡态下，理想气体分子的平均平动动能只与气体的温度有关，而与气体的种类无关。

式(12.11)揭示了状态参量温度的微观本质，即，温度是物体内部分子热运动剧烈程度的标志，分子热运动越剧烈，温度越高。由于温度 T 与大量分子平均平动动能有关，所以温度是大量分子热运动的集体表现，具有统计意义，对单个分子或少量分子无温度概念可言。

12.6.3 能量按自由度均分定理

由上节可知,理想气体分子的平均平动动能的表达式为

$$\bar{\varepsilon}=\frac{3}{2}kT$$

而理想气体分子的平均平动动能还可以表示为

$$\frac{1}{2}\mu\overline{v^2}=\frac{1}{2}\mu\overline{v_x^2}+\frac{1}{2}\mu\overline{v_y^2}+\frac{1}{2}\mu\overline{v_z^2}$$

且平衡态下,气体分子沿各个方向运动速率的平均值均相等,即哪个方向的运动也不比其他方向运动占优势,有

$$\overline{v_x^2}=\overline{v_y^2}=\overline{v_z^2}=\frac{1}{3}\overline{v^2}$$

因此可得

$$\frac{1}{2}\mu\overline{v_x^2}=\frac{1}{2}\mu\overline{v_y^2}=\frac{1}{2}\mu\overline{v_z^2}=\frac{1}{3}(\frac{1}{2}\mu\overline{v^2})=\frac{1}{3}(\frac{3}{2}kT)=\frac{1}{2}kT$$

上式表明:平衡态下,理想气体分子的平均平动动能是平均分配在每个平动自由度上的,每个平动自由度的平均能量都是$\frac{1}{2}kT$。

考虑到气体分子运动的无规则性,可以推论,任何一种运动都不比其他运动占优势。所以,平均来说,处于平衡态下的理想气体分子无论做哪种运动,分子的任何一个自由度上都平均分配一份$\frac{1}{2}kT$的能量。这样的能量分配原则称为能量按自由度均分定理。

能量按自由度均分定理是一条统计规律。对大量分子平均来看,能量之所以按自由度平均分配,是由于分子间存在着无规则的频繁碰撞。在碰撞过程中,一个分子的能量可以传递给另一个分子;一种形式的能量可以转化为另一种形式的能量;一个自由度上的能量可以转移到另一个自由度上去。如果某个自由度上的能量大,则在碰撞中失去能量的概率就大;某个自由度上的能量小,则在碰撞中得到能量的概率就大。从统计的观点看,在平衡状态下,就大量分子的统计平均来说,能量是按自由度平均分配的。

12.6.4 理想气体的内能

在之前学习的内容中,我们已经引入了内能的概念,即物体内部所有分子动能和分子势能的总和,称为内能,并指出系统的内能是状态的函数。实验表明,处于平衡下的理想气体,其内能仅是温度的单值函数。由气体的微观结构来看,分子除了具有平动、转动、振动等各种形式的动能以及分子内部原子间的振动势能以外,由于分子间还存在着相互作用的分子力,所以分子还具有与分子力相关的势能。

对于理想气体,分子间的作用力忽略不计,因而与相互作用力有关的势能也就忽略不计。在常温下,分子中原子的振动也可忽略。于是,理想气体的内能就是所有分子平动、转动动能的总和。

设平衡态下的理想气体分子具有t个平动自由度,r个转动自由度,根据能量按自由度均

分定理，分子的总平均平动动能为$\frac{t}{2}kT$，总平均转动动能为$\frac{r}{2}kT$，则分子的总平均动能为

$$\bar{\varepsilon}=\frac{1}{2}(t+r)kT$$

如令$i=t+r$，表示气体分子的自由度总数，则

$$\bar{\varepsilon}=\frac{i}{2}kT \tag{12.12}$$

一个摩尔理想气体的内能为

$$E_0=N_0\frac{i}{2}kT=\frac{i}{2}RT$$

质量为m，摩尔质量为M的理想气体的内能为

$$E=\frac{m}{M}\frac{i}{2}RT \tag{12.13}$$

由上式可见，一定质量的理想气体的内能，与气体分子的自由度总数i、气体的温度T有关，而与气体的压强和体积无关。对于一定质量的、种类确定的理想气体来说，其内能仅与温度有关，且是温度的单值函数。

12.6.5 气体分子的能量分布

1. 气体分子按动能的分布

平衡态下理想气体的压强公式

$$p=\frac{2}{3}n\bar{\varepsilon}$$

平衡态下理想气体的平均平动动能与温度的关系式

$$\bar{\varepsilon}=\frac{3}{2}kT$$

以上两式表明，处于平衡态(p、V、T)下的理想气体，温度T处处均匀，气体的平均平动动能$\bar{\varepsilon}$处处均匀，如果没有外力场作用于系统，此时，系统中气体的分子数密度n、压强p也处处均匀，气体分子均匀地分布在整个容器空间。由麦克斯韦速率分布定律可知，此时系统中各个分子可以具有不同的速度和动能。

麦克斯韦速率分布定律表明，一定量的理想气体处于平衡态时，分子速率分布在$v\sim v+\mathrm{d}v$区间内的分子数为

$$\mathrm{d}N=N4\pi\left(\frac{\mu}{2\pi kT}\right)^{3/2}\mathrm{e}^{-\frac{\mu v^2}{2kT}}v^2\mathrm{d}v$$

由分子的平动动能$\varepsilon_{\mathrm{k}}=\frac{1}{2}\mu v^2$，可得

$$\mathrm{d}v=\frac{\mathrm{d}\varepsilon_{\mathrm{k}}}{\sqrt{2\mu\varepsilon_{\mathrm{k}}}}$$

将上式代入$\mathrm{d}N$表达式，即可得到分子热运动的动能分布在$\varepsilon_{\mathrm{k}}\sim\varepsilon_{\mathrm{k}}+\mathrm{d}\varepsilon_{\mathrm{k}}$区间内的分子数为

$$\mathrm{d}N=N2\pi\left(\frac{1}{\pi kT}\right)^{3/2}\mathrm{e}^{-\frac{\varepsilon_{\mathrm{k}}}{kT}}\sqrt{\varepsilon_{\mathrm{k}}}\,\mathrm{d}\varepsilon_{\mathrm{k}}$$

2. 麦克斯韦-玻耳兹曼分布律

当系统处在外力场中时，处于平衡态(p、V、T)下的理想气体，温度 T 处处均匀，气体的平均平动动能 $\bar{\varepsilon}$ 处处均匀，但由于外力场对气体分子的作用，系统中气体分子数密度 n 不再均匀分布。当然，系统中的压强 p 也不再是均匀分布了。系统中处于不同位置的气体分子具有了不同的势能。即如果系统处在外力场中，气体分子除了具有动能之外还有势能。因为动能与分子的速率有关，势能与分子在外力场中的位置有关。所以，气体分子的分布规律不仅与分子的速率有关，还与分子在外力场中的位置有关。

玻耳兹曼研究了在外力场中的理想气体处于平衡态时，分子的位置坐标在 $x \sim x+\mathrm{d}x$，$y \sim y+\mathrm{d}y$，$z \sim z+\mathrm{d}z$ 内，速率在 $v_x \sim v_x+\mathrm{d}v_x$，$v_y \sim v_y+\mathrm{d}v_y$，$v_z \sim v_z+\mathrm{d}v_z$ 区间的分子数为

$$\mathrm{d}N = n_0\left(\frac{\mu}{2\pi kT}\right)^{3/2} \mathrm{e}^{-\frac{\varepsilon_k+\varepsilon_p}{kT}} \mathrm{d}v_x \mathrm{d}v_y \mathrm{d}v_z \mathrm{d}x \mathrm{d}y \mathrm{d}z$$

该结论称为麦克斯韦-玻耳兹曼分布律，式中 n_0 为势能 $\varepsilon_p=0$ 处的分子数密度。令分子的总能量为 $\varepsilon=\varepsilon_k+\varepsilon_p$，则

$$\mathrm{d}N = n_0\left(\frac{\mu}{2\pi kT}\right)^{3/2} \mathrm{e}^{-\frac{\varepsilon}{kT}} \mathrm{d}v_x \mathrm{d}v_y \mathrm{d}v_z \mathrm{d}x \mathrm{d}y \mathrm{d}z \tag{12.14}$$

如果坐标间隔 $\mathrm{d}x$，$\mathrm{d}y$，$\mathrm{d}z$ 相同，速度间隔 $\mathrm{d}v_x$，$\mathrm{d}v_y$，$\mathrm{d}v_z$ 也相同，则位于系统不同位置处的分子数 $\mathrm{d}N$ 正比于 $\mathrm{e}^{-\frac{\varepsilon}{kT}}$。即系统内能量大的位置分布的分子数目少，而能量小的位置分布的分子数目多，从统计分布来看，分子总是优先占据低能态，或者说，分子处于低能态的概率比较大。

3. 玻耳兹曼分布律

如果只考虑分子的势能，则分子的动能可以取所有值 $0\sim\infty$，理论可以证明：在 $x \sim x+\mathrm{d}x$，$y \sim y+\mathrm{d}y$，$z \sim z+\mathrm{d}z$ 内具有各种速率的分子数为

$$\mathrm{d}N' = n_0 \mathrm{e}^{-\frac{\varepsilon_p}{kT}} \mathrm{d}x \mathrm{d}y \mathrm{d}z$$

该结论称为玻耳兹曼分布律。它表明，分子按势能的分布规律为：在相同的体积元内分子数与 $\mathrm{e}^{-\frac{\varepsilon_p}{kT}}$ 成正比。势能越小的位置，分子数越多，分子处于低势能状态的概率比较大。

4. 重力场中分子按高度的分布

例如，在重力场中，分子的势能为 $\varepsilon_p=mgz$，则在高度为 z 处的体积元 $\mathrm{d}x\mathrm{d}y\mathrm{d}z$ 内的分子数

$$\mathrm{d}N' = n_0 \mathrm{e}^{-\frac{mgz}{kT}} \mathrm{d}x \mathrm{d}y \mathrm{d}z$$

在位置 z 处，单位体积内的分子数为

$$n = \frac{\mathrm{d}N'}{\mathrm{d}x \mathrm{d}y \mathrm{d}z}$$

重力场中的理想气体处于平衡态时，气体分子数密度 n 随高度 z 的变化规律为

$$n = n_0 \mathrm{e}^{-\frac{mgz}{kT}} \tag{12.15}$$

可见，当温度 T 不变时，重力场中分子数密度 n 随高度 z 的增加按指数规律衰减。

由平衡态下、理想气体的压强 p 与平均平动动能 $\bar{\varepsilon}$ 的关系

$$p = \frac{2}{3} n \bar{\varepsilon}$$

以及平均平动动能 $\bar{\varepsilon}$ 与温度 T 的关系

$$\bar{\varepsilon} = \frac{3}{2}kT$$

可得

$$p = nkT$$

将式(12.15)代入，即可得到，气体的压强 p 随高度 z 的变化规律为

$$p = p_0 e^{-\frac{mgz}{kT}} \tag{12.16}$$

式中：$p_0 = n_0 kT$ 为 $z=0$ 处气体的压强。该式表明，当温度 T 不变时，在重力场中，气体的压强随高度的增大按指数规律衰减，即高度越高，气体压强越低。根据该式，气象学中经常通过测量大气压强来估算高度。

习　题

12.1　将 1 cm^3 的油酸溶于酒精，制成 200 cm^3 的溶液，已知 1 cm^3 溶液有 50 滴。将一滴溶液滴在水面上，由于酒精溶于水，油酸在水面上形成一单分子薄层，测得薄层面积为 0.2 m^2。试估测油酸分子的直径。

12.2　如图，甲分子固定于坐标原点 O，乙分子沿 x 轴运动，两分子间的分子势能 E_p 与两分子间距离 x 的变化关系如图所示。分子势能的最小值为 $-E_0$。若两分子所具有的总能量为 0，则下列说法中正确的是(　)。

A. 乙分子位于 P 点($x=x_2$)时，加速度最大

B. 乙分子位于 P 点($x=x_2$)时，其动能为 E_0

C. 乙分子位于 Q 点($x=x_1$)时，处于平衡状态

D. 乙分子的运动范围为 $x \geqslant x_1$

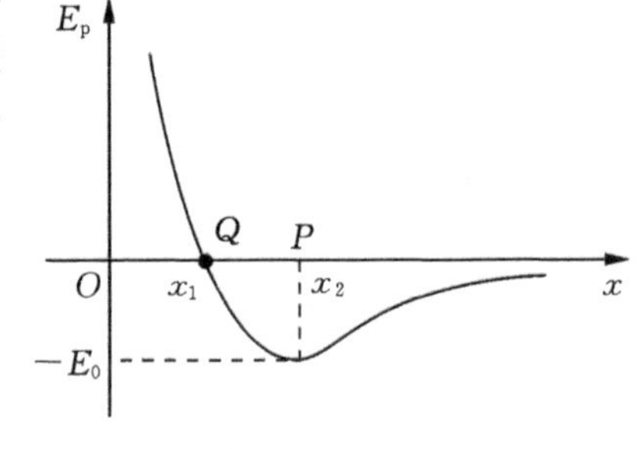

题 12.2 图

12.3　如图，两曲线分别表示两分子间引力、斥力的大小随分子间距离的变化关系，e 为两曲线的交点，则下列说法正确的是(　)。

A. ab 为斥力曲线，cd 为引力曲线，e 点横坐标的数量级为 10^{-10} m

B. ab 为引力曲线，cd 为斥力曲线，e 点横坐标的数量级为 10^{-10} m

C. 若两个分子间距离大于 e 点的横坐标，则分子间作用力表现为斥力

D. 若两个分子间距离越来越大，则分子势能越来越大

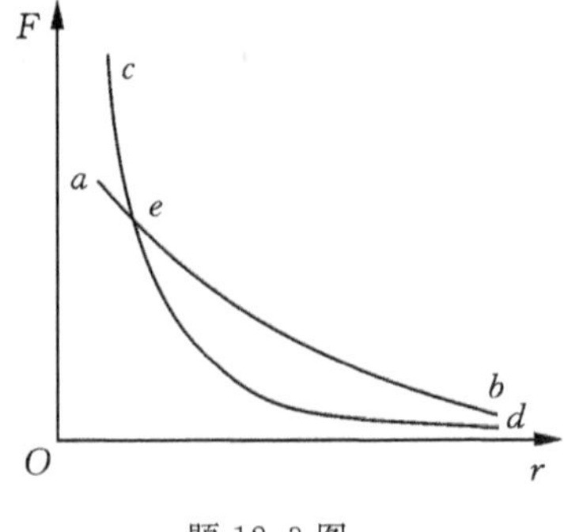

题 12.3 图

12.4　当两分子间的距离为 r_0 时，分子间的作用力为零，如果距离变为 r，则(　)。

A. $r>r_0$ 时分子间的作用力为斥力，$r<r_0$ 时分子间的作用力为引力

B. $r>r_0$ 时分子间的作用力为斥力，$r<r_0$ 时分子间的作用力也为斥力

C. $r>r_0$ 时分子间的作用力为引力，$r<r_0$ 时分子间的作用力为斥力

D. $r>r_0$ 时分子间的作用力为引力，$r<r_0$ 时分子间的作用力也为引力

12.5 关于温度的概念，下列说法中正确的是( )。

A. 某物体的温度为 0 ℃，则其中每个分子的温度也是 0 ℃

B. 温度是物体分子热运动的平均速度的标志

C. 温度是物体分子热运动平均动能的标志

D. 温度可以从高温物体传递到低温物体，达到热平衡时两物体温度相等

12.6 下列叙述中，正确的是( )。

A. 布朗运动是液体分子的热运动

B. 对一定质量的气体加热，内能一定增加

C. 分子间的距离 r 越小，分子引力越小，分子斥力越大

D. 1 kg 0 ℃水的内能比 1 kg 0 ℃冰的内能大

12.7 一木块沿斜面下滑，下列说法正确的是( )。

A. 不管斜面是否光滑，下滑过程中重力对木块做了功，木块的内能就增加

B. 若斜面光滑且不计空气阻力，木块滑到底部时，速度增大，内能也增大

C. 若斜面粗糙，木块在重力的作用下速度增大，内能也增大

D. 若斜面粗糙，下滑过程中，木块的机械能减少，而它的内能增大

12.8 下列说法中正确的是( )。

A. 随制冷技术的发展，我们一定能使所有的分子都停止运动

B. 保持气体温度不变，在压缩气体时，气体的压强增大，是因为分子间的斥力增大造成的

C. 热力学温度每一度的大小跟摄氏温度的每一度的大小相同

D. 气体的体积等于气体中所有分子的体积之和

12.9 关于分子势能，下列说法中正确的是( )。

A. 分子间表现为引力时，距离越小，分子势能越大

B. 分子间表现为斥力时，距离越小，分子势能越大

C. 分子间引力和斥力相等时，分子势能最小

D. 分子势能不但与物体的体积有关，还与物体的温度有关

12.10 下列说法正确的是( )。

A. 水和酒精混合后的体积小于原来的体积之和，说明分子间有空隙

B. 悬浮于水中的花粉静放几天后，用显微镜观察不到花粉做无规则运动

C. 把两块表面磨得很平滑的铅块压紧后悬吊，处在下方的铅块不会掉下，是由于大气压力作用的结果

D. 快速压缩密闭气体，会使气体分子的平均动能增大

12.11 密闭容器中有氢气和氧气，当它们处于热平衡状态时，试求它们的分子平均动能之比。

第 13 章 热力学基础

热力学是从能量守恒与转换的观点，应用观察和实验的方法，研究热现象的宏观理论。本章主要讨论理想气体状态方程及热力学第一定律和热力学第二定律。

13.1 气体的等温变化、等容变化和等压变化

13.1.1 气体的等温变化

1. 气体的等温实验

如图 13.1 所示为 U 形玻璃管，其一端封闭，一端开口，管内装有水银。封闭端装有空气。1662 年，英国化学家玻意耳使用该装置进行实验。玻意耳经过观察发现：加入水银量的不同会使其中空气所受的压力不同，管内空气的体积随水银柱高度不同而发生变化。在玻璃管粗细均匀的情况下，管中空气的体积与空气柱长度 l 成正比，而空气所受压力为大气压与水银柱高度差 Δh 之和。据此，他认为在温度不变的情况下，一定质量的空气所受的压力与气体的体积成反比。实验数据如下（一大气压为 29.1 inHg）。

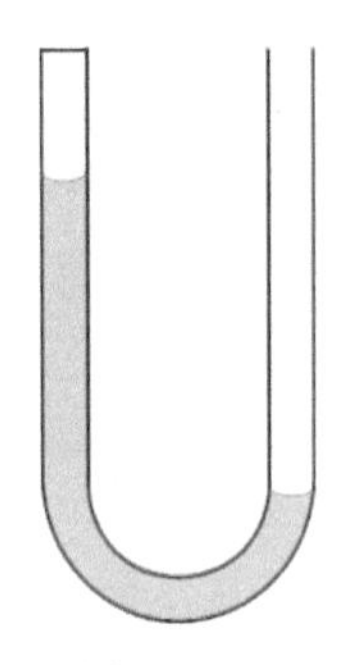

图 13.1

空气体积（刻度读数）	40	38	36	34	32	30
Δh/in Hg	6.2	7.9	10.2	12.5	15.1	18.0

2. 玻意耳定律

一定质量的理想气体，在温度不变时，其体积与压强成反比。该定律称为玻意耳-马略特定律。即

$$pV = C \tag{13.1a}$$

其中 C 为常量。如果气体系统在状态 1 时的状态参量为(p_1, V_1, T_1)，状态 2 时的状态参量为(p_2, V_2, T_1)。则两状态参量满足

$$p_1V_1 = p_2V_2 \tag{13.1b}$$

罗伯特·玻意耳（Robert Boyle，1627—1691），英国化学家，伦敦皇家学会创始人之一。1661 年《The Sceptical Chymist》出版问世，它对化学发展产生了重大影响。因此，1661 年被认为是近代化学的开始年代。

马略特（Edme Mariotte，1602—1684），法国物理学家和植物生理学家，法国科学院的创建

者之一。1676 年他发表论文《气体的本性》,论文中的定律:一定质量的气体在温度不变时其体积和压强成反比。该定律是马略特独立确立的,在法国常被称为马略特定律。而该定律 1661 年被英国科学家玻意耳首先发现,而被称为玻意耳定律。但马略特明确地指出了温度不变是该定律的适用条件,且定律的表述更完整,实验数据也更令人信服,因此该定律后被称为玻意耳-马略特定律。

马略特的实验为:一端封闭,一端开口,长为 40 英寸的玻璃管,开口向上竖直放置。将水银注入到 27.5 英寸高(约为 76 cm),余下的 12.5 英寸是空气。用手指将管口按住,将 12.5 英寸的空气封闭在管内。将管子倒过来插入水银槽中,并把按管口的手指移开。轻轻敲打管子,水银就会从管顶慢慢落下,处于下面的空气就上升到了管的上部。观察发现,当管子浸入水银槽中 1 英寸时,剩下的 39 英寸的管中,14 英寸是水银,25 英寸是空气。此时管中空气柱的长度为未放入之前的 2 倍。重复实验后得出:"空气的稠密程度与其负载的重量成比例是一种固定的规律或自然律"。

他预言了该定律的应用,如可根据某处气压计的读数估算该地的高度。他测量了位于很深处地下室中的水银柱高度,还有坐落在巴黎高地的气象观测站上的水银柱高度,通过比较得出了使用气压计估计高度的近似公式。(摘自百度百科)

3. 等温曲线

在探究气体热现象的规律时,我们常常使用图线直观地描述气体状态参量之间的变化关系。最常用的就是压强 p 与体积 V 的关系曲线,称为 $p-V$ 图。一定量的理想气体,保持其温度不变时,其 $p-V$ 图如图13.2所示。

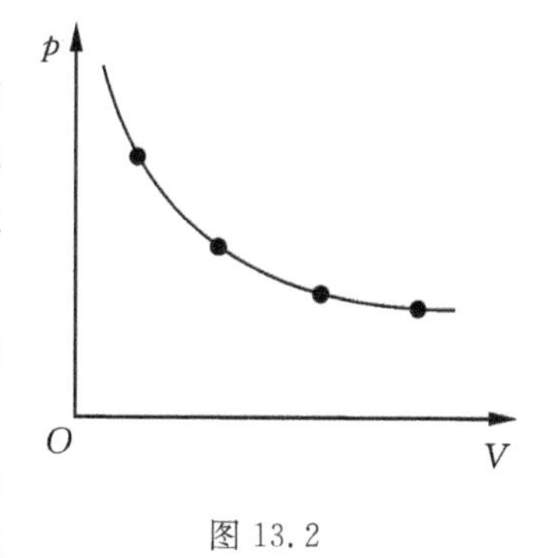

图 13.2

思考 一定量的理想气体,当温度变化时,其 $p-V$ 图如何变化。

例 13.1 喷雾器内有 10 L 水,上部封闭有 2 L、1 atm 的空气,如图 13.3 所示。关闭喷雾阀门,用打气筒向喷雾器内再充入 3 L、1 atm 的空气(设外界环境温度一定)。试求当水面上方气体温度与外界温度相等时,气体的压强。

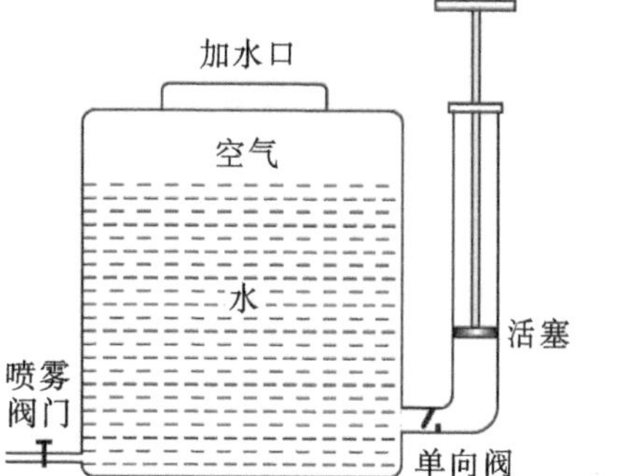

图 13.3

解 设气体的初态压强为 p_1,体积为 V_1;末态压强为 p_2,体积为 V_2,由玻意耳定律,可得

$$p_1V_1 = p_2V_2$$

其中,$p_1=1$ atm,$V_1=5$ L,$V_2=2$ L,代入数据得

$$p_2 = 2.5 \text{ atm}$$

例 13.2 一根一端封闭、粗细均匀的细玻璃管,开口向上竖直放置时,$l_0=22.5$ cm 的空气柱被 25 cm 的水银柱封在管的底部,逐渐转动细管使之水平放置。若水银没有从管内流出,测量此时空气柱的长度为 $l_1=30$ cm,(1)试求此时的大气压强 p_0;(2)继续转动细管,最终使管子转到开口端竖直向下,若仍没有水银从管口流出,试求该细管的最短长度 l。

解 (1)设细管的截面积为 S，此时的大气压强为 p_0。则细管开口向上竖直放置时，空气柱的压强为 (p_0+25)，体积为 l_0S；细管水平放置时，空气柱压强为 p_0，体积为 l_1S。由玻意耳定律，有

$$(p_0+25)\cdot l_0S = p_0\cdot l_1S$$

代入数值，解得

$$p_0 = 75\ \text{cmHg}$$

(2)设管子开口端竖直向下时，空气柱的长度为 x。此时空气柱的状态与细管水平放置时空气柱的状态之间满足玻意耳定律，有

$$(75-25)x = 75\times 30$$

解得

$$x = 45\ \text{cm}$$

细管的最短长度为此时空气柱的长度与细管中水银柱的长度之和，即

$$l = 45+25 = 70\ \text{cm}$$

13.1.2 气体的等容变化

1. 气体的等容实验

如图 13.4(a)所示。一只烧瓶上连一根玻璃管，用橡皮管把它与一个水银压强计连接起来，在烧瓶内封住一定量的空气。上下移动压强计，使得其中的两段水银柱的高度在同一水平面上。记下 B 管水银柱的高度 h_0、室温 T_0，此时烧瓶中空气的压强等于大气压。

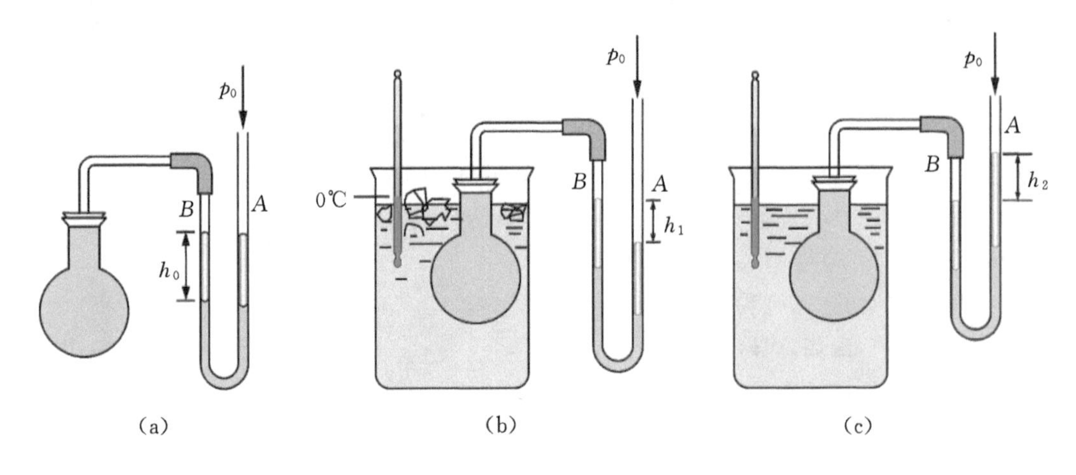

图 13.4

如图 13.4(b)所示。将烧瓶放入温度为 T_1 的纯净冰水混合物中，观察水银柱高度的变化。此时，瓶中空气温度降低，B 管水银柱上升，A 管水银柱下降，瓶中空气体积减小。移动 A 管使其下降，直至 B 管中水银柱高度与开始时相同，以保证烧瓶中空气体积不变。此时，记录下 AB 水银柱的高度差 h_1。

如图 13.4(c)所示。将烧瓶放入温度为 T_2 的热水中，观察水银柱高度的变化。此时，瓶中空气温度上升，A 管水银柱上升，B 管水银柱下降，瓶内空气体积增大。上提 A 管，直至 B

管中水银柱高度与开始时相同，以保证烧瓶中空气体积不变。此时，记录下 AB 管水银柱高度之差 h_2。

改变水的温度，重复以上步骤，记录数据如下：

次数	1	2	3	4	5
p/cm	h_0	h_1	h_2	h_3	h_4
T/℃	T_0	T_1	T_2	T_3	T_4

2. 查理定律

分析以上实验数据，查理发现：一定量的理想气体，在体积不变时，其压强与热力学温度成正比。该定律称为查理定律。即

$$\frac{P}{T}=C \tag{13.2a}$$

其中 C 为常量。如果气体系统在状态 1 时的状态参量为(p_1,V_1,T_1)，状态 2 时的状态参量为(p_2,V_1,T_2)。则两状态参量满足

$$\frac{p_1}{T_1}=\frac{p_2}{T_2} \tag{13.2b}$$

查理(Jacques Alexandre Cesar Charles，1746—1823)，法国物理学家、数学家和发明家。查理在物理学上的重要贡献是发现了查理定律。大约在 1787 年，查理研究气体的膨胀问题时，发现了该定律。气体的等容曲线如图 13.5 所示。(摘自百度百科)

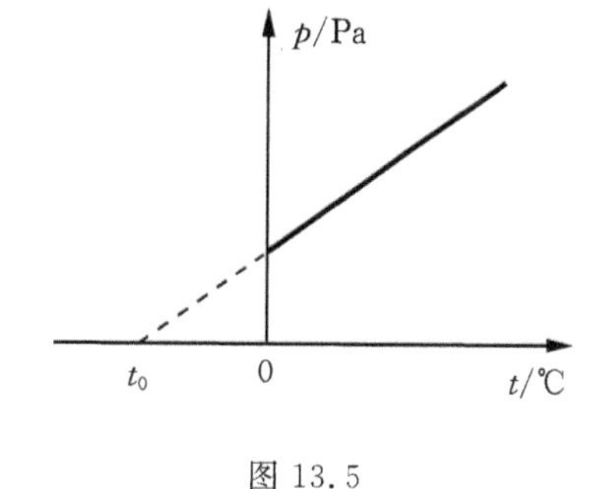

图 13.5

思考 (1)为何气体的等容曲线中有一部分为虚线？

(2)为何隔夜的、未装满水的杯子难以打开？

(3)我国民间常用“拔火罐”来治疗某些疾病，即用一个小罐将纸燃烧后放入罐内，然后迅速将火罐开口端紧压在人体的皮肤上，待火罐冷却后，火罐就紧紧地被“吸”在皮肤上。试解释该现象。

例 13.3 为了测试某安全阀在外界环境为一个大气压时，所能承受的最大内部压强，某同学自行设计制作了一个简易的测试装置。该装置是一个装有电加热器、温度传感器的密闭容器。测试过程可分为如下操作步骤：

a. 记录密闭容器内空气的初始温度 t_1；

b. 当安全阀开始漏气时，记录容器内空气的温度 t_2；

c. 用电加热器加热容器内的空气；

d. 将待测安全阀安装在容器盖上；

e. 盖紧装有安全阀的容器盖，将一定量空气密闭在容器内；

(1)按正确的操作顺序将每一步骤前的字母排序；

(2)若测得的温度 $t_1=27$ ℃，$t_2=87$ ℃，已知大气压强为 $p=1.0\times10^5$ Pa，试求该安全阀能承受的最大内部压强 p_2。

解 (1)正确的步骤为 deacb。

(2)选择密封在容器内的空气为研究对象，在初态和开始漏气前的实验过程中，密闭在容器内的空气质量不变，空气体积不变，符合查理定律。即

$$\frac{p}{T}=C$$

因此，有

$$\frac{p}{T_1}=\frac{p_2}{T_2}$$

代入数值，有

$$p_2=\frac{pT_2}{T_1}=\frac{1\times10^5\times(273+87)}{273+27}=1.2\times10^5\ \text{Pa}$$

例 13.4 汽车行驶时轮胎的胎压过高易造成爆胎，过低又会造成油耗上升。已知某型号轮胎可以在温度$-40\sim90$ ℃、胎压 1.6 atm$\leqslant p\leqslant$3.5 atm 的范围内正常工作，那么在 $t=20$ ℃时给该轮胎充气，充气后的胎压在什么范围内比较合适？(设轮胎容积不变)

解 由于轮胎容积不变，轮胎内气体经历等容变化。设 20 ℃时充气后的最小胎压为 $p_{\min}$，最大胎压为 $p_{\max}$。由题意知，$t_1=-40$ ℃时，胎压为 $p_1=1.6$ atm，$t_2=90$ ℃时，$p_2=3.5$ atm。由查理定律，有

$$\frac{p_1}{T_1}=\frac{p_{\min}}{T_0}，即\frac{1.6}{273-40}=\frac{p_{\min}}{273+20}$$

$$\frac{p_2}{T_2}=\frac{p_{\max}}{T_0}，即\frac{3.5}{273+90}=\frac{p_{\max}}{273+20}$$

解得

$$p_{\min}=2.01\ \text{atm},\quad p_{\max}=2.83\ \text{atm}$$

13.1.3 气体的等压变化

1. 气体的等压实验

如图 13.6 所示。水平放置玻璃管固定在带有刻度的木板上，并与一个烧瓶相连接。玻璃管右端是开口的，玻璃管内装有一段很短的水银柱，将部分空气封闭在烧瓶内。玻璃管水平放置时，水银柱静止，瓶中的空气压强等于大气压强。室温时，水银柱静止在管中的 A 处，然后将烧瓶放入热水中，观察发现水银柱向右移动，说明温度升高空气体积增大；随后再将烧瓶放在冷水中(低于室温)，水银柱向左移动，说明温度降低空气体积减小。

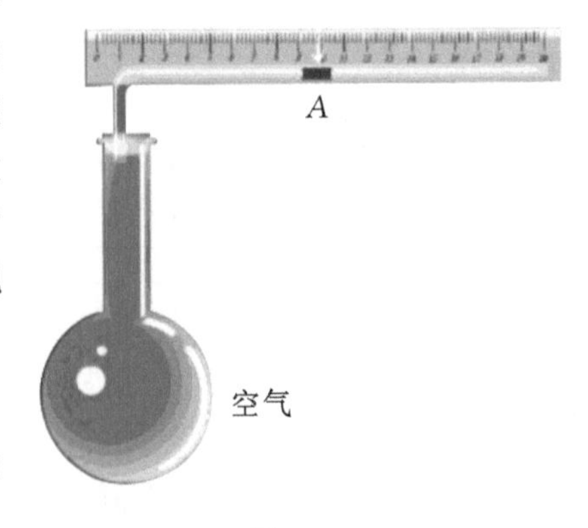

图 13.6

2. 盖·吕萨克定律

一定量的理想气体，在压强不变时，其体积与热力学温度成正比。该定律称为盖·吕萨克定律。即

$$\frac{V}{T}=C \tag{13.3a}$$

其中C为常量。如果气体系统在状态1时的状态参量为(p_1,V_1,T_1),状态2时的状态参量为(p_1,V_2,T_2)。则两状态参量满足

$$\frac{V_1}{T_1}=\frac{V_2}{T_2} \tag{13.3b}$$

理想气体的等压曲线如图13.7所示。

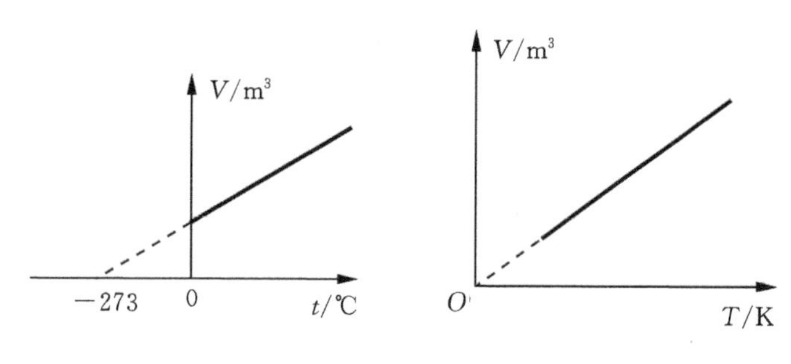

图13.7

盖·吕萨克于1802年发表的论文《气体热膨胀》中记述道:"我的实验都是以极大的细心进行的。它们无可争辩地证明,空气、氧气、氢气、氮气、一氧化氮、蒸汽、氨气,粗盐酸、亚硫酸、碳酸气体,都在相同的温度升高下有着同样的膨胀……我能够得出这个结论:一切普通气体,只要置于同样条件下,就可以在同样温度下进行同样的膨胀……"后来将气体质量、压强不变时,体积随温度作线性变化的定律称为盖·吕萨克定律。

例13.5　如图13.8所示。气缸内封闭有温度为100℃的空气,一重物经滑轮与气缸中的活塞相连,重物与活塞均处于平衡状态,此时活塞距离气缸底部10 cm。如果气缸内的空气温度降为0℃。活塞与气缸壁间光滑无摩擦。试分析:(1)重物运动方向;(2)重物距原平衡位置的距离。

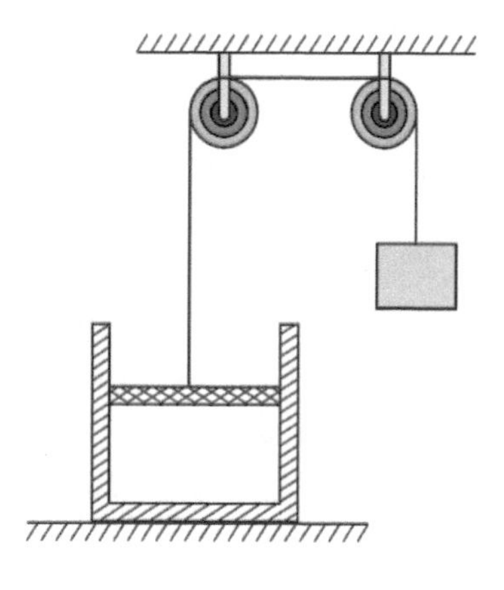

图13.8

解　(1)选择气缸内的空气为研究对象。空气温度下降,体积缩小,活塞下降,重物上升。

(2)平衡态下,气缸内的压强始终相等,所以气缸内空气状态参量的变化遵循盖·吕萨克定律。设活塞的底面积为S,初态$T_1=373$ K,$V_1=10S$,末态$T_2=273$ K,$V_2=hS$,h为活塞距气缸底部的距离,则有

$$\frac{V_1}{T_1}=\frac{V_2}{T_2}$$

代入数值,有

$$\frac{10S}{373}=\frac{hS}{273}$$

解得

$$h=7.32\ \text{cm}$$

重物距原平衡位置的距离为

$$\Delta h=10-7.32=2.68\ \text{cm}$$

例 13.6 温度计是生活、生产中常用的测温仪器,图 13.9 为一个简单的温度计。带有橡皮塞的烧瓶内封闭有一定质量的空气,现将一根两端开口、装有有色水柱的细玻璃管穿过橡皮塞插入烧瓶内。当外界温度发生变化时,有色水柱将上下移动。已知 A、D 之间刻度均匀,且测量范围为 20~80 ℃,试分析 A、D 点及水柱下端位置所指示的温度。

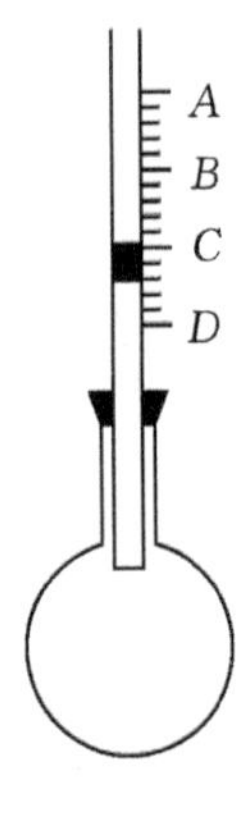

图 13.9

解 选择烧瓶内的空气为研究对象。细玻璃管两端开口,所以在整个过程中,烧瓶内空气的压强始终为一个大气压,烧瓶内空气状态参量的变化遵循盖·吕萨克定律。当温度升高时,空气体积增大,水柱上升,可见 A、D 点的温度分别为 80 ℃、20 ℃。

设水柱停在 D 点时,空气的体积为 V_D,一小格刻度对应的空气体积为 V_0,有色水柱下端位置所对应的空气体积为 V_D+3V_0,所指示的温度为 t,由图 13.9 可得有色水柱下端位于 D 点时,有

$$\frac{V_D+15V_0}{T_A}=\frac{V_D}{T_D} \qquad \frac{V_D+15V_0}{273+80}=\frac{V_D}{273+20} \qquad ①$$

由图 13.9 可得有色水柱下端位于图示位置时,有

$$\frac{V_D+3V_0}{T_1}=\frac{V_D}{T_D} \qquad \frac{T_D+3V_0}{273+t}=\frac{V_D}{273+20} \qquad ②$$

式①、②联立,解得

$$t=32\ ℃$$

13.2 理想气体状态方程

13.2.1 理想气体

玻意耳定律、查理定律、盖·吕萨克定律都是气体热现象规律的实验总结。它们都是在压强不太大(相对于一个大气压)、温度不太低(相对于室温 27 ℃)的条件下总结出来的。即,当压强很大,温度很低时,以上三定律不成立。

实际中,很多的气体在压强不大于几个大气压、温度不低于零下几十摄氏度时,使用以上三定律处理问题,计算的结果与实际测量值相差很小,可以认为三定律在此情况下依然成立。因此,将遵循玻意耳定律、查理定律、盖·吕萨克定律的气体称为理想气体。

理想气体是一种理想化的模型,在实际中是不存在的。但实际气体中,凡是本身不易被液化的气体,它们的性质非常接近理想气体的性质,如氢气、氦气。一般气体在压强不太大(相对于一个大气压)、温度不太低(相对于室温 27 ℃)的条件下,其性质非常接近理想气体的性质,因此可以将实际气体看作理想气体来处理。

13.2.2 理想气体状态方程

19 世纪中叶,法国科学家克拉珀龙综合玻意耳定律、查理定律、盖·吕萨克定律,将描述气体状态的 3 个参量 p、V、T 归于一个方程,表述为:一定量的理想气体,其体积 V 和压力 p 的乘积与热力学温度 T 成正比。其推导过程如下:

设一定量的理想气体，其初始状态参量为 p_1、V_1、T_1，最终状态参量为 p_2、V_2、T_2。首先使气体经历等温过程，达到的状态参量为(p_2、v'、T_1)则有

$$p_1V_1 = p_2V' \quad ①$$

接着经历等压过程，达到最终状态参量(p_2、v_2、T_2)则有

$$\frac{V'}{T_1} = \frac{V_2}{T_2} \quad ②$$

①、②两式联立，有

$$\frac{p_1V_1}{T_1} = \frac{p_2V_2}{T_2} \quad (13.4a)$$

由此可见，p_1V_1/T_1＝恒量，实验发现，p_1V_1/T_1 的数值随着气体的质量而改变，当气体的质量为 1 mol 时，$p_1V_1/T_1=R$，气体的质量为 ν mol 时，$p_1V_1/T_1=\nu R$，$R=8.31\ \text{J}\cdot\text{mol}^{-1}\cdot\text{K}^{-1}$ 称为摩尔气体常量。于是，(13.4a)式可以写作为

$$pV = \nu RT \quad (13.4b)$$

式(13.4a)、(13.4b)都称为理想气体的状态方程。

思考 试述理想气体的微观模型。

例 13.7 一容器装有某种理想气体，容器的体积为 5 L，气体的压强为 1.0×10^6 Pa。如果保持气体温度不变，将容器的开关打开，试求当气体处于平衡态时，容器中剩余气体质量与原有气体质量的比值。设外界大气压为 1.0×10^5 Pa。

解 设气体的初始状态参量为 p_1、V、T，气体质量为 m，摩尔数为 ν。最终状态参量为 p_2、V、T，剩余气体质量为 m'，摩尔数为 ν'。初始、最终两种平衡态下理想气体的状态方程为

$$p_1V = \nu RT \quad ①$$

$$p_2V = \nu' RT \quad ②$$

①、②联立，可得

$$\frac{\nu'}{\nu} = \frac{p_2}{p_1}$$

代入数据，得

$$\frac{\nu'}{\nu} = \frac{1}{10}$$

有

$$\frac{m'}{m} = \frac{1}{10}$$

例 13.8 如图 13.10 所示，气缸内有内径不同的活塞 A、B，其横截面积分别为 $S_A=10\ \text{cm}^2$，$S_B=4\ \text{cm}^2$，质量分别为 $m_A=6$ kg，$m_B=4$ kg，它们之间用一质量不计的刚性细杆相连。两活塞均可在气缸内无摩擦滑动，且不漏气。当缸内气体温度为 -23 ℃时，用销子将活塞 B 锁住，此时 A、B 活塞之间的缸内气体体积为 300 cm^3，压强为 1.0×10^5 Pa。由于圆筒导热性好，经过一段时间以后，气体温度升至室温 27 ℃，并保持不变，外界大气压 $p_0=1.0\times10^5$ Pa，此后将销子拔去。试求：

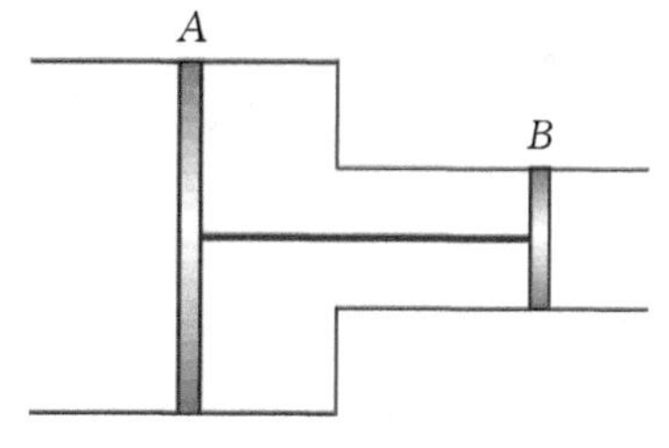

图 13.10

(1)将销子拔去时两活塞及轻质杆运动的加速度；

(2)活塞在各自圆筒范围内运动多长距离后，它们的速度

可达最大值(设气体温度保持不变)。

解 以两活塞内封闭的气体为研究对象，活塞 B 被锁住，直到将销子拔去的过程中，气体体积保持不变。设活塞 B 被锁住时气体的状态参量为(p_1,V_1,T_1)，销子拔去时气体的状态参量为(p_2,V_1,T_2)。由理想气体的状态方程，有

$$\frac{p_1}{T_1}=\frac{p_2}{T_2} \qquad ①$$

拔去销子后，以两活塞及轻质杆为研究对象，由牛顿第二定律，有

$$(p_2-p_0)S_A-(p_2-p_0)S_B=(m_A+m_B)a \qquad ②$$

①、②式联立，解得

$$a=1.2\ \text{m}\cdot\text{s}^{-2} \quad \text{方向水平向左}$$

当活塞向左移动时，由于活塞 A、B 及轻质杆是一个整体，且系统是由小圆筒向大圆筒运动，所以气体的体积逐渐增大。该过程中气体的温度不变，质量不变，因此，气体做等温膨胀，压强减小，两活塞及轻质杆运动加速度将减小。当活塞的加速度减小为零时，它们的速度达到最大。设此时气体的状态参量为(p_3,V_3,T_2)，由理想气体的状态方程，有

$$p_2V_1=p_3V_3 \qquad ③$$

设活塞在各自圆筒范围内运动 l 后，它们的速度可达最大值。有

$$V_3-V_1=l(S_A-S_B) \qquad ④$$

系统重新平衡时，活塞 A、B 所受合力为零，有

$$(p_3-p_0)S_A=(p_3-p_0)S_B \qquad ⑤$$

③、④、⑤式联立，得

$$l=\frac{V_1}{S_A-S_B}\left(\frac{p_2}{p_0}-1\right)=10\ \text{cm}$$

13.3 热力学第一定律

13.3.1 焦耳实验

焦耳(J. P. Joule，1818.12—1889.10)，英国物理学家。他致力于热功当量的精确测量达40年之久，他用实验证明了“功”和“热量”之间有确定的关系。

如图13.11(a)所示，一转轴的下端安装有叶片，上端安装有绞轮和摇杆，绞轮上绕有一根绳子，绳子的两端各绕过一个定滑轮并挂有一个物体，将该装置放置于一个盛有水的绝热容器中。当摇动摇杆时，物体下降带动叶片，通过搅拌方式对绝热容器中的水做功，使水的温度升高。如图13.11(b)所示，也可以通过加热器对绝热容器中的水传热，使水的温度升高。

如果物体下落所做的功为 A，使容器中质量为 m 的水温度升高 ΔT，那么与 A 相当的热量 Q 为

$$Q=Cm\Delta T$$

式中 C 为水的比热。根据实验测得 ΔT，即可获得 Q。这即是测量热功当量的焦耳实验。

由上面的两个实验可知，欲使系统的状态发生变化，既可以对系统做功，也可以对系统传热。外界向系统传热或做功，改变了系统的状态，也就必然伴随着系统内能的变化。当系统经

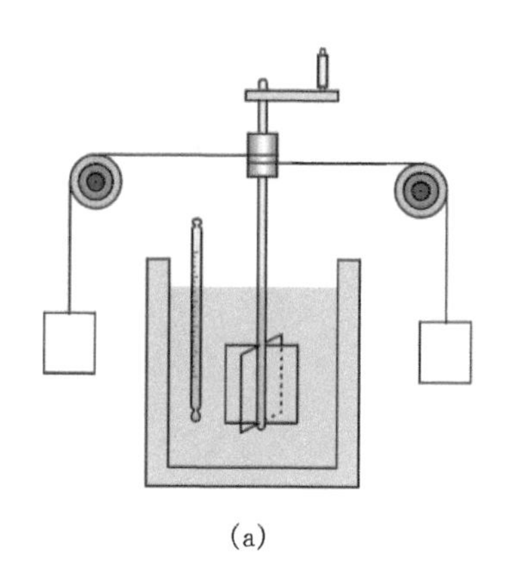
(a)

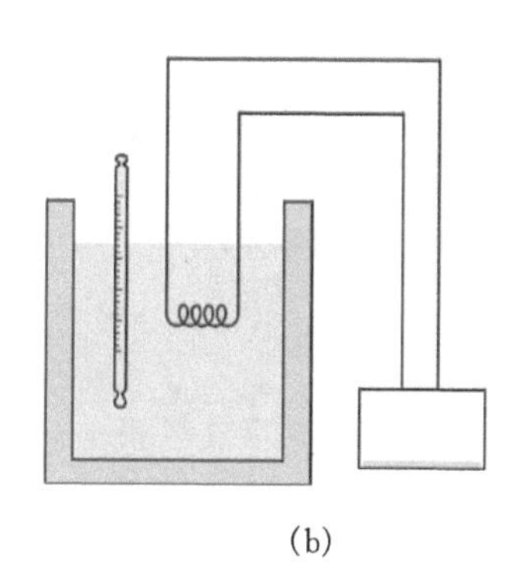
(b)

图 13.11

历绝热过程由状态 1 变化到状态 2 时，系统内能的增量 ΔE 就等于外界对系统所做的功 A，即

$$\Delta E = A$$

当然，也可以仅通过传递热量来交换能量。设在系统与外界能量交换的过程中，外界传递给系统的热量为 Q，系统在过程的始、末状态的内能为 E_1 和 E_2，则

$$Q = E_2 - E_1$$

或

$$Q = \Delta E$$

思考　做功和热传递在________上是等效的。但它们之间有本质的区别，做功实质上是________，热传递的实质是________。

13.3.2　平衡过程

当系统与外界有能量交换时，系统的状态就会发生变化。系统从一个状态变化到另一个状态所经历的过程，称为热力学过程。在热力学过程中，如果系统所经历的任一中间状态都是平衡态，则这种过程称为平衡过程。显然平衡过程是一种理想的过程，因为状态发生变化，就必然会破坏原来的平衡，原来的平衡态破坏以后，需要经过一段时间才能达到新的平衡态，但实际发生的过程往往进行得较快，以至于在没有达到新的平衡态之前，就继续了下一步的变化，因而过程经历的是一系列非平衡态，这样的过程称为非平衡过程。但是，如果过程进行得足够缓慢，使得系统所经历的每一中间状态，都非常接近平衡态，这样的过程称为准静态过程。平衡过程是准静态过程的理想极限。在实际问题中，除了一些进行极快的过程(如爆炸过程)外，大多数情况下都可以把实际过程近似地看成为准静态过程。

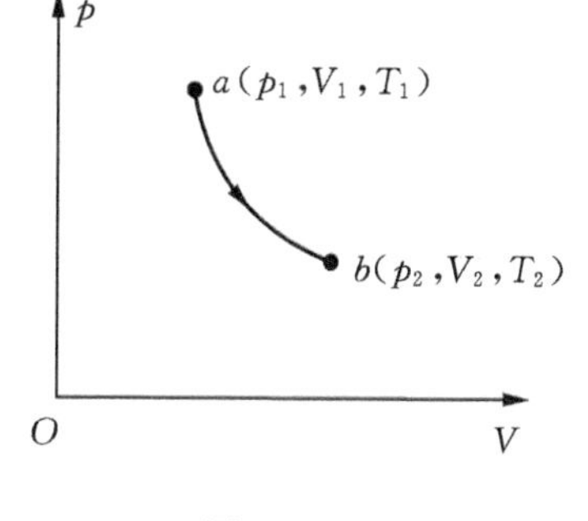

图 13.12

在 $p-V$ 图上，平衡态可以用一个点表示，准静态过程可以用一条曲线表示。如图 13.12 中的曲线就表示由平衡态 $a(p_1,V_1,T_1)$ 变化到平衡态 $b(p_2,V_2,T_2)$ 的一个准静态过程。

13.3.3 热力学第一定律

我们已经知道，传热或做功都能使系统的内能发生变化。但在实际过程中，传热和做功往往是同时存在的。如果一系统，外界传递给它的热量为 Q，使系统由内能为 E_1 的状态变化到内能为 E_2 的状态，同时系统对外界做功为 A，根据能量转换与守恒定律，有

$$Q=(E_2-E_1)+A$$

或

$$Q=\Delta E+A \tag{13.5}$$

该关系式为热力学第一定律的数学表示式。可见，热力学第一定律是包含热现象在内的能量转换与守恒定律。式中 Q 与 A 的符号规定为：$Q>0$ 表示系统从外界吸收热量；$Q<0$ 表示系统向外界放出热量；$A>0$ 表示系统对外界做功；$A<0$ 表示外界对系统做功。

例 13.9 如图 13.13 所示，水平放置的密封气缸内的气体被一竖直隔板分隔为左右两部分，隔板可在气缸内无摩擦滑动，右侧气体内有一电热丝。气缸壁和隔板均绝热。初始时隔板静止，左右两边气体温度相等。现给电热丝提供一微弱电流，通电一段时间后切断电源。当缸内气体再次达到平衡时，与初始状态相比(　)。

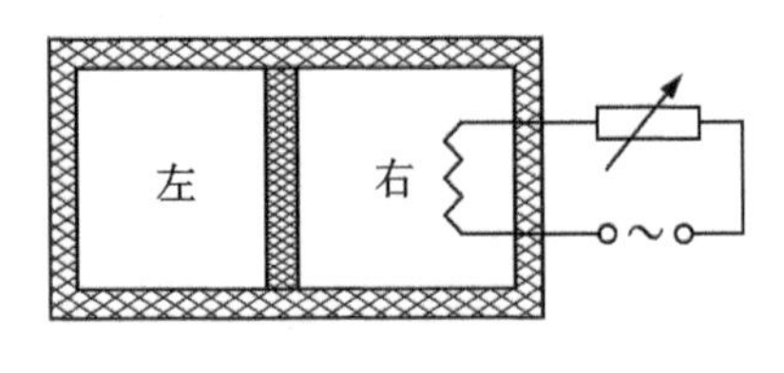

图 13.13

A. 右边气体温度升高，左边气体温度不变

B. 左右两边气体温度都升高

C. 左边气体压强增大

D. 右边气体内能的增加量等于电热丝放出的热量

解 当电热丝通电后，右边气体温度升高，气体膨胀，将隔板向左边推动，其对左边的气体做功。对于左边的气体，其与外界绝热，即 $Q=0$。右边的气体推动隔板向左边运动，所以外界对左边的气体做功，$A<0$。由热力学第一定律，有

$$Q=\Delta E+A$$

即

$$\Delta E+A=0$$

由于

$$A<0$$

所以

$$\Delta E>0$$

即左边气体的内能增加，温度升高。气体在初始状态、末了状态都是平衡态，在末了状态时，左边气体的摩尔数 ν 保持不变，体积 V_2 较 V_1 减小了，由理想气体的状态方程

$$pV=\nu RT$$

分析可知，在末了状态时左边气体的压强增加了。所以 BC 正确。

思考 不需要任何的动力或燃料，却能源源不断地对外做功的机器称为“第一类永动机”。试说明为何第一类永动机不可能制造成功？

13.4 热力学第二定律

13.4.1 不可逆过程

热力学第一定律是包含热现象在内的能量转换与守恒定律。它说明了系统不借助于外

界，却可以永久工作的机器——永动机不可能实现。现在要问的是：遵循热力学第一定律的过程都可以实现吗？我们观察以下事例。

(1)经验总结："水往低处流"，"覆水难收"。无数的事实证明：事物的变化有一定的方向性，自然界的变化一旦发生，其后果不能自动消除，即不能自动地恢复到原来的状态(见图13.14)。

图 13.14

(2)一滴墨水滴入清水中，墨水会自发地在水中扩散均匀，清水变色了。但之后这种混合液体能自发地分离为一滴墨水和清水吗？肯定不行。

(3)如果你在一个封闭的房子中刺破一个充满氦气的气球，氦气就弥散到房间各处，但氦原子绝不会再自动聚回到气球中。

(4)焦耳的功热转换试验中，物体下降，对绝热容器中的水做功，使水的温度升高，但水的自动冷却不能产生动力将物体举起。即物体下降能使水温升高，但水温降低不能使物体上升。另有，我们启动自行车，由于轴承滚动有摩擦，轴承会变热，此过程是将机械能转化为热能，符合热力学第一定律。当我们将自行车停下后，我们从来没有观察到轴承上的热量可以转化为机械能而使自行车的轮子转动起来。

(5)寒冷的冬天，我们会用两只手抱住一个暖和的茶杯取暖，慢慢地我们的手就会暖和起来，而杯子也越来越凉，直至我们的手和杯子的温度相同为止。之后，我们的手不会自动地降低温度而使杯子的温度升高。

(6)假设一系统能够吸收周围的热量，如空气或海水中的热量，当该系统恢复到初始状态时，系统内能的增量为零，系统可以将吸收的热量全部用来对外做功，如此周而复始地反复进行，永不停止，可以无限地对外做功。这类永动机不违反热力学第一定律，但它可以实现吗？

没有外界作用而能自动进行的过程，称为自发过程。例如，墨水在清水中的扩散，刺破的气球中氦气的自由膨胀，冷手与热杯子之间的热传导，均为自发过程。显然，自然界中的一切自发过程，都是只能单方向进行的过程。而自发过程的相反过程尽管不违反热力学第一定律，但是我们从来没有观察到它们自动地进行。

如果用任何方法都不能使系统和外界完全恢复原状，该过程称为不可逆过程。自然界中的一切自发过程，都是不可逆过程。所有实际过程，由于存在摩擦、漏气、热辐射等能量损耗，而引起了外界变化。因此，一切实际过程都是不可逆过程，不平衡和损耗等因素是导致过程不可逆的主要原因。在物理学中，反映宏观自然过程进行方向性的定律称为热力学第二定律。

13.4.2 循环过程

系统从某一状态出发，经过一系列的状态变化后，又回到原来状态的整个过程，称为循环过程。由于系统的内能是其状态参量的单值函数，因此，经过一次循环过程后，系统内能的变化为零，即 $\Delta E=0$。当系统在循环过程中所经历的中间状态都是平衡态时，在 $p-V$ 图上，系统的循环过程可以用一条封闭的曲线表示，如图13.15所示。

通过某种物质(如气体)连续不断地将吸收的热量转变为机械功的装置，称为热机，如蒸汽机、内燃机、汽轮机等。热机的循环过程如图13.15(a)所示。热机循环也称为正循环。

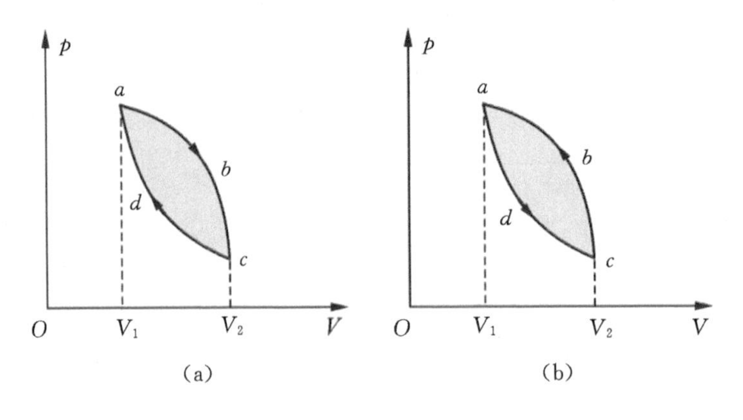

图 13.15

效率是判别热机性能的一个重要参数。在热机循环过程中，系统对外所做的功为 A_1，外界对系统做功为 A_2，$A=A_1-A_2$ 称为净功。净功与系统所吸收的热量 Q_1 的比值，称为热机效率，即

$$\eta=\frac{A_1-A_2}{Q_1}=\frac{A}{Q_1} \tag{13.6}$$

可以看出，当系统吸收的热量相同时，系统对外做功越多，热机效率越高。

通过外界对系统做功而连续不断地从低温热源吸热的装置，称为制冷机，如冰箱、空调等。制冷机的循环过程如图 13.15(b)所示。制冷循环也称为逆循环。

制冷系数是判别制冷机性能的一个重要参数。在制冷循环过程中，从制冷对象中吸收的热量 Q_2 与外界对系统做功 A 的比值，称为制冷系数，即

$$w=\frac{Q_2}{A} \tag{13.7}$$

可以看出，当外界消耗的功相同时，系统从制冷对象中吸收的热量越多，制冷系数越高，制冷效果越佳。

13.4.3 热力学第二定律

由于对以上问题分析的出发点不同，所以“热力学第二定律”有多种表述形式，最闻名于世的为克劳修斯表述和开尔文表述。但无论什么表述形式，它们都反映了客观事物的一个共同本质，即自然界的一切自发过程的进行都是不可逆的，都是具有方向性的。

1. 热力学第二定律的克劳修斯表述

鲁道夫·尤利乌斯·埃马努埃尔·克劳修斯(1822 年 1 月 2 日—1888 年 8 月 24 日)，德国物理学家和数学家，热力学的主要奠基人之一。

1850 年克劳修斯发表《论热的动力以及由此推出的关于热学本身的诸定律》的论文。论文的第一部分将热力学过程遵守的能量守恒定律归结为热力学第一定律，并且第一次引入了热力学一个新的态函数——内能。论文的第二部分，研究了能量的转换和传递方向问题，提出了热力学第二定律最著名的表述形式——克劳修斯表述：热量不能自动地由低温物体传到高温物体。

2. 压缩式电冰箱的工作原理

鲁道夫·尤利乌斯·埃马努埃尔·克劳修斯

电动机给冰箱的压缩机提供能量，压缩机对制冷系统做功，制冷系统利用低沸点的制冷剂(冷媒)蒸发时吸收汽化热而带走制冷对象的热量，达到降低制冷对象温度的目的。目前91%～95%的电冰箱采用这种形式制冷。常用的电冰箱利用一种叫做“氟利昂”的物质作为热的“搬运工”，将冰箱里的“热”“搬运”到冰箱的外面。制冷机的能量传递如图13.16所示。系统从低温热源吸收热量Q_2，同时外界对系统做功为A，二者一并送到高温热源，高温热源获得的热量为Q_1。由热力学第一定律可知，$Q_2+A=Q_1$。

如果从低温热源吸收热量Q_2，并不需要外界做功就可以直接传向高温热源，那么，就意味着热量可以自动地由低温热源传到高温热源。这种制冷机称为“理想制冷机”，由

$$w=\frac{Q_2}{A}$$

可知，理想制冷机的制冷系数为无限大。其能量传递如图13.17所示。热力学第二定律(克劳修斯表述)说明这种制冷机是不能制造成功的。

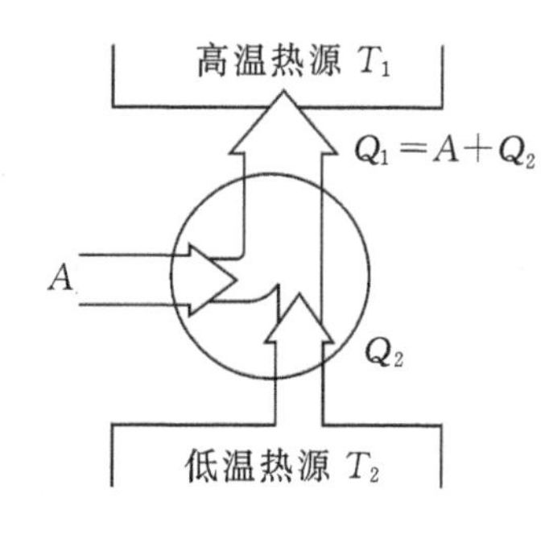

图13.16

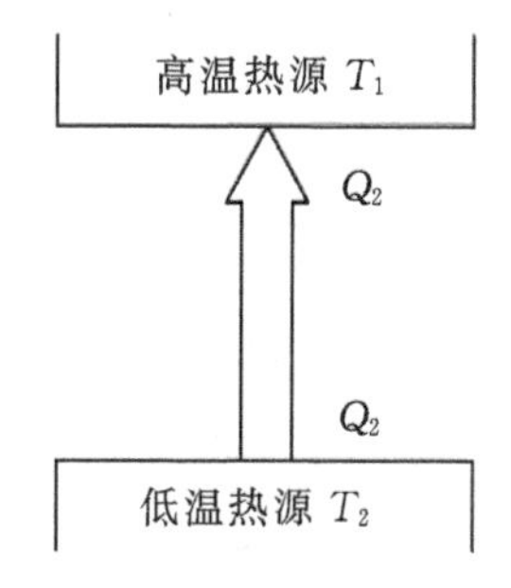

图13.17

3. 热力学第二定律的开尔文表述

开尔文：威廉·汤姆森(1824—1907)，热力学第二定律奠基人之一

1851年开尔文提出热力学第二定律：“不可能从单一热源吸热使之完全变为有用功而不产生其他影响。”这是公认的热力学第二定律的标准说法。并且指出，如果此定律不成立，就必须承认有一种永动机，它借助于使海水或土壤冷却而不断地得到机械功，即可以将吸收的热量全部用来对外做功而不放出热量，该热机称为第二类永动机，也称为“理想热机”，由

$$\eta=\frac{A_1-A_2}{Q_1}=\frac{A}{Q_1}$$

可知，理想热机的效率为100%。其能量分配如图13.18

所示。

有人曾估算出，仅地球上的海水冷却 1 ℃，所获得的功就相当于 10^{14} t 煤燃烧后放出的热量。第二类永动机并不违背热力学第一定律，但前人做了大量的努力，最终却未能实现。

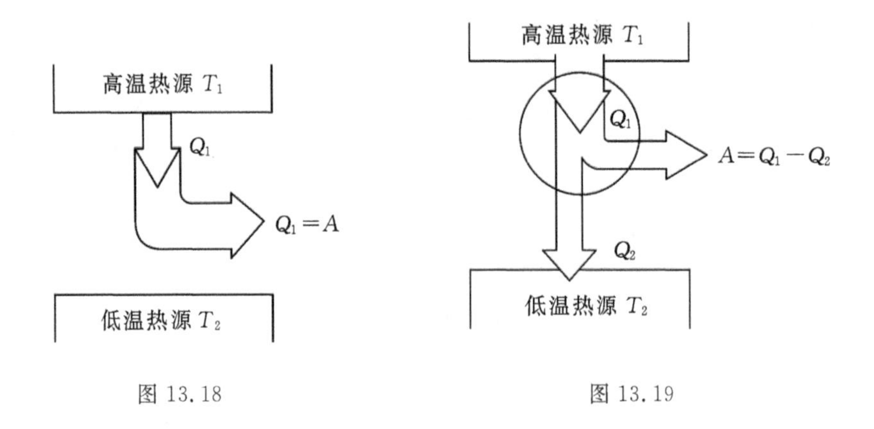

图 13.18　　图 13.19

4. 热机的工作原理

热机在每一次循环中，系统从高温热源吸收的热量 Q_1，一部分用来对外做功 A，另一部分 Q_2 传给了低温热源。其能量传递如图 13.19 所示。由此可见，热机在工作过程中必须传给低温热源热量 Q_2，这样一来，热机用于做功的热量一定小于它从高温热源吸收的热量，即

$$A < Q_1$$

由

$$\eta = \frac{A_1 - A_2}{Q_1} = \frac{A}{Q_1}$$

可知，即使没有任何的漏气、摩擦、耗散等损失，热机的效率也不可能达到 100%。

13.5　热力学第二定律的微观解释

热力学第二定律指出：自然界一切与热现象有关的自发过程都是不可逆过程。而热现象又与大量分子无规则热运动相联系，且遵循统计规律，因而可以从微观的角度来解释热力学第二定律，即，我们可以从微观的角度说明为何与热现象有关的、宏观的自发过程的进行都有一定的方向性。

13.5.1　有序与无序

生活中，常会遇到有序和无序的概念。例如，有条有理、有条不紊、井井有条、秩序井然等，描述的是有序；而杂乱无章、颠三倒四、乱作一团、乱七八糟、七零八落、一盘散沙等，描述的是无序。当然，一种分布是有序还是无序取决于我们制定的“规则”。例如，一副扑克牌，我们要求“按照花色为红桃、黑桃、梅花、方块的顺序，且每种花色都是从小到大排列”，如果一副扑克牌就是按照上述要求排列的，我们就说这种分布是有序的。因此，我们制定了某种“规则”，符合“规则”的分布称为有序。但如果我们仅仅将扑克牌按照花色为红桃、黑桃、梅花、方块的顺

序排列，但号码的排列是杂乱无章的，那我们就说这种分布是无序的，因为，此时该扑克牌顺序的排列不符合我们的“规则”。因此，不符合“规则”的分布，我们称为无序。

13.5.2 宏观态与微观态

我们制定的“规则”对应着扑克牌的分布状态，这种状态称为“宏观态”，宏观态是在宏观下可以加以区分的状态，它可以被人感知的。例如，“按照花色为红桃、黑桃、梅花、方块的顺序，且每种花色都是从小到大排列”，这是扑克牌的一种宏观态；这一种宏观态所对应（包含）的排列方式的数目只有一个，是唯一的。“按照花色为红桃、黑桃、梅花、方块的顺序排列”，这是扑克牌的另外一种宏观态。这一种宏观态所对应（包含）的排列方式有很多种。我们将一种宏观态所对应（包含）的排列方式称为“微观态”。当我们对扑克牌的排列方式不做任何要求时，这一种宏观态所对应（包含）的排列方式将更多，就意味着这种宏观态所对应（包含）的微观态将更多。

由以上的分析可知，一种宏观态所对应（包含）的微观态越多，则这种宏观态越无序。

13.5.3 热力学第二定律的微观解释

以气体的自由膨胀为例，如图 13.20(a)所示。设想用隔板将容器分成体积相等的 A、B 两部分，A 中充满某种气体，B 中抽为真空，将隔板抽掉以后，A 中的气体自由膨胀，最终会充满整个容器，这个过程是一个不可逆过程。即，气体分子经过运动，不可能再自动地全部回到 A 中去。以下从统计的观点来加以分析。假设 A 中原来只有一个分子 a，把隔板抽掉后，它就会在整个容器中运动，有可能运动到 A 中，也有可能运动到 B 中，因此，就单个分子而言，它是有可能自动地又回到 A 中去的。回到 A 中的概率为 $\frac{1}{2}=\frac{1}{2^1}$。如果 A 中原来有两个分子 a、b，则它们运动时，在容器中分布的方式有 4 种，如图 13.20(b)所示。经过运动它们自动回到 A 中的概率为 $\frac{1}{4}=\frac{1}{2^2}$，而 A、B 两容器各有一个分子的宏观态所包含的微观态数为 2，即，A 中一个分子，B 中一个分子的“平均”分布方式发生的概率最大，这种宏观态的无序程度越大。

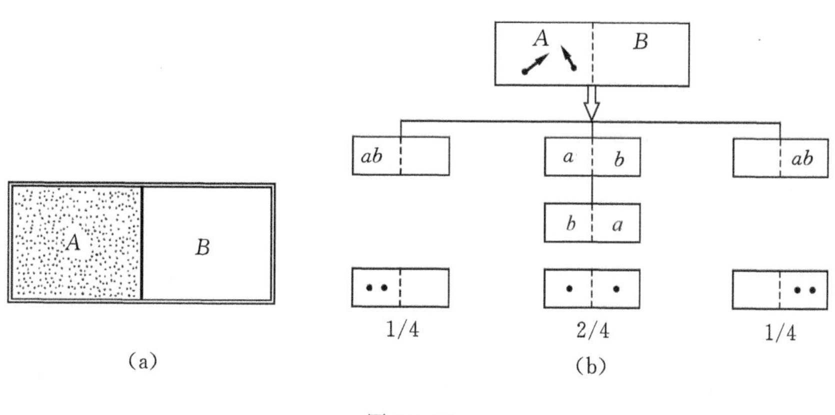

图 13.20

如果 A 中原来有 4 个分子 a、b、c、d，在运动时，它们在容器中分布的方式有 16 种，即有 16

种微观态。如图 13.21 所示。由于宏观上无法辨别分子 a、b、c、d，所以对应的宏观态只有 5 种，不同的宏观态包含的微观态数目不同。每一个微观态出现的概率认为是相同的，因此，包含微观态数目多的宏观态出现的概率就大。即，系统宏观态出现的概率与它包含的微观态数目成正比。4 个分子经过运动自动回到 A 中的概率为 $\frac{1}{16}=\frac{1}{2^4}$，而 A、B 两容器各有 2 个分子的宏观态所包含的微观态数为 6，即，A 中 2 个分子，B 中 2 个分子的“平均”分布方式发生的概率最大。这种宏观态的无序程度更大。

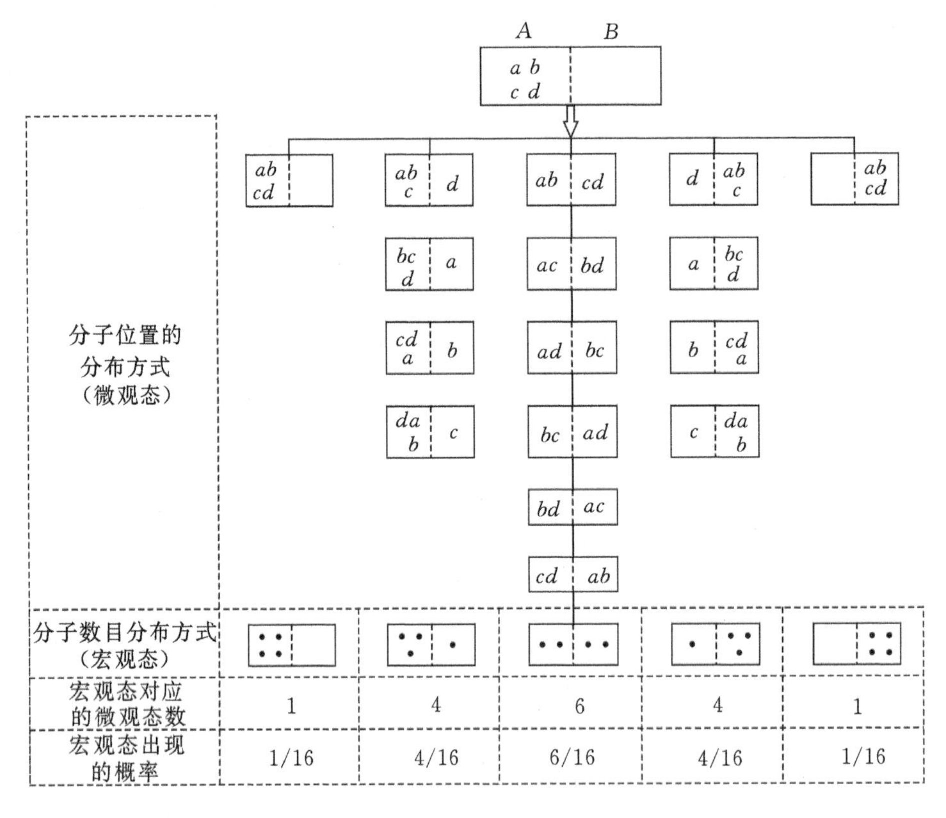

图 13.21

可以看出，随着分子数目增多，分子全部自动回到 A 中的概率随之减少。当系统中有 N 个分子时，全部自动回到 A 中的概率为 $1/2^N$。如 1 mol 气体的分子数为 $N_0=6.023\times10^{23}$，则概率为 $1/2^{6.023\times10^{23}}$，这个概率太小了，几乎等于零，实际上是不可能发生的。而分子处于“平均”分布方式的宏观态包含的微观态的数目最多，出现的概率也就最大。热力学过程的不可逆性，实质上反映热力学过程总是由包含微观态数少的宏观态向包含微观态数多的宏观态进行的，相反的过程（如没有外界影响）实际上是不可能发生的。

综上所述：一切的自发过程总是由包含微观态数少的宏观态向包含微观态数多的宏观态进行的，或者说，一切的自发过程总是沿着分子热运动的无序性增加的方向进行，这就是热力学第二定律的统计意义。

13.5.4 熵增原理

根据热力学第二定律可知，一切自发的热力学过程都是不可逆的。孤立系统经任意的实际过程从初态变化到末态后，就再也不能自动恢复到初态了。这一现象表明了初态与末态一定存在着某种性质上的差别，正是这种差别，决定了过程进行的方向性。由热力学第二定律的统计意义可知，不可逆过程的初态与末态之间的差异在于这两种宏观态所包含的微观态数不同，初态包含的微观态数少，末态包含的微观态数多。由此可见，一个宏观态所包含的微观态数的多少是很重要的，它表明该宏观态的无序程度，比较两种宏观态所包含的微观态数的多少就可以判定过程的进行方向了。

为了描述热力学系统状态的这种性质，从而更方便地判别自发过程进行的方向，我们引入熵，用 S 表示。熵概念的建立使热力学第二定律具有了定量的表述形式。玻尔兹曼在 1877 年提出系统的某一宏观态的熵 S 与该宏观态所包含的微观态数 Ω 之间有如下关系，即

$$S = k\ln\Omega$$

上式称为玻尔兹曼公式，其中 k 为玻耳兹曼常量。对于系统的某一宏观态一定有一个 Ω 值与之对应，因而也就有一个 S 值与之对应，因此，熵是系统状态的单值函数。系统某一宏观态所包含的微观态数 Ω 表明该状态的无序程度，Ω 越大，无序程度越高，熵 S 也越大，所以熵的微观意义是系统内分子热运动的无序性的一种量度。

设一孤立系统从微观态数为 Ω_1 的宏观态，经一自发过程到达微观态数为 Ω_2 的宏观态，由于 $\Omega_2>\Omega_1$，所以系统的熵增为

$$\Delta S = S_2 - S_1 = k\ln\frac{\Omega_2}{\Omega_1} > 0$$

上式表明，孤立系统中进行的一切自发过程，都是向着熵增加的方向进行，达到平衡态时，系统的熵最大。

综上所述，孤立系统中发生的自发过程的熵总是增加的。这一结论称为熵增原理。

习 题

13.1 如图，U 形管的右管内径为左管内径的 2 倍，大气压强相当于 76 cmHg 产生的压强。左管顶部封闭，且其顶部存有 26 cm 的空气柱，左右两管水银面高度差为 41 cm。在左管封闭端下 52 cm 处，原来有一颗钉子，若将钉子向左方缓慢拔出(水银没有向外溢出)，则在左管内产生一段新的空气柱，试求：(1)此时左管顶部空气柱的长度；(2)新产生空气柱的长度。

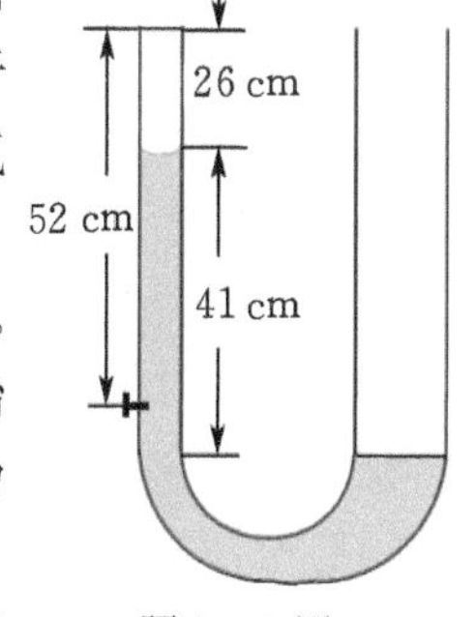

题 13.1 图

13.2 已知汽车的轮胎的容积为 5 L，轮胎内的气体压强为 3 atm。现用体积为 0.5 L 的气筒向轮胎内打气，试求要打多少下，才能使轮胎内的气体压强达到 5 atm。设打气过程中气体的温度不变，大气压强为 1 atm。

13.3 在如图所示的装置中，A、B 和 C 为内径相等的玻璃管，它们均竖直放置。A、B 两管的上端等高，管内装有水，A 管上端封闭，管内

密封部分气体,B 管上端开口,C 管中水的下方有活塞顶住。A、B、C 三管由内径很小的细管连接在一起。开始时,A 管中气柱长度 $L_1=3.0\ \mathrm{m}$,B 管中气柱长度 $L_2=2.0\ \mathrm{m}$,C 管中水柱长度 $L_0=3.0\ \mathrm{m}$,整个装置处于平衡状态。现将活塞缓慢向上顶,直到 C 管中的水全部被顶到上面的管中。试求此时 A 管中气柱的长度。已知大气压强 $p_0=1.0\times10^5\ \mathrm{Pa}$,重力加速度 $g=10\ \mathrm{m\cdot s^{-2}}$。

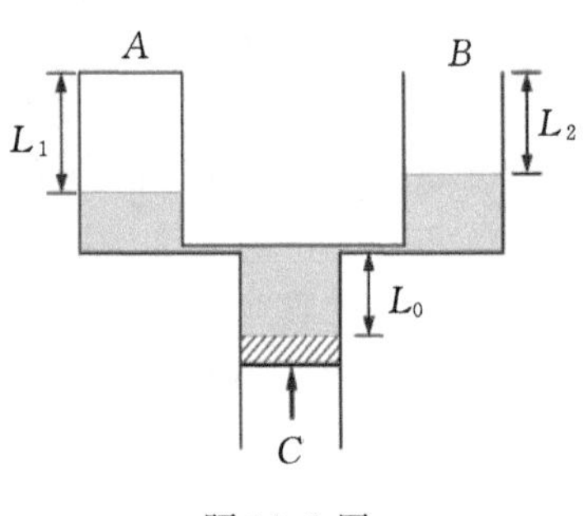

题 13.3 图

13.4 用易拉罐盛装碳酸饮料非常卫生和方便,但如果剧烈碰撞或严重受热会导致爆炸。我们通常用的可乐易拉罐的容积为 $V=355\ \mathrm{mL}$,在室温(17 ℃)下罐内装有 0.9V 的饮料,剩余空间充满 CO_2 气体,气体压强为 1 atm,若易拉罐能承受的压强为 1.2 atm,则保存温度不能超过多少?

13.5 如图,水平放置的气缸内壁光滑,活塞厚度不计,在 A、B 两处设有限制装置,使活塞只能在 A、B 之间运动。B 左边气缸的容积为 V_0,A、B 之间的容积为 $0.1V_0$。开始时活塞在 B 处,缸内气体的压强为 $0.9p_0$(p_0 为大气压强),温度为 297 K,现缓慢加热气缸内气体,直至 399.3 K。试求:(1)活塞刚离开 B 处时的温度 T_B;(2)缸内气体最后的压强 p。

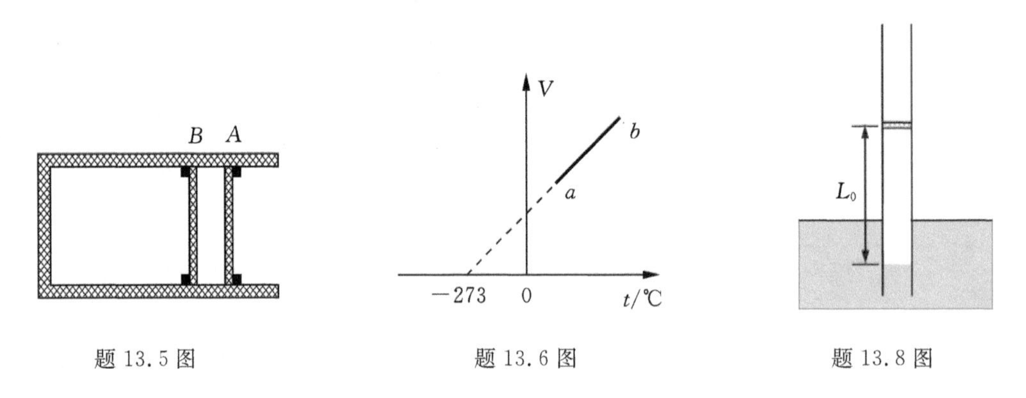

题 13.5 图　　题 13.6 图　　题 13.8 图

13.6 一定质量气体的 $V-t$ 关系如图所示。试比较图中 a、b 两状态所对应压强的大小。

13.7 体积为 $V=100\ \mathrm{cm^3}$ 的空心球带有一根有刻度的均匀长管,管上共有 $N=101$ 个刻度,设长管与球连接处为第一个刻度位置,以后顺序往上排列。相邻两刻度间管的体积为 $0.2\ \mathrm{cm^3}$,水银液滴将球内空气与大气隔开。当温度 $t=5$ ℃时,水银液滴在刻度为 $N=21$ 的位置。那么在此大气压下,能否使用其测量温度?并说明理由,如果能使用其测量温度,试确定其测量范围。

13.8 如图,横截面积为 $S=2\times10^{-3}\ \mathrm{m^2}$ 的粗细均匀的长直玻璃管,两端开口,竖直插入水面足够宽广的水中。管中有一个质量为 $m=0.4\ \mathrm{kg}$ 的密闭活塞,封闭一段长度为 $L_0=66\ \mathrm{cm}$的气体,气体温度 $T_0=300\ \mathrm{K}$。开始时,活塞处于静止状态,不计活塞与管壁间的摩擦。外界大气压强 $p_0=1.0\times10^5\ \mathrm{Pa}$,水的密度 $\rho=1.0\times10^3\ \mathrm{kg/m^3}$,$g=10\ \mathrm{m/s^2}$。试求:

(1)开始时封闭气体的压强;

(2)现保持管内封闭气体温度不变,用竖直向上的力 F 缓慢地拉动活塞。当活塞上升到某一位置时停止移动,此时 $F=6.0\ \mathrm{N}$,试求此时管内外水面高度差及管内气柱长度;

(3)再将活塞固定住,改变管内气体的温度,使管内外水面相平,试求此时气体的温度。

13.9　一定量的理想气体与两种实际气体Ⅰ、Ⅱ在标准大气压下做等压变化时的 $V-T$ 关系如图(a)所示，图中$\frac{V'-V_0}{V_0-V''}=\frac{1}{2}$。用三份上述理想气体作为测温物质制成三个相同的温度计，然后将其中二个温度计中的理想气体分别换成上述实际气体Ⅰ、Ⅱ。在标准大气压下，当环境温度为 T_0 时，三个温度计的示数各不相同，如图(b)所示，试问：温度计(ⅱ)中的测温物质应为哪种实际气体(图中活塞质量忽略不计)；若此时温度计(ⅱ)和(ⅲ)的示数分别为21℃和24℃，则此时温度计(ⅰ)的示数为多少？可见用实际气体作为测温物质时，会产生误差。为减小在 $T_1 \sim T_2$ 范围内的测量误差，现对 T_0 进行修正，制成如图(c)所示的复合气体温度计，图中无摩擦导热活塞将容器分成两部分，在温度为 T_1 时分别装入适量气体Ⅰ和Ⅱ，试求两种气体的体积之比 $V_Ⅰ : V_Ⅱ$。

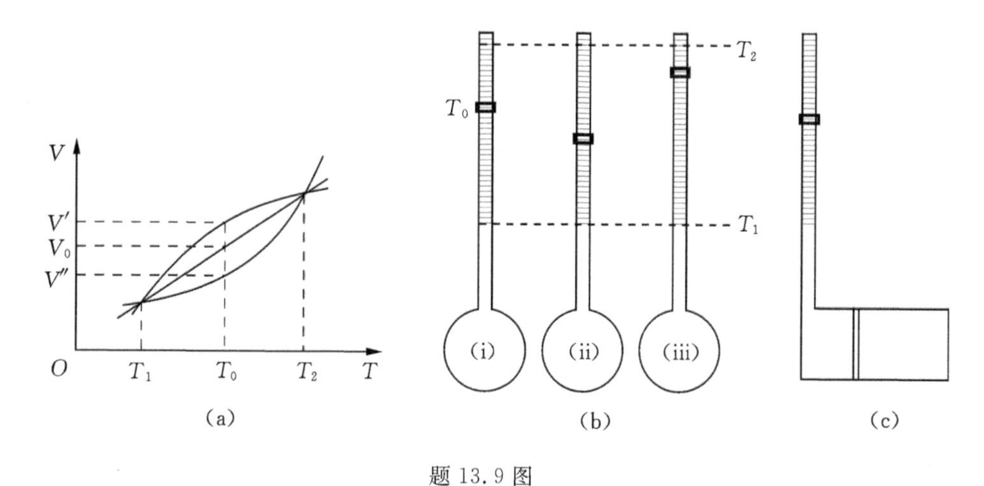

题13.9图

13.10　关于物体的内能，以下说法中正确的是(　)。

A. 物体含有的所有分子的动能和势能的总和

B. 物体的机械能越大，则它的内能也越大

C. 物体与外界不发生热交换时，外界对它做的功一定等于物体内能的增量

D. 能够改变物体内能的物理过程有做功和热传递

13.11　有一个小气泡从水池底缓慢地上升，气泡与水不发生热传递，而气泡内气体体积不断增大，在小气泡上升过程中(　)。

A. 由于气泡克服重力做功，则它的内能减少

B. 由于重力与浮力的合力对气泡做功，则它的内能增加

C. 由于气泡内气体膨胀做功，则它的内能减小

D. 由于气泡内气体膨胀做功，则它的内能增加

13.12　一个气泡从20 m深的湖底升到水面，水底和水面的温差为5℃，则气泡在水面时的体积与它在湖底时的体积之比约为(　)。

A. 1　　B. 3　　C. 5　　D. 10

13.13　如图，绝热气缸中间用固定栓将可无摩擦移动的导热隔板固定，隔板质量不计，左右两室分别充有一定量的氢气和氧气(理想气体)。初始时，两室气体的温度相等，氢气的压强

大于氧气的压强，松开固定栓直至系统重新达到平衡，下列说法中正确的是（　）。

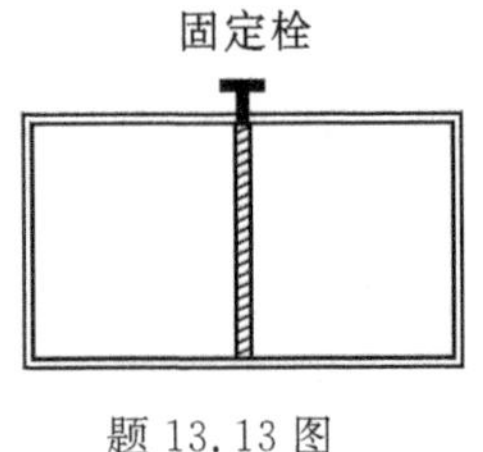

题 13.13 图

A. 初始时氢分子的平均动能大于氧分子的平均动能

B. 系统重新达到平衡时，氢气的内能比初始时的小

C. 松开固定栓直至系统重新达到平衡的过程中有热量从氧气传递到氢气

D. 松开固定栓直至系统重新达到平衡的过程中，氧气的内能先增大后减小

13.14　一定质量的理想气体，在压强不变的条件下，吸热且体积增大，则（　）。

A. 气体分子的平均动能增大

B. 气体分子的平均动能减小

C. 它吸收的热量小于内能的增量

D. 它吸热的热量大于内能的增量

13.15　如图，一定质量的理想气体，由状态 a 沿直线 ab 变化到状态 b。在此过程中（　）。

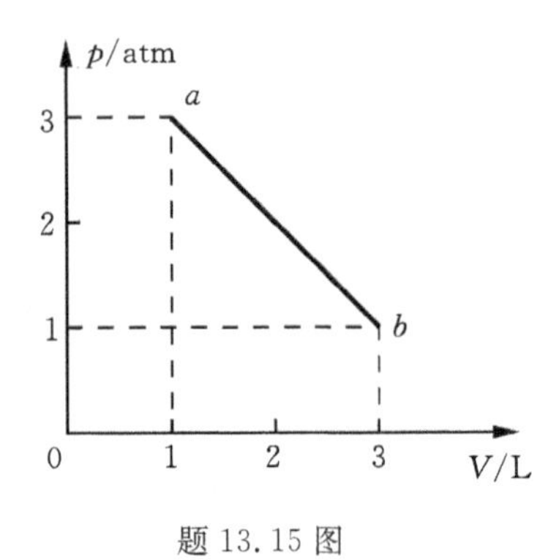

题 13.15 图

A. 气体的温度保持不变

B. 气体分子平均速率先减小后增大

C. 气体的密度不断减小

D. 气体必然从外界吸热

13.16　密闭有空气的薄塑料瓶因降温而变扁，此过程中瓶内空气（不计分子势能）（　）。

A. 内能增大，放出热量

B. 内能减小，吸收热量

C. 内能增大，对外界做功

D. 内能减小，外界对其做功

13.17　如图所示为电冰箱的工作原理图，压缩机工作时，迫使制冷剂在冰箱内外的管道中不断循环，那么以下说法中正确的是（　）。

A. 在冰箱内的管道中，致冷剂迅速膨胀并吸收热量

B. 在冰箱外的管道中，致冷剂迅速膨胀并放出热量

C. 在冰箱内的管道中，致冷剂被剧烈压缩并吸收热量

D. 在冰箱外的管道中，致冷剂被剧烈压缩并放出热量

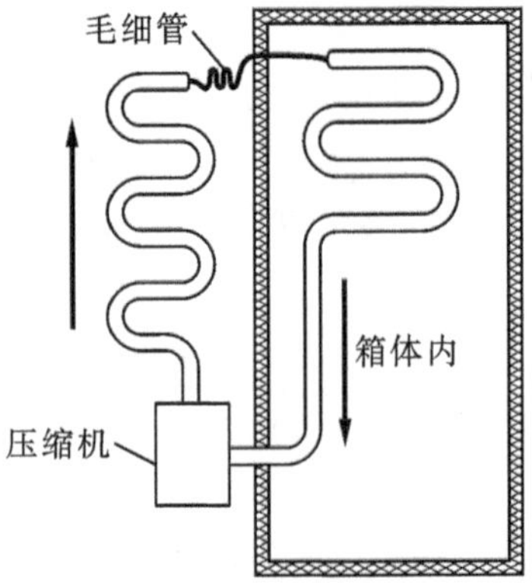

题 13.17 图

13.18　热力学第二定律常见的两种表述：

第一种表述：不可能使热量由低温物体传递到高温物体，而不引起其他变化；

第二种表述：不可能从单一热源吸收热量并把它全部用来做功，而不引起其他变化。如图(a)所示是根据热力学第二定律的第一种表述的示意图：外界对制冷机做功，使热量从低温物体传递到高温物体。请根据第二种表述完成示意图(b)。根据你的理解，试陈述热力学第二定律的实质。

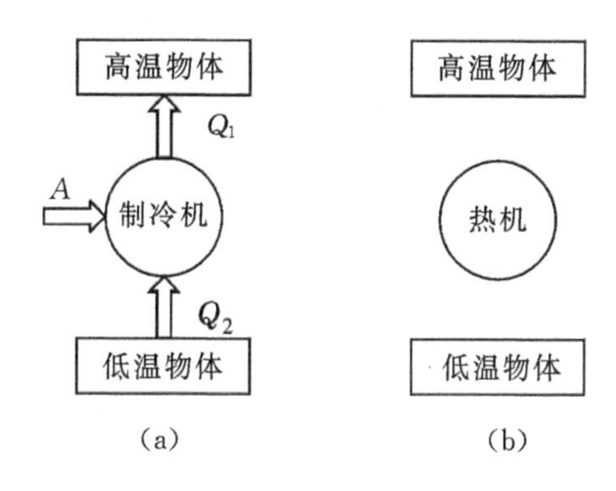

题 13.18 图

13.19 关于热力学第二定律,下列说法不正确的是( )。

A. 第二类永动机是不可能制造出来的

B. 把热从低温物体传到高温物体,不引起其他变化是不可能的

C. 一切实际过程都是热力学不可逆过程

D. 功可以全部转化为热,但热一定不能全部转化为功

13.20 下列说法正确的是( )。

A. 机械能全部变成内能是不可能的

B. 从单一热源吸收的热量全部变成功是可能的

C. 第二类永动机不可能制成,因为其违反了能量守恒定律

D. 根据热力学第二定律可知,热量不可能从低温物体传到高温物体

13.21 如图为电冰箱的工作原理示意图。压缩机工作时,强迫致冷剂在冰箱内外的管道中不断循环。在蒸发器中致冷剂汽化吸收箱体内的热量,经过冷凝器时致冷剂液化,放出热量到箱体外。下列说法正确的是( )。

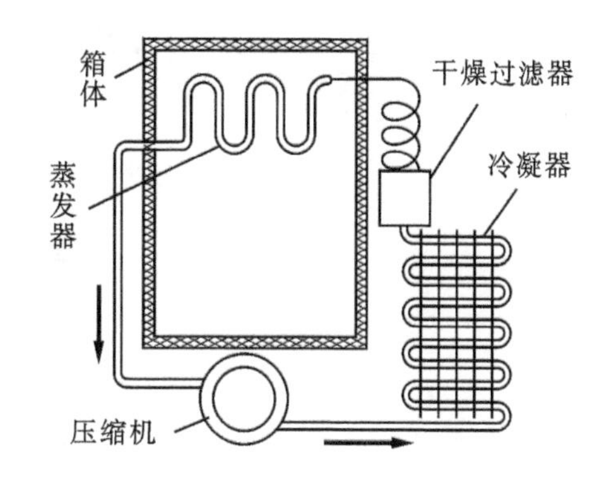

题 13.21 图

A. 电冰箱的工作原理违反热力学第一定律

B. 热量可以自发地由冰箱内传到冰箱外

C. 电冰箱的致冷系统能够不断地把冰箱内的热量传到外界,是因为外界对冰箱做了功,消耗了电能

D. 电冰箱的工作原理不违反热力学第一定律

13.22 飞机在万米高空飞行时,舱外气温往往在−50 ℃以下。在研究大气现象时可把温度、压强相同的一部分气体作为研究对象,叫做气团。气团直径可达几千米,由于气团很大,边缘部分与外界的热交换对整个气团没有明显影响,可以忽略。用气团理论解释高空气温很低的原因,可能是( )。

A. 地面的气团上升到高空的过程中膨胀,同时大量对外放热,使气团自身温度降低

B. 地面的气团上升到高空的过程中收缩,同时从周围吸收大量热量,使周围温度降低

C. 地面的气团上升到高空的过程中膨胀，气团对外做功，气团内能大量减少，气团温度降低

D. 地面的气团上升到高空的过程中收缩，外界对气团做功，故周围温度降低

13.23　空气压缩机在一次压缩过程中，活塞对气缸中的气体做功为 2.0×10^5 J，同时气体的内能增加了 1.5×10^5 J。试求在此压缩过程中，气体热量的变化。

13.24　以下说法正确的是（　）。

A. 气体的温度越高，分子的平均动能越大

B. 即使气体的温度很高，仍有一些分子的运动速度是非常小的

C. 对物体做功不可能使物体的温度升高

D. 如果气体分子间的相互作用力小到可以忽略不计，则气体的内能只与温度有关

E. 如图所示，一由不导热的器壁做成的容器，被不导热的隔板分成甲、乙两室。甲室中装有一定质量的温度为 T 的气体，乙室为真空。提起隔板，让甲室中的气体进入乙室，若甲室中气体的内能只与温度有关，则提起隔板后当气体重新达到平衡时，其温度仍为 T

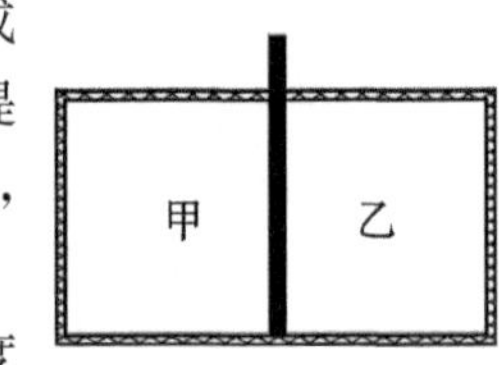

题 13.24 图

F. 空调机作为制冷机使用时，将热量从温度较低的室内送到温度较高的室外，所以制冷机的工作是不遵守热力学第二定律的

G. 对于一定量的气体，当其温度降低时，速率大的分子数目减少，速率小的分子数目增加

H. 从单一热源吸取热量使之全部变成有用的机械功是不可能的

课外拓展阅读

摘自中国科学院主办，中国科学技术协会协办的“科学智慧火花栏目”。

（主题：热学新理论及其应用　主办机构：中国科学技术协会学会学术部）

关于热学新理论的梦想

过增元

过增元：中国科学院院士，清华大学航天航空学院教授，美国密歇根州立大学兼职教授。研究方向为：新概念热学及其应用、传热优化理论与节能技术、微尺度流动与传热等。

请允许我来讲讲我的梦想，什么叫做梦想呢？那就是不一定能成真，因为根据沙龙的精神，所以我敢讲一点我的梦想。我的梦想就是，热学新理论应该具有三个特征。

第一，热量的质量特性，这是最最主要的，刚才已经讲了很多了，怎么样证明，怎么样严格地推导，路还很长很长。以前 Caloric 理论认为热量是没有重量的物质或者是没有重量的流体。经过了一个多世纪以后，热动说建立了，认为热量是能量。今天，我们不是说能量不对，热量是能量，但是热量也可以看作是具有质量的可压缩的流体，统称为热子气。它可以在气体、固体、金属当中存在。

现在如果说它有质量特性的话，我们是不是可以问，以前为什么没有认识到呢？因为热量有二象性，所以有困惑，有矛盾，就像认识光具有二象性以前，是有很多争议的。所谓的二象性不是说热量既是能量又是质量，而是指在不同的条件下表现为不同的特性，即只有当热量和其他能量转换的时候，热量才具有能量特性，如果是讨论传热在介质中热质运动时，热量具有质

量的特性，这就是热量的能质二象性。

第二个特征，有了质量概念之后，如果把热量看作是质量，那么它在一个场里面有自己的能量，叫热质能，这是一种新的能量形式，就是热量或者是热质的能量，这个是演绎法。以前用电热比拟引出的"火积"（热质能）属于归纳法，现在我们可以用演绎法得到这个物理量。"火积"和热质能量是一码事。热能和热质能不是一码事，是不同形式的能量。另外，热质能是非常非常小的，但是，它是一个真实的能量。我们已推导出了它的表达式，其中温度作为一个势，这个量的量纲是单位质量的能量，这个就是势的概念，跟重力势是一样的。所以"火积"的本质就是热质能。

在传递过程中，热质能是要耗散的，耗散的热质能变成了什么？现在如果我们承认能量守恒是对的话，那么被耗散的热质能就成了另一种新的能量形式，我称之为暗能量，这是一种猜想，允许我猜想，允许我做梦。是不是就是宇宙中间的暗能量呢？大家知道，物理学家研究的暗能量是一个前沿的领域，因为整个宇宙里面70%以上是暗能量。当然，这个猜想是完全从热的角度提出来的，拿到物理学界去人家不会认可，他们的主流认为，应该用粒子物理来考虑。

熵产怎么出来的？五年以前开工程热物理年会，曾丹苓教授提出，熵产就是无中生有，而我们现在的热质能的耗散，可以叫不知去向，一个是不知道从哪儿来的，一个不知道去到哪儿了，我的猜想是，把它变为一种暗能量，这是第二个特征。

第三个特征是热质动力学。热学的老祖宗傅里叶有这么一段话，"无论力学理论的研究范围如何，它都不能应用于热效应，这些热效能应构成一个特殊的现象类，他们不能用运动和平衡的原理来解释，不可能与动力学的理论有关，它有它本身特有的原理"。允许我对我们的权威提一点不同的意见，当然更希望大家对我的观点质疑和批判。

有了热质的概念以后，我们看到，热量传递是可以用牛顿力学来描述的，能够用运动和平衡的原理进行分析，实际上，可用流体动力学的方法来讨论、描述热现象，所以我们是不是可以把它称为热质动力学？大家想一想，原来的热力学原理最多只是热静力学，后来发展成了不可逆过程的热力学，其中有广义力，没有流动的概念，而且没有速度、加速度。那么，我们现在有了，所以建议，有了热质概念以后，就有可能形成一个热质的动力学。

热质的动力学的主要内容，一是引入了系列的新的物理量，热质、热质力、热质速度、热质动量、热质能；二是发现了新的定律和原理，普适导热定律、场协同原理还有"火积"耗散极值原理。三是发展了新的分析方法。我为什么提这个呢？现在有了一个质量的概念，有了质量概念以后就有热质能的概念，有了热质能的概念能带来什么好处呢？如果其他学科中没有能量的概念会发生什么情况呢？我们就发现如果力学里面没有能量，那在我们的理论力学里面的东西就没有了。所以我现在反过来说，我们有了热质能的概念就可以像理论力学一样可以搞一个拉格朗日方程，可以用汉密尔顿原理进行传热学分析，这是一个新的分析方法。

新的理论将可以用于超常条件下的热分析和热设计，热设备和热系统的节能理论技术，纳米机电系统的热驱动。所以，我只能说是一个希望，希望梦想能够成真。

第 14 章 静电场

引导实验:将薄纸剪成碎片,放在桌面上,然后用干燥手摩擦过的塑料薄膜放在纸片的上方(不要接触),你会看到纸片被塑料薄膜吸引。本章我们就来学习与此相关的一些静电知识。

14.1 库仑定律

14.1.1 电荷 电荷守恒定律

1. 摩擦起电

早在汉代初期,人们就发现了琥珀和玳瑁的摩擦起电现象。《三国志·吴书》载有"琥珀不取腐芥"。西晋张华在《博物志》中写到:"今人梳头,脱着衣时,有随梳,借结有光者,也有咤声"。这不仅叙述了摩擦起电现象,同时看到了静电闪光,又听到了放电声。南北朝的陶弘景发现,当用琥珀和布摩擦代替用手摩擦时,琥珀的吸引力明显增大。不同材料的两物体经摩擦后吸引轻小物体,我们就说物体带了电荷。

实验证明,摩擦后的物体所带的电荷有两种(而且也只有两种):一种是与丝绸摩擦过的玻璃棒所带电荷相同的,称为负电荷;另一种是与玻璃棒摩擦过的丝绸所带电荷相同的,称为正电荷。

实验还证明,带同号电荷的带电体相互排斥,带异号电荷的带电体相互吸引。

带电体所带电荷的多少称为电荷量,简称电量。在国际单位中,电量的单位是库仑,用 C 表示。库仑不是国际标准单位,而是国际标准导出单位。库仑是一个非常大的电量单位,通常,一把梳子和衣服摩擦以后所带的电量还不到百万分之一库仑,即其数量级为 10^{-6}C。一般,正电荷的电量用正数表示,负电荷的电量用负数表示。

19 世纪末以前,电一直被认为是一种无重量的"流体"。随着科学的发展、实验的进步,人们逐渐地认识到这种"流体"是不连续的,它是构成物质的基本组成单元。实验测定,任何带电体所带的电量都为一基本电量值

$$e = 1.602\ 177\ 33 \times 10^{-19}\,\text{C}$$

的整数倍。这种电量以不连续方式存在的性质称为电荷的量子化。在计算中我们可取

$$e = 1.602 \times 10^{-19}\,\text{C}$$

电子电荷是至今发现的最小电量。

罗伯特·安德鲁·密立根(1868 年 3 月 22 日—1953 年 12 月 19 日),美国杰出的物理学家。从 1906 年起就致力于细小油滴带电量的测量,他用了 11 年的时间,经过多次重大的改进,终于以上千个确凿的实验数据得出了基本电荷的电量 $e=(1.5924\pm0.0017)\times10^{-19}$ C,直接证实了电荷的量子性。密立根因测量基本电荷和研究光电效应而获得了 1923 年的诺贝尔物理学奖。图 14.1 所示为密立根油滴实验的装置和装置结构图。瑞典皇家科学院诺贝尔物理学奖委员会主席高斯特兰在致词中指出"密立根对基本电荷的精确测量对于物理学的贡献是不可估量的,因为他的工作使我们有可能用较高的精确度去计算许多重要的物理常数"。密立根说过"我们所测量的电子,既不是不确定的,也不是假设的,这是一个新的实验事实。我们这一代人第一次看到了它,今后凡是愿意看它的人,都可以看到它"。

罗伯特·安德鲁·密立根

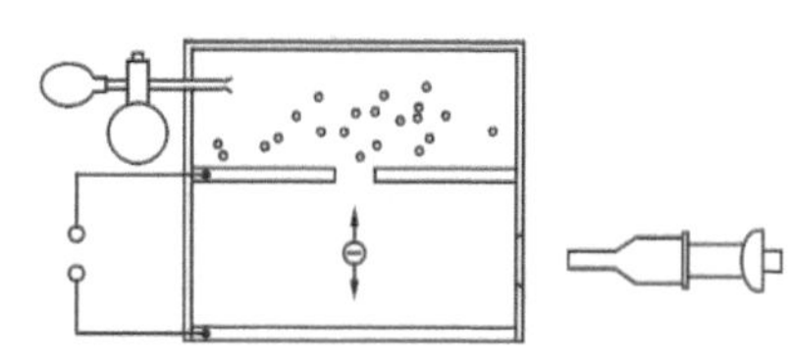

图 14.1

载有基本负电量的粒子称为电子。电子的质量为 $m_e=9.1095\times10^{-31}$ kg,电子的电量 e 与电子的质量 m_e 之比,称为电子的荷质比,这是一个重要的物理量,其大小为

$$\frac{e}{m_e}=1.76\times10^{11}\ \mathrm{C\cdot kg^{-1}}$$

载有基本正电量的粒子称为质子。质子的质量为 $m_p=1.6726\times10^{-27}$ kg。带有基本电量的粒子还有正电子,它的质量与电子质量相同。在发现了正电子后不久,还发现了一种质量几乎与质子质量相同的但不带电的粒子,就是中子。

密立根在 1924 年 5 月 23 日有关《从实验观点看电子和光量子》的报告中有如下的叙述:"我们将来会发现正、负电子是可以再分的吗?这又是一个无人知道的问题。如果电子能够被进一步分开,这可能是由于人们使用了既不同于 X 射线和放射性,也不同于化学力的新手段而开辟了另一个领域。虽然在这个领域中电子可能被分开,但仍不会失去其单元特性,也就是我们对电子做了充分研究现在发现的那种单元特性。"(引自诺贝尔获奖者演讲集)

1910 年密立根在他的文章中提到"我曾经把一个显然是带电荷的液滴、不确定的和不能重复的观察舍去了,这次观察给出该液滴上电荷的值比 e 的最终值约小百分之三十。"他认为该液滴太小,蒸发太快,而把这个数据舍弃了。从密立根那个时代起,就不断有人提出小于电子电量的粒子是存在的,但一直没有被承认。(引自《大学物理教学设计》)

分数电荷是比电子电量小的电荷。1964 年,美国物理学家默里·盖尔曼和 G.茨威格各自独立提出了中子、质子这一类强子是由更基本的单元——夸克(quark)组成的。它们具有分数电荷，是基本电量的 2/3 或 −1/3。夸克家族有 3“色”6 种“味”，预言夸克分“红”“黄”“绿”色，所以，夸克和它们的反粒子一同有 36 种。但至今都没有观察到分数电荷存在的证据。

问题 了解密立根油滴实验的装置、分析该装置测量电荷量子性的原理。

2. 摩擦起电的基本原因

现在我们已经知道，物质由分子、原子组成。原子由原子核和核外电子组成。原子核中含有若干个质子和中子。在正常状态下，原子中的质子数等于核外电子数，原子不显电性，所以整个物体对外表现为电中性。

原子核内部的质子和中子依靠核力紧紧地结合在一起，所以原子核的结构一般是很稳定的。核外的电子依靠与质子间的引力被限制在原子核附近运动。一般来说，距离原子核较远的电子受到原子核的束缚较弱，容易受到外界的干扰而脱离原子。当两个物体相互摩擦时，一些束缚弱的电子就会从该物体转移到另一个物体上，失去电子的物体带正电，得到电子的物体带负电，这就是摩擦起电的原因。因此，物体带负电就是物体比正常状态带有过多的负电荷，物体带正电就是物体比正常状态失去若干个电子。例如，当玻璃棒与丝绸摩擦时，玻璃棒上的电子转移到丝绸上了，玻璃棒因为失去电子带正电荷，而丝绸因为得到电子而带负电荷。

问题 如何测量带电体的带电量？电量的大小可以通过什么现象展示出来？

3. 电荷守恒定律

当大量原子或者分子组成大块物质时，原子或者分子之间彼此相互作用，使得原子中电子的运动状况有所变化。例如，金属中离原子核最远的电子就会脱离该原子核的束缚而在整块金属中运动，此后，该电子就不再仅仅属于该原子，而是属于整块金属中的原子拥有，这种电子称为自由电子。

当一个带电体与导体相互靠近时，由于电荷之间相互吸引或者排斥，导体中的自由电子或靠近或远离带电体，这样一来，导体上靠近带电体的一侧就出现了与带电体异号的电荷，远离带电体的一侧就出现了与带电体同号的电荷。这种使导体中的自由电子定向移动，重新分布的现象称为静电感应。当带电体和导体中的电子都不再有宏观定向移动时，我们称二者达到静电平衡状态。利用静电感应使导体带电的过程称为感应起电。

由以上电荷产生过程来看，无论是摩擦起电还是感应起电，其本质都是使物体中的带电粒子分离或转移的过程。

例如，当玻璃棒与丝绸摩擦时，玻璃棒上带正电荷，丝绸上带负电荷，玻璃棒与丝绸系统中，只是玻璃棒上的电子转移到了丝绸；并且正负电荷总是同时出现，数量相等。当玻璃棒与丝绸接触时，正负电荷相互中和，玻璃棒与丝绸都不再显现电性，但玻璃棒与丝绸系统电荷的总量不变。摩擦之前，玻璃棒与丝绸系统处于电中性，摩擦之后该系统依然处于电中性，接触以后还是处于电中性。大量事实证明，电荷既不能创造，也不能消灭，它只能由一个物体转移到另一个物体，或者由物体的一部分转移到另一部分，在转移之前、转移过程中、转移之后，系统的电荷总量保持不变。该结论称为电荷守恒定律，是自然界中守恒定律之一。

14.1.2 库仑定律

拿起我们手中的塑料笔在自己的衣服上摩擦，然后找到一小纸屑，将塑料笔慢慢靠近小纸屑，随着距离的减少，小纸屑将被吸上塑料笔。在这个过程中，我们观察到吸引力随着距离的减少而增大。以下我们将探究影响电荷之间相互作用力的因素有哪些？这些因素之间满足怎样的数值关系？

1. 库仑定律的建立

1755 年，富兰克林用一根丝线把一个小木块悬挂在带电金属罐外的附近，发现小木块受到强烈的吸引，而将其悬挂在罐内时，不论悬挂的木块位于罐内的何处，木块都不受到吸引。富兰克林因为缺乏数学基础，无法解释此现象，就将这一现象告诉了他的好朋友，英国化学家、氧的发现者普里斯特列，他重新做了这一实验后，立刻从这一事实想到了牛顿的万有引力。因为牛顿曾经使用数学方法证明过，如果平方反比定律有效的话，那么，一个具有引力的物体构成的均匀球壳对其内部的物体没有引力作用，而且任何不满足平方反比关系的力都不会有此结果。于是，他大胆地提出了自己的猜想“电荷之间的相互作用力遵循平方反比规律”。他本人当时未对此进行严格的证明，但这种猜测却促使很多的物理学者试图通过实验来验证它。

1773 年，英国实验物理学家卡文迪什使用扭秤实验确定了静电力遵守平方反比定律，其指数的偏差不超过 0.02。1777 年，卡文迪什以数学的方法推导出了静电力的距离平方反比关系，即

$$F(r)=k\frac{1}{r^n},\quad n=2\pm\frac{1}{50}$$

1785 年，法国物理学家库仑设计了一台精密的扭秤，其简单原理如图 14.2 所示。一根均匀的绝缘杆通过其中点的丝线将其水平地悬挂起来，在杆的两个端点分别连着两个同样的小球，其中一个是带电的球 A，另一个是不带电的球 B，称为平衡小球，此时，杆处于水平平衡位置。递电小球 C 固定在绝缘垂直杆上，当带电的球 A、递电小球 C 相互作用时，带电的球 A 所在的杆一端受到力的作用，杆就发生扭转，以杆扭转的角度来测定附在杆端点的带电球 A 与临近的递电小球 C 之间的相互作用力的大小。首先，保持带电球 A、C 的电量不变，改变带电球 A、C 之间的距离 r，根据扭转角度的大小，库仑证明了静电力与其间距离的平方成反比，即 $F\propto\frac{1}{r^2}$；其次，保持带电球 A、C 之间的距离 r 不变，改变带电球 A、C 电量，以考察两带电球 A、C 之间相互作用力 F 与其所带电量 q_1、q_2 之间的关系。由于当时尚无准确测量电量的方法，

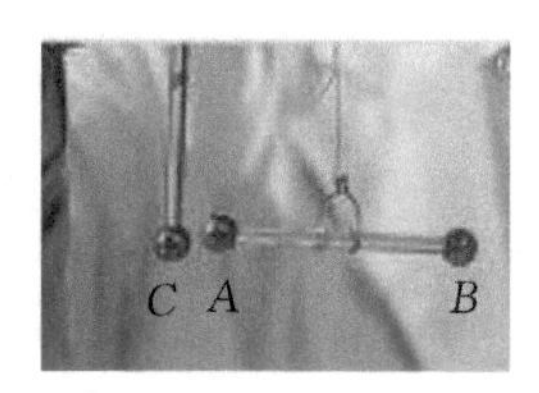

图 14.2

库仑便根据对称性巧妙地分配了电量。即，两个相同的金属小球，一个带电，一个不带电，当它们相互接触以后，两球就等量地分配了原来的电量。使用类似的方法，把带电小球的电量依次分为$\frac{q}{2}$，$\frac{q}{4}$，$\frac{q}{8}$，$\frac{q}{16}$，…。库仑证明，当两球之间的距离r不变时，它们的相互作用力F与它们各自所带电量q_1、q_2的乘积成正比。结合距离平方反比关系，库仑将静电力概括为

$$F=k\frac{q_1q_2}{r^{2+\varepsilon}},\ \varepsilon\approx4\times10^{-2}$$

直至1971年，实验结果表明库仑定律偏离平方反比的偏差$|\varepsilon|\leqslant(2.7\pm3.7)\times10^{-16}$。

由库仑定律的发现过程，我们可以看到类比法在科学研究中所起的作用。有了万有引力的引导，运用类比法就有了描述静电力表达式的大体形式，再设计巧妙的实验获得具体数据，库仑最终确定了两个静止点电荷之间的相互作用的基本定律。

2. 库仑定律

真空中，两个静止的点电荷q_1、q_2之间的相互作用力等值反向，其方向在它们的连线上，作用力的大小与电量q_1、q_2的乘积成正比，与它们之间的距离r的平方成反比。即

$$F=\frac{1}{4\pi\varepsilon_0}\cdot\frac{q_1q_2}{r^2}$$

其中，ε_0为真空中的介电常数。$\varepsilon_0=8.85\times10^{-12}\ \mathrm{C^2\cdot N^{-1}\cdot m^{-2}}$。由上式可知，当$q_1$、$q_2$为同号电荷时，$F$为正值，表示两点电荷之间静电力是斥力；当$q_1$、$q_2$为异号电荷时，$F$为负值，表示两点电荷之间静电力是引力。

一般地说，电荷在带电体上的分布与带电体的形状、大小、材质等有关。但是，当带电体的线度与它和其他带电体之间的距离相比很小，以至于该带电体本身的形状和大小对于所研究问题的影响可以忽略时，该带电体就可以看作为几何上的一点，但该几何点却集中了带电体的所有电量，这样的带电体称为点电荷。

如图14.3所示，用$\boldsymbol{F}_{12}$表示q_2对q_1的作用力，$\boldsymbol{F}_{21}$表示q_1对q_2的作用力。$\boldsymbol{r}_{12}^0$表示由施力电荷q_2指向受力电荷q_1的单位矢量，$\boldsymbol{r}_{21}^0$表示由施力电荷q_1指向受力电荷q_2的单位矢量。则库仑定律的矢量表达式为

$$\boldsymbol{F}_{12}=\frac{1}{4\pi\varepsilon_0}\cdot\frac{q_1q_2}{r^2}\boldsymbol{r}_{12}^0$$

$$\boldsymbol{F}_{21}=\frac{1}{4\pi\varepsilon_0}\cdot\frac{q_1q_2}{r^2}\boldsymbol{r}_{21}^0$$

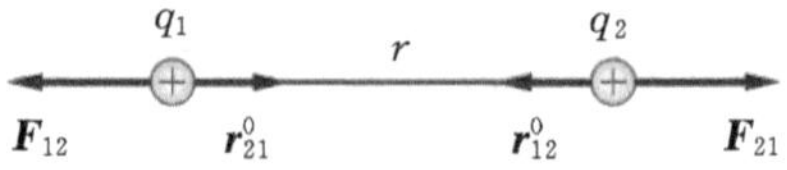

图 14.3

由以上两式分析可知，只要规定单位矢量$\boldsymbol{r}^0$的方向由施力电荷指向受力电荷，则受力电荷所受的库仑力的矢量表达式为

$$\boldsymbol{F}=\frac{1}{4\pi\varepsilon_0}\cdot\frac{q_1q_2}{r^2}\boldsymbol{r}^0 \tag{14.1}$$

例 14.1 试计算氢原子中电子与原子核之间静电力与万有引力的大小，并加以比较。已知氢原子中电子与原子核之间的距离为0.529×10^{-10} m，电子的质量$m_e=9.11\times10^{-31}$ kg，氢原子核的质量$m_p=1.67\times10^{-27}$ kg。

解 氢原子核与电子所带的电量均为1.6×10^{-19} C，则电子与原子核之间的静电力大小为

$$F_e = \frac{1}{4\pi\varepsilon_0} \cdot \frac{q_1 q_2}{r^2} = (9 \times 10^9) \times \frac{(1.6 \times 10^{-19}) \times (1.6 \times 10^{-19})}{(0.529 \times 10^{-10})^2}$$

$$= 8.2 \times 10^{-8}\ \text{N}$$

电子与原子核之间的万有引力为

$$F_m = G\frac{m_e m_p}{r^2} = (6.67 \times 10^{-11}) \times \frac{(9.11 \times 10^{-31}) \times (1.67 \times 10^{-27})}{(0.529 \times 10^{-10})^2}$$

$$= 3.64 \times 10^{-47}\ \text{N}$$

静电力与万有引力的比值为

$$\frac{F_e}{F_m} = 2.3 \times 10^{39}$$

由此可见，电子与原子核之间的静电力比它们之间的万有引力大得多，因此，在研究微观粒子之间的相互作用时，万有引力可以忽略不计。

14.1.3 静电力的叠加性

力学中，我们学过力的叠加原理。实验证明，两个点电荷之间的静电力，并不因为该空间有其他电荷的存在而改变，也符合力的叠加原理，两个或者两个以上的点电荷对另一个点电荷的作用力，就等于各点电荷单独对该点电荷作用力的矢量和。两个或者两个以上点电荷组成的系统，称为点电荷系。如图 14.4 所示，三个点电荷的电量分别为 q_1、q_2、q_3，点电荷 q_2 对点电荷 q_1 的静电力 $\boldsymbol{F}_{12}$ 并不因为点电荷 q_3 的存在而改变其大小和方向，同样，点电荷 q_3 对点电荷 q_1 的静电力 $\boldsymbol{F}_{13}$ 并不因为点电荷 q_2 的存在而改变其大小和方向。所以，点电荷 q_1 所受静电力 $\boldsymbol{F}_1$ 为 $\boldsymbol{F}_{12}$ 和 $\boldsymbol{F}_{13}$ 的矢量和，即

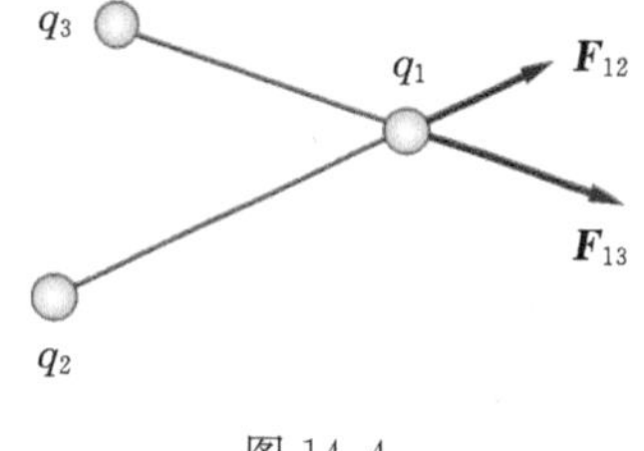

图 14.4

$$\boldsymbol{F}_1 = \boldsymbol{F}_{12} + \boldsymbol{F}_{13}$$

将以上叠加原理推广到电量分别为 $q_1, q_2, q_3, \cdots, q_n$ 的点电荷系，它对电量为 q_0 的点电荷所施加的静电力为

$$\boldsymbol{F}_0 = \boldsymbol{F}_1 + \boldsymbol{F}_2 + \cdots + \boldsymbol{F}_n = \sum_i \boldsymbol{F}_i = \sum_i \frac{1}{4\pi\varepsilon_0} \cdot \frac{q_0 q_i}{r_i^2} \boldsymbol{r}_{0i}$$

式中，$\boldsymbol{F}_i = \frac{1}{4\pi\varepsilon_0} \cdot \frac{q_0 q_i}{r_i^2} \boldsymbol{r}_{0i}$ 为第 i 个电荷施加给 q_0 的静电力。

问题 如果带电体不能被看作点电荷时，带电体之间的相互作用力如何计算？

例 14.2 如图 14.5 所示。放置于水平方向的两个点电荷，其相距 $r_0 = 1$ m，带电量分别为 $q_1 = 10^{-4}$ C，$q_2 = -10^{-4}$ C。若一带电量为 $q_0 = 10^{-5}$ C 的点电荷置于 q_1、q_2 连线的垂直平分线上一点，O 为 q_1、q_2 连线的中点，q_0 至 O 点的距离为 y，q_0 至 q_1 的距离为 r，α 为 q_1、q_2 连线与 r 之间的夹角。试求 q_0 所受的静电力。

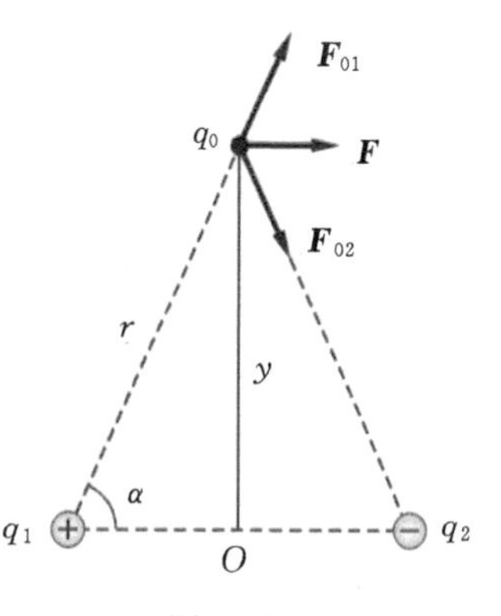

图 14.5

解 由电荷分布的对称性，q_1、q_2 所带电荷等量异号分析可

知，F_{02}、F_{01}在竖直方向的分力相互抵消，水平方向的分力大小相等，其合力的方向水平向右，大小为

$$F = 2\left(\frac{1}{4\pi\varepsilon_0} \cdot \frac{q_0 q_1}{r^2}\right)\cos\alpha = 2 \times 9 \times 10^9 \times \frac{10^{-4} \times 10^{-5} \times 0.5}{(y^2 + 0.5^2)^{3/2}}$$

$$= \frac{9}{(y^2 + 0.5^2)^{2/3}}\ \mathrm{N}$$

我们对“力的叠加原理”非常熟悉，还有许多物理量都具有叠加性，服从叠加原理。据此，可以将复杂问题化解为简单（典型）问题。这种将复杂问题看作多个简单问题叠加的方法称为叠加法。叠加法是物理学中处理问题常见的方法之一。这里我们要强调使用叠加法进行叠加的物理量必须是线性的。

14.2 电场强度

14.2.1 关于引力性质的争论

牛顿在万有引力定律中只表述了两个质点之间互相作用力的规律，而未对相隔一段距离的两个质点如何相互作用做出解释。因而有些科学家对此持有怀疑态度。他们认为，物体之间相互接触，彼此产生相互作用力很容易理解。但是如果两物体之间除了“虚空”之外什么也没有时，两物体怎么相互作用呢？太阳与某行星相互并不接触，怎么可能通过“虚空”远距离地相互作用呢？

万有引力曾被认为是两个物体之间存在直接的、瞬时的相互作用，不需要任何媒质传递，也不需要任何传递时间的“超距作用”。

笛卡尔是一位对科学思想发展有重大影响的哲学家，他最先将“以太”引入科学。在笛卡尔看来，物体之间的所有作用力都必须通过某种媒介物质来传递，不存在任何超距作用。他认为“以太”是弥散在整个空间、并不可能被人类直接感受到的某种细小的物质。构成“以太”的各个微粒之间以一种弹性力相互作用着，引力就是通过存在于“以太”微粒之间的弹性力传递的。但是，依据“以太”建立引力理论的尝试没有成功。

库仑定律描述了真空中两个静止的点电荷之间相互作用力的规律，并没有解释电荷之间的相互作用力是怎样传递的。当时，库仑力也被认为是一种超距力。直到19世纪30年代，法拉第提出了一种观点，认为在电荷的周围存在着由它产生的一种物质——电场，处于该电场中的其他电荷受到的作用力就是该电场给予的。例如，电荷A对电荷B的作用力，是电荷A产生的电场对电荷B的作用；而电荷B对电荷A的作用力，是电荷B产生的电场对电荷A的作用，称为电场力。

14.2.2 电场强度

本章我们讨论静止电荷产生的电场，称为静电场。相对于观察者静止的电荷称为静止电荷，简称静电荷。

电场的概念看起来很抽象，对于电场的认识是通过其对电荷的作用效果来体现的。电场的特征之一：对位于其中的其他电荷施加力的作用，下面我们将从力的角度研究电场的性质和规律，并提出描述电场本身性质的物理量——电场强度。

由图14.2可知，带电球A与带电球C之间的静电场力大小不仅取决于A、C各自的电量，还取决于它们之间的距离，而静电场力的方向则取决于它们之间的位置，这表明，电场的分布与位置有关。为此，我们引入"试验电荷"，试验电荷即为带电量很小的正电荷，且它的线度足够小。这样就能够保证试验电荷在电场中的位置是确定的，并且它的引入不会对其他电荷的电场产生显著的影响。将产生电场的电荷称为场源电荷。如图14.6所示，我们欲确定场源电荷q的电场分布，显然，在该电场任意点P放入不同电量的试验电荷q_0，所测到的静电场力$\boldsymbol{F}$是不同的，其大小为

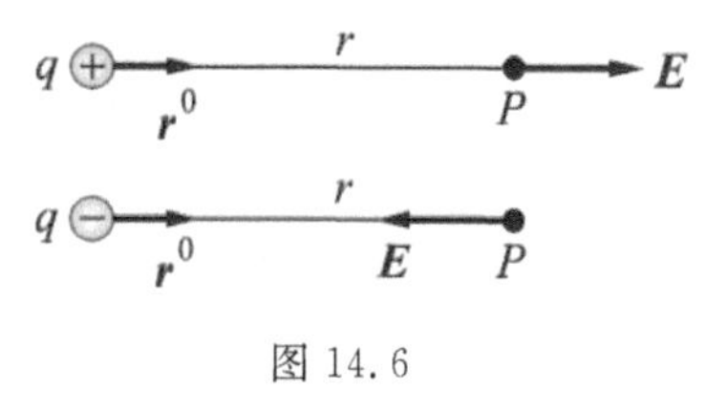

图14.6

$$F=\frac{1}{4\pi\varepsilon_0}\cdot\frac{qq_0}{r^2}$$

定义$\boldsymbol{r}^0$为由场源电荷指向P点的单位矢量。则有

$$\boldsymbol{F}=\frac{1}{4\pi\varepsilon_0}\cdot\frac{qq_0}{r^2}\boldsymbol{r}^0$$

由上式可以看出，$\boldsymbol{F}$不仅与场源电荷q有关，而且还与试验电荷q_0有关，用它来表示P点电场的性质是不合适的。但是，可以看出力$\boldsymbol{F}$与试验电荷电量q_0的比值是一个常矢量，与试验电荷无关。即

$$\frac{\boldsymbol{F}}{q_0}=\frac{1}{4\pi\varepsilon_0}\cdot\frac{q}{r^2}r^0=\boldsymbol{C}$$

其中参数ε_0、q、r都是描述场源电荷及其所在空间的物理量。令

$$\boldsymbol{E}=\frac{1}{4\pi\varepsilon_0}\cdot\frac{q}{r^2}r^0 \tag{14.2}$$

$\boldsymbol{E}$称为电量为q的场源点电荷在距其为r的任意点P处所产生的电场强度，简称场强。其大小等于单位正电荷在该点所受静电场力的大小，其方向与正电荷在该点所受静电场力的方向一致。电场强度E的单位为N/C，读作牛顿每库仑。

由式(14.2)可以看出，以场源点电荷q为中心、以r为半径的球面上的电场强度$\boldsymbol{E}$的大小都相等，且电场强度$\boldsymbol{E}$的方向沿着径向，当$q>0$时，与$\boldsymbol{r}^0$方向相同；$q<0$时，与$\boldsymbol{r}^0$方向相反。如图14.6所示。

问题 如果场源电荷是由n个点电荷组成的电荷系，该电荷系在空间的电场强度分布如何求解？如果场源电荷是连续的带电体，该带电体在空间的电场强度分布如何求解？

例14.3 两个等值异号的电荷q与$-q$，相距为l。计算两电荷连线延长线上一点P的电场强度。

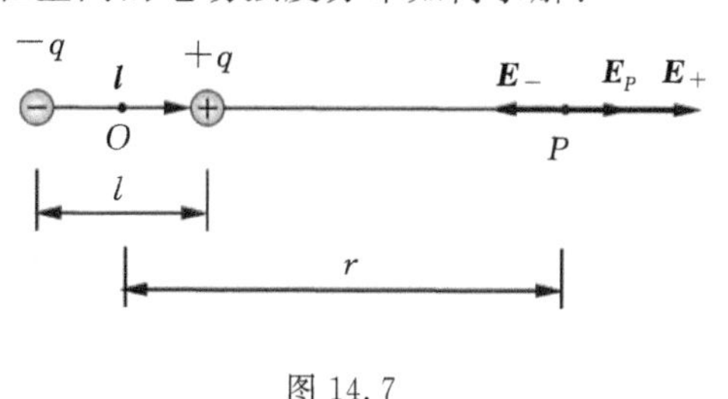

图14.7

解 依照题意，作图如14.7所示。设q与$-q$连线的中心O到P点的距离为r。q与$-q$在P点产生电场强度的大小分别为

$$E_{+}=\frac{1}{4\pi\varepsilon_0}\cdot\frac{q}{(r-\frac{l}{2})^2}$$

$$E_{-}=\frac{1}{4\pi\varepsilon_0}\cdot\frac{q}{(r+\frac{l}{2})^2}$$

方向如图所示。该电荷系在 P 点产生电场强度的大小为

$$E_P=E_{+}-E_{-}=\frac{1}{4\pi\varepsilon_0}\cdot\frac{q}{(r-\frac{l}{2})^2}-\frac{1}{4\pi\varepsilon_0}\cdot\frac{q}{(r+\frac{l}{2})^2}$$

$$=\frac{2qrl}{4\pi\varepsilon_0 r^4(1-\frac{l}{2r})^2(1+\frac{l}{2r})^2}$$

当 $r\gg l$ 时，有

$$E_P=\frac{2ql}{4\pi\varepsilon_0 r^3}=\frac{2p}{4\pi\varepsilon_0 r^3}$$

其中，$p=ql$。两个相距很近的等量异号点电荷组成的系统称为电偶极子，并定义 $\boldsymbol{p}=q\boldsymbol{l}$ 为电偶极子的电偶极矩，负电荷与正电荷的连线 l 称为电偶极子的轴线，$\boldsymbol{l}$ 的方向规定为由 $-q$ 指向 q。则，当 $r\gg l$，有

$$\boldsymbol{E}_P=\frac{2q\boldsymbol{l}}{4\pi\varepsilon_0 r^3}=\frac{2\boldsymbol{p}}{4\pi\varepsilon_0 r^3}$$

例 14.4 如图 14.8 所示。一半径为 R 的带有一缺口的细圆环，缺口长度为 $d(d\ll R)$，环上均匀带正电，总电量为 Q，试求圆心 O 处的电场强度 $\boldsymbol{E}$。

解 由于带电圆环关于圆心 O 具有对称性，在除了缺口和与缺口对称位置之外，我们选取非常小的对称两段，其带电量均为 q'。它们非常小，相对于半径 R 来说，可以视为点电荷。其所带电量相等，且距离圆心 O 的距离相同，所以在圆心 O 处产生的电场强度正好大小相等、方向相反，相互抵消了。由此可知，最终无法抵消的只有与缺口对称位置上的、长度为 d 的带电线段，即对圆心 O 处电场强度有贡献的仅是电量为 $q=\frac{Q}{2\pi R}\cdot d$ 的带电线段。即

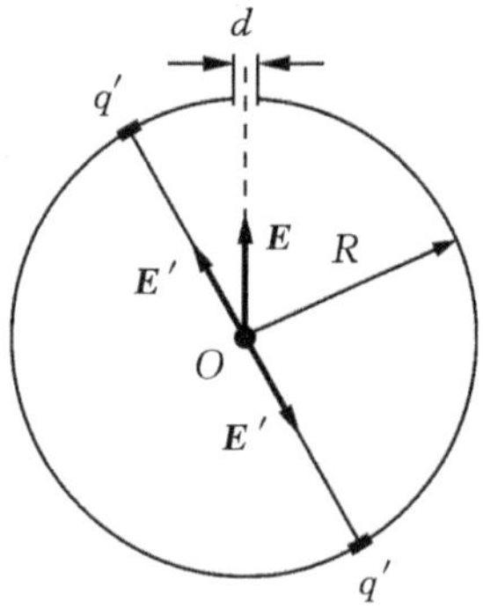

$$E=\frac{1}{4\pi\varepsilon_0}\cdot\frac{q}{R^2}=\frac{1}{4\pi\varepsilon_0}\cdot\frac{\frac{Q}{2\pi R}\cdot d}{R^2}=\frac{Qd}{8\pi^2\varepsilon_0 R^3}$$

图 14.8

圆心 O 处电场强度的方向由 O 指向缺口。

物理方法简介(对称性分析方法)

由例 14.2、例 14.3 的计算分析可知，带电系统的对称性对于解决问题起到很大的作用。对称性分析作为一种处理问题的方法，在分析问题、解决问题时能抓住问题的本质，使我们可以使用简洁、清晰的思路处理问题。

问题 请使用叠加法和对称性方法分析“均匀带电球面”的电场分布。

14.2.3 电力线(电场线)

由上节我们可以观察到,在真空中,当电荷系给定以后,一般来说,电场强度 $\boldsymbol{E}$ 与空间位置有关,或者说电场强度 $\boldsymbol{E}$ 是空间位置的函数,即 $\boldsymbol{E}=\boldsymbol{E}(x,y,z)$。但电场强度是矢量,欲了解电场强度随空间位置的变化情况,即了解电场强度在空间的分布,就必须知道各点电场强度的大小和方向。但在实际问题中电场的分布往往是比较复杂的,这就需要我们采用图示的方法来描述电场的分布。为了形象地描述电场强度在空间的分布情况,我们可以假想在电场中画出一系列曲线,使这些曲线上的每一点的切线方向与该点的电场强度方向一致,这些曲线称为电力线(电场线),或简称 $\boldsymbol{E}$ 线,如图 14.9 所示。

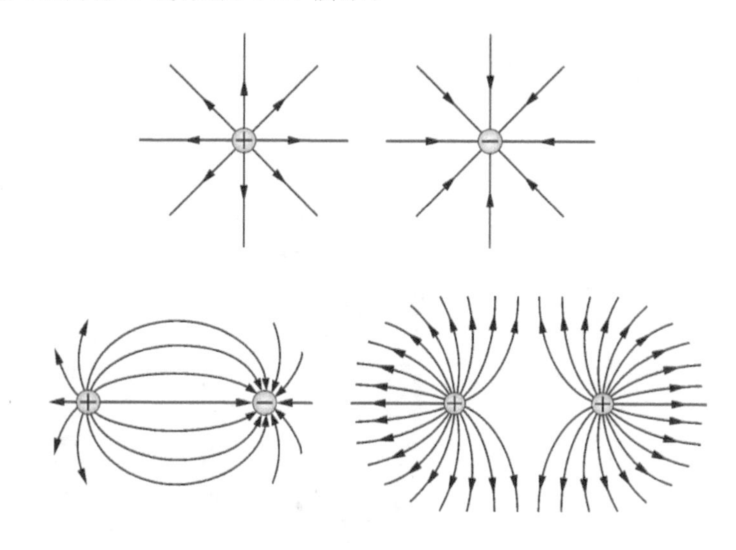

图 14.9

为了使电力线不仅表示出各点电场强度的方向,还能同时表示出电场强度的大小,对电场中电力线的疏密程度作个规定。电场中电力线密度大的区域表示该区域电场强度大(电场较强),密度小的区域表示该区域电场强度小(电场较弱)。

静电场的电力线具有如下的性质:第一,电力线起于正电荷或无限远,终于无限远或负电荷,但不能形成闭合线;第二,电场中的电场线不会相交,这是因为电场强度的单值性,即电场中每一点的电场强度具有唯一的数值和方向。

我们可以通过静电场模拟实验观察电场线的分布情况,如图 14.10 所示。

如图 14.11 所示。本仪器是用来模拟演示点电荷形成的电场,它是在真空泡中充入少量隋性气体,然后高压产生辉光放电气流,这些气流流向玻璃内壁,类似点电荷的电场线。当用手接触玻璃外壁时,手所在处被静电感应,电离气流就被手所吸引,形成一条光线,说明手被电场感应,使电场线重新分布。

如图 14.12 所示。头发的形状大致显示出了其周围的电力线分布。

当然,电力线只是形象地描绘电场在空间分布的假想的几何线,它的属性可以通过它与其他带电体相互作用的现象表现出来。

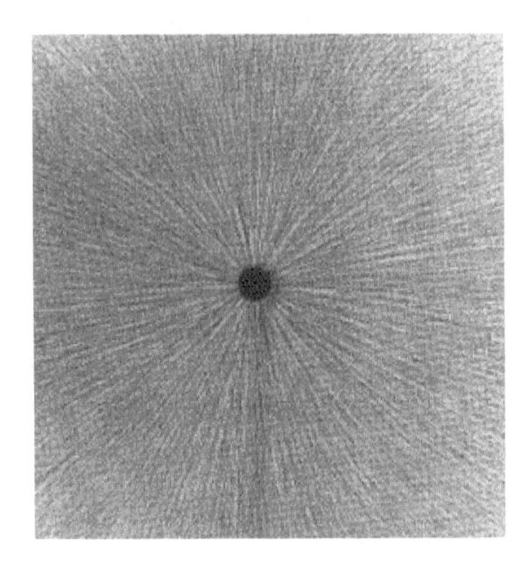

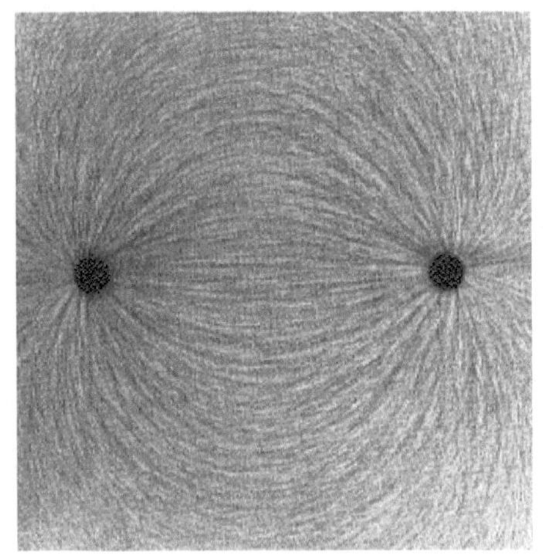

图 14.10

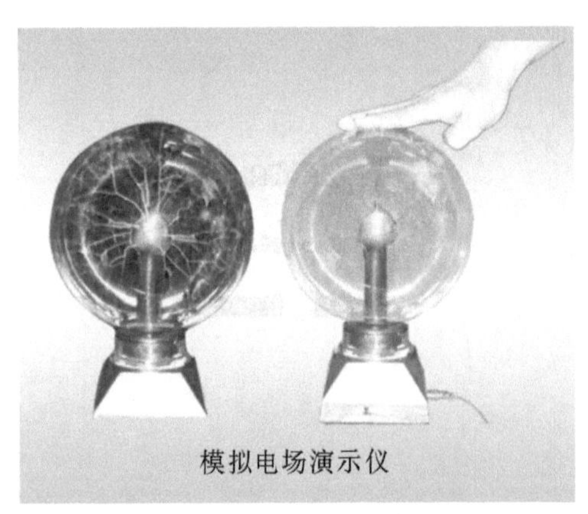

图 14.11

图 14.12

一般来说，当带电体的分布确定后，电场强度 $\boldsymbol{E}$ 是空间位置的函数，即 $\boldsymbol{E}=\boldsymbol{E}(x,y,z)$。如果电场中各点电场强度 $\boldsymbol{E}$ 与位置无关时，该电场中各点电场强度 $\boldsymbol{E}$ 大小相等，方向相同，该电场称为匀强电场。匀强电场可以由如图 14.13 所示的结构产生。上面和下面的平板都是导体板，带电量分别为 $-q$、q，当板的线度远大于两板间的距离时，除板的边缘附近外，两板间电场是均匀的。

电场中电力线的疏密反映了电场的强弱，所以两板间电力线分布是均匀的、且起于正的带电板，终于负的带电板。

问题 请使用叠加法和对称性方法分析如图 14.13 所示带电平板间的电场分布。

如图 14.14 所示。试分析电偶极子在电场强度为 $\boldsymbol{E}$ 的匀强电场中的运动情况。

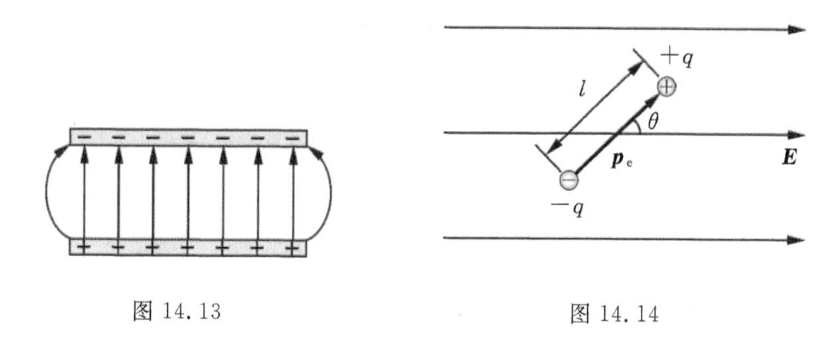

图 14.13　　图 14.14

14.3 电 势

我们将一个静止的电荷放入电场中，该电荷将受到静电场力，由牛顿定律可知，在静电场力的作用下该电荷做加速运动，运动一段时间后，某一时刻该电荷获得一定的速度，即该电荷具有了一定的动能。由质点动能定理可知，这是静电场力做功的结果。

在电场中移动电荷时，电场力对电荷要做功。下面我们将从功的角度研究电场的性质和规律，并提出描述电场本身性质的物理量——电势。

14.3.1 静电场力的功

如图 14.15 所示。匀强电场的电场强度为 $\boldsymbol{E}$，在该电场中移动电荷 q_0 由 a 点到 b 点。我们先选择沿着 a 点到 b 点的直线路径，如图 14.15(a)所示。在此过程中，电荷 q_0 始终受到静电场力 $\boldsymbol{F}=q_0\boldsymbol{E}$ 的作用，该静电场力是一个恒力，它与位移 ab 之间的夹角始终为 θ，则静电场力对电荷 q_0 所做的功为

$$A = F \cdot |ab| \cos\theta = q_0 E \cdot |ac|$$

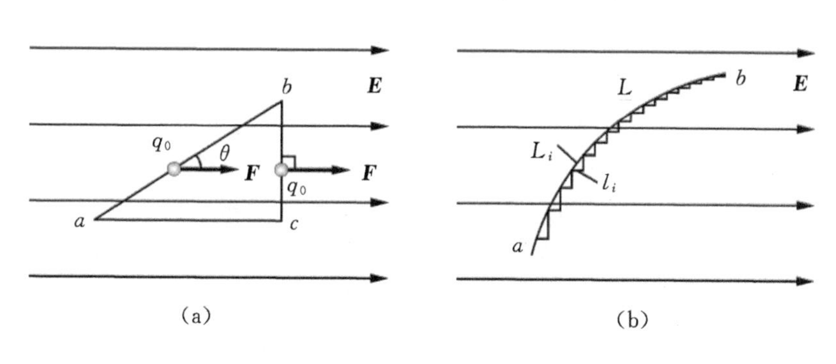

图 14.15

当然，在如图 14.15(a)所示的匀强电场中，我们还可以选择 acb 路径。在此过程中，电荷 q_0 始终受到静电场力 $\boldsymbol{F}=q_0\boldsymbol{E}$ 的作用，该静电场力是一个恒力，由 a 点到 c 点的过程中该静电场力对 q_0 所做的功为

$$A_1 = F \cdot |ac| = q_0 E \cdot |ac|$$

由 c 点到 b 点的过程中，静电场力 $\boldsymbol{F}$ 与位移 cb 之间的夹角为 $\frac{\pi}{2}$，所以在该过程中该静电场力对 q_0 做的功为

$$A_2 = F \cdot |cb| \cos\theta = q_0 E \cdot |cb| \cos\frac{\pi}{2} = 0$$

沿着 acb 移动电荷 q_0 由 a 点到 b 点，静电场力对 q_0 所做的功 A 为

$$A = A_1 + A_2 = q_0 E \cdot |ac|$$

如果我们在 a 点与 b 点之间任意连接一条曲线 L，如图 14.15(b)所示。沿着该曲线移动电荷 q_0 由 a 点到 b 点的过程中，静电场力 q_0 做功该如何计算呢？

我们可以将该曲线 L 分成 N 段，当分成的份数很多时，其中任意一段 L_i 都可以看作一段直线，则在 L_i 上移动电荷 q_0 时，静电场力所做的功为

$$A_i = q_0 E \cdot |l_i|$$

其中 l_i 为 L_i 在平行于电力线方向上的投影。则沿着曲线 L 移动电荷 q_0 由 a 点到 b 点的过程中，静电场力做功为

$$A = \sum A_i = q_0 E \cdot \sum |l_i| = q_0 E \cdot |ac| \tag{14.3}$$

由以上分析可见，不论电荷 q_0 经由怎样的路径由 a 点到 b 点，静电场力做功都是相等的。所以，静电场力对电荷做功与路径无关，只与电荷移动的始末位置有关。

在非均匀电场中也可以证明，静电场力对电荷做功与路径无关，只与电荷移动的始末位置有关。

14.3.2 电势能 电势

在力学中曾经讨论过重力做功与路径无关，只与物体的起始位置和终止位置有关的性质。在重力场中，当我们选定重力势能零点后，在地球表面附近的物体只要具有同样的位置，它们就具有相同的重力势能，所以，重力势能是位置的函数。而静电场力对电荷所做的功也与路径无关，因此，可以仿照重力场中引入重力势能一样，在静电场中引入电势能 W 的概念。

1. 电势能

由于静电场力做功与路径无关，只与电荷的起始位置和终止位置有关，这种性质说明电荷 q_0 在起始位置 a 点和终止位置 b 点之间的能量之差是确定的，该能量的差值等于在相应位置之间移动电荷 q_0 时静电场力做的功。设 q_0 在起始位置 a 点的电势能为 W_a，在终止位置 b 点的电势能为 W_b，在 a 点和 b 点之间移动电荷 q_0，静电场力做的功为 A_{ab}，则有

$$A_{ab} = W_a - W_b = -(W_b - W_a)$$

上式表明，静电场力所做的功等于电势能增量的负值。这与重力做功的特点一样。

与重力势能类似，当将电势能的零点选定以后，静电场中任意一点的电势能是确定的。当我们选择电荷 q_0 在 b 点的电势能为零时，就称 b 点为电势能的零点。即，$W_b=0$，则电荷 q_0 在 a 点的电势能为

$$W_a = A_{ab} \tag{14.4}$$

上式表明，电荷 q_0 在电场中某点的电势能，等于将电荷由该点移动到电势能零点时静电力做的功。

通常电势能的零点选择遵循以下原则：当电荷分布在有限区域时，一般选取无限远处为电势能零点；实际应用中常取大地、仪器外壳等为电势能零点。

电势能是标量，可正可负，可以为零。在点电荷 q 的电场中，电荷 q_0 位于 a 点的电势能的正负取决于电荷 q、q_0 的正负。如果 q、q_0 同号，则电荷 q_0 位于 a 点的电势能为正。因为此时电荷 q_0 受到的静电场力为排斥力，当电荷 q_0 远离点电荷 q 时，静电场力做正功，电势能逐渐减少；当电荷 q_0 靠近点电荷 q 时，静电场力做负功，此时外力反抗静电排斥力做功，外力所做的功使电荷 q_0 的电势能增加。如果 q、q_0 异号，则电荷 q_0 位于 a 点的电势能为负。因为此时电荷 q_0 受到的静电场力为吸引力，当电荷 q_0 远离点电荷 q 时，静电场力做负功，此时外力反抗静电吸引力做功，外力所做的功使电荷 q_0 的电势能增加；当电荷 q_0 靠近点电荷 q 时，静电场力做正功，电荷 q_0 的电势能减少。因此，当在静电场中电荷受到排斥力时，则电荷的电势能为正，电荷受到吸引力时，则电荷的电势能为负。

2. 电势

如图 14.16 所示。在电场强度为 $\boldsymbol{E}$ 的匀强电场中，取 b 点为电势能零点。a 为均匀电场中的任意一点，电荷 q_0 位于 a 点的电势能等于将电荷 q_0 由 a 点移动到 b 点时静电力所做的功。选择如图 14.16 所示的直线路径计算该静电场力做的功。则有

$$W_a = q_0 El\cos\theta$$

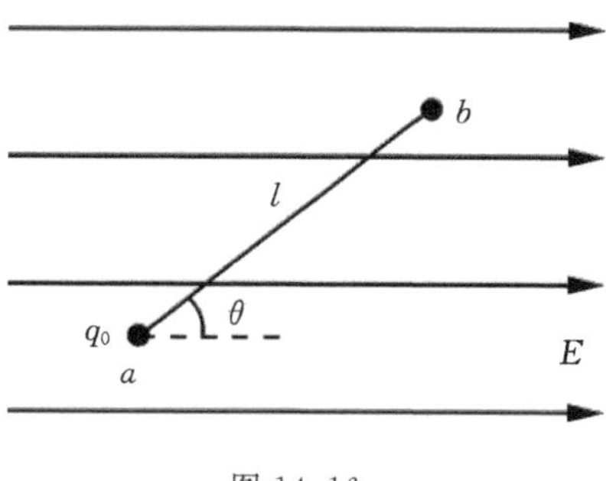

图 14.16

由上式可见，电荷 q_0 在 a 点的电势能与 q_0 成正比。某点电荷的电势能不仅与电场有关，还与移动电荷有关。但是，由电势能 W_a 与 q_0 的比值 $\frac{W_a}{q_0}=El\cos\theta$ 可以看出，该比值仅仅由电场中该点的性质决定。

电荷 q_0 在电场中 a 点的电势能 W_a 与该电荷电量 q_0 的比值，称为该点的电势。以 U_a 表示，即

$$U_a = \frac{W_a}{q_0} \tag{14.5}$$

电势零点的选择可参考电势能零点的选择原则。在国际单位制中，电势的单位为伏特(V)。伏特的定义为：带电量为 1 库仑的电荷位于电场中某点，当其电势能为 1 焦耳时，则该点的电势规定为 1 伏特。

带电量为 1 库仑的电荷，称为单位正电荷。在如图 14.17 所示的匀强电场中，沿着电力线的方向移动单位正电荷，静电场力做正功，该电荷的电势能减少，所以，沿电力线方向电势逐渐减少，或者说沿电力线方向电势是降低的。

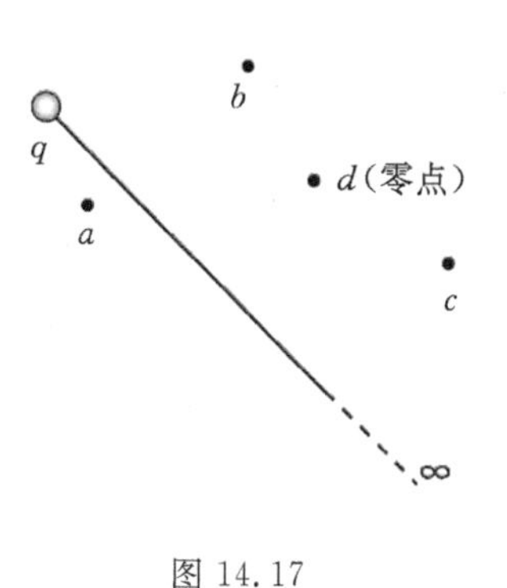

图 14.17

电势是标量，可正可负，可以为零。电场中电势的正负取决于电势零点的选取。如图14.17所示，在点电荷 q 的电场中，如果选取无限远处为电势零点，则 a、b、c、d 各点的电势均为正；如果选择 d 点为电势零点，则 a、b 两点的电势均为正，c 点的电势就为负了；如果选择 a 点为电势零点，则 b、c 两点的电

势就均为负了。

3. 电势差

在实际应用中，常常使用两点的电势差，若取地球或者仪器机壳为电势零点，这样的规定并不影响电势差的计算结果。

由 $A_{ab}=W_a-W_b$ 和 $U_a=\dfrac{W_a}{q_0}$ 可得

$$A_{ab}=W_a-W_b=q_0U_a-q_0U_b=q_0(U_a-U_b)=q_0U_{ab} \tag{14.6}$$

式中，U_a-U_b 称为 a 点电势与 b 点电势之差，简称 ab 两点的电势差。上式表明，在电场中将电荷 q_0 由 a 点移动到 b 点时，静电场力所做的功等于电量 q_0 与 ab 两点的电势差的乘积。

由于静电场力做功与路径无关，所以在两点之间移动相同电量的电荷时，静电场力所做的功相等，因此，电场中两点之间电势差是确定的，不随零点的选择而变化。

物理学中，常使用电子伏特表示功或能量的单位。1 电子伏特表示 1 个电子电量的电荷在电场中通过 1 伏特的电势差时，静电场力所做的功，即

$$1\ \text{电子伏特}=1.60\times10^{-19}\times1\ \text{伏特}=1.60\times10^{-19}\ \text{焦耳}$$

问题 电势符合叠加原理吗？如果符合，试分析如何叠加。

14.3.3 等势面

同一电场的性质，既可使用电场强度 $\boldsymbol{E}$ 描述，也可以使用电势 U 描述，因此，电场强度和电势之间一定存在着某种关系。

我们使用电力线形象地描绘了电场中电场强度的分布情况，电力线的疏密程度反映电场的强弱。同样，我们也可以使用等势面形象地描绘电场中电势的分布情况。

电场中电势相等的各点组成的曲面称为等势面。为了以等势面的疏密程度反映电场的强弱，我们规定，相邻等势面之间的电势差都相等，如图 14.18 所示的虚线即为等势面。

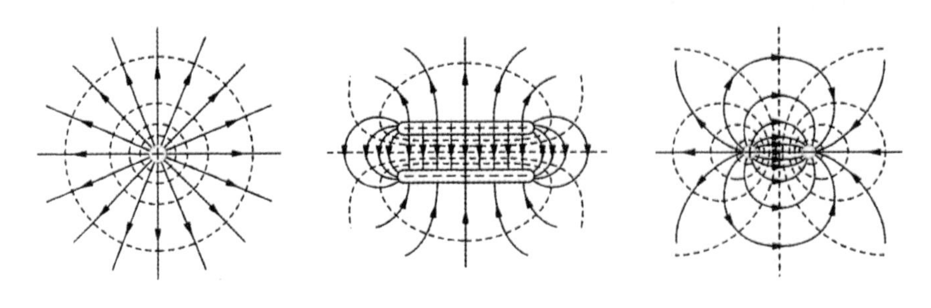

图 14.18

同一电场中，电力线与等势面之间的关系如何呢？因为同一等势面上各点的电势都相等，所以在同一等势面上移动电荷时静电场力不做功，因此，电力线与等势面是垂直的。因为，如果电力线与等势面不垂直，则电场强度在等势面内有分量，那么，在同一等势面上移动电荷时静电场力就要做功了，这与等势面的定义相矛盾。总之，电力线与等势面垂直，且沿着电力线方向电势逐渐降低，如图 14.18 所示。由图可见，沿着电力线方向等势面逐渐变疏。

14.3.4 电势差与电场强度的关系

1. 电势差与电场强度的关系

上节我们使用图示方法表示了电场强度 $\boldsymbol{E}$ 与电势 U 之间的关系。那么，电场强度 $\boldsymbol{E}$ 的大小与电势 U 之间的数值关系如何呢？

以下以匀强电场为例进行讨论。首先使用力做功的定义来计算在电场强度为 $\boldsymbol{E}$ 的匀强电场中，将电荷 q_0 由 a 点移动到 b 点时，静电场力所做的功。如图 14.19 所示，电荷 q_0 在匀强电场中始终受到静电场恒力 $\boldsymbol{F}=q_0\boldsymbol{E}$ 的作用，力 $\boldsymbol{F}$ 做功为

$$A_{ab}=q_0El\cos\theta=q_0Ed$$

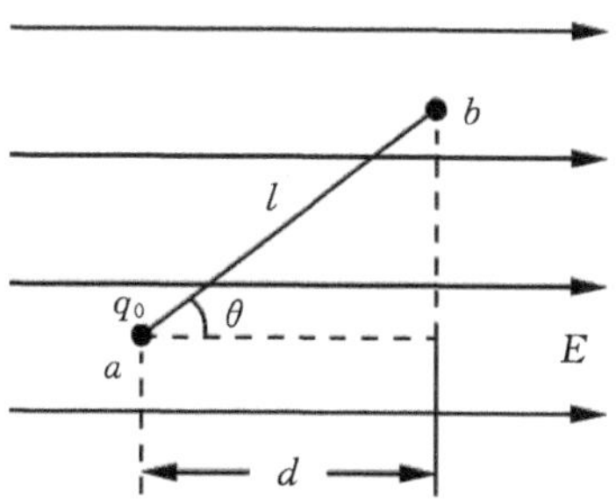

静电场力做功与电势差之间的关系为

$$A_{ab}=q_0U_{ab}$$

图 14.19

因而有

$$q_0Ed=q_0U_{ab}$$

整理可得

$$U_{ab}=Ed \tag{14.7a}$$

上式表明：在匀强电场中，两点之间的电势差等于电场强度与这两点沿着电力线方向的距离乘积。

或

$$E=\frac{U_{ab}}{d} \tag{14.7b}$$

上式表明：在匀强电场中，电场强度的大小等于沿着电力线方向单位距离上的电势差。

2. 物理方法简介(矢量描述与标量描述方法)

静电场可以使用矢量(电场强度)与标量(电势)描述。电场强度与电势既有区别又有联系。区别为：电场强度是从力的角度描述电场本身性质的物理量。它与电场的特性之一——“对位于电场中的电荷施加于力的作用”相呼应；电势是从功的角度描述电场本身性质的物理量，它与电场的特性之二——“在电场中移动电荷时，电场力要做功”相呼应。既然电场强度与电势都是描述电场本身性质的物理量，那么，两者之间一定有关系。关系为：电力线与等势面垂直，且沿着电力线方向电势逐渐降低。在匀强电场中，电场强度的大小等于沿着电力线方向上单位距离的电势差。

14.4 静电场中的导体 电容器

上面我们讨论了真空中静电场的性质，这节主要讨论，将导体或者电介质放置于电场中以后，原电场、导体和电介质所发生的变化以及这些变化所遵循的规律。

14.4.1 静电场中的导体

1. 静电平衡状态

如图 14.20 所示，将一不带电的长方体 $ABCD$ 金属导体放置于电场强度为 $\boldsymbol{E}_0$ 的匀强电

场中。导体中的自由电子将受到与原电场方向相反的静电场力作用，做宏观的定向运动到达 AB 面，如图 14.20(a)所示。这样，将在导体的 AB 面积累了多余的负电荷，CD 面积累了多余的正电荷，当然，也将在导体中建立起了与原电场方向相反的电场 $\boldsymbol{E}'$，如图 14.20(b)所示，这种现象称为静电感应现象。此时，导体中的自由电子既受到原电场的静电场力 $\boldsymbol{F}_0=e\boldsymbol{E}_0$，该力大小始终不变，还要受到静电感应电荷所产生的静电场力 $\boldsymbol{F}'=e\boldsymbol{E}'$，该力随自由电荷的分离不断增加，所以，自由电子受到的合力为

$$\boldsymbol{F}=\boldsymbol{F}_0-\boldsymbol{F}'_0=e\boldsymbol{E}_0-e\boldsymbol{E}'_0=e(\boldsymbol{E}_0-\boldsymbol{E}'_0)$$

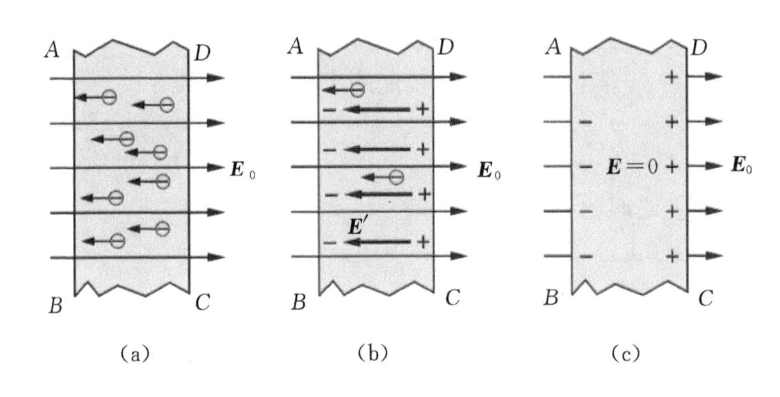

图 14.20

由此可见，只要导体内自由电子所受合力 $F\neq0$，自由电子的宏观定向运动就会继续，AB 和 CD 两面上的电荷就会继续增加，直到感应电荷产生电场的电场强度与原电场的电场强度大小相等，使导体内的合场强为零。这样，自由电子所受的合力为零，导体内将不再有自由电子的宏观定向运动，此时，导体达到了静电平衡状态，如图 14.20(c)所示。由以上分析可知，导体处于静电平衡状态时，导体内部任意一点的电场强度都为零。同时，导体外表面附近任意一点的电场强度方向均垂直于导体表面。因为若表面附近的电场强度不垂直于导体表面，则必有沿着导体表面方向的电场强度的分量，则导体表面的自由电子将在导体表面做宏观定向运动，这样，导体就不可能达到静电平衡状态。

思考 为什么导体达到静电平衡状态时，导体是一个等势体，导体表面是一个等势面？

问题 将一个带电的、非规则形状的导体放入匀强电场中，会发生什么现象？最后达到什么状态？

2. 导体表面电荷的分布

无论导体是否带电，也无论电场是否均匀，只要将导体放入电场中，导体最终都将达到静电平衡状态。

导体处于静电平衡状态时，电荷在导体上的分布与未放入之前相比较是发生变化了，即导体上的电荷重新进行了分布。导体处于静电平衡状态时，导体上电荷的分布特征为：

(1)导体内部没有多余的净电荷，电荷一定分布在导体表面上；因为如果导体内部有电荷，那么导体内部的电场强度就不为零，导体内就有自由电子的定向运动，则导体就没有达到静电平衡状态。

问题 如图 14.21 所示。带电量为 Q 的空腔导体，当空腔内无电荷或者放有带电量为 q 的点电荷时，试分析电荷在导体上的分布。

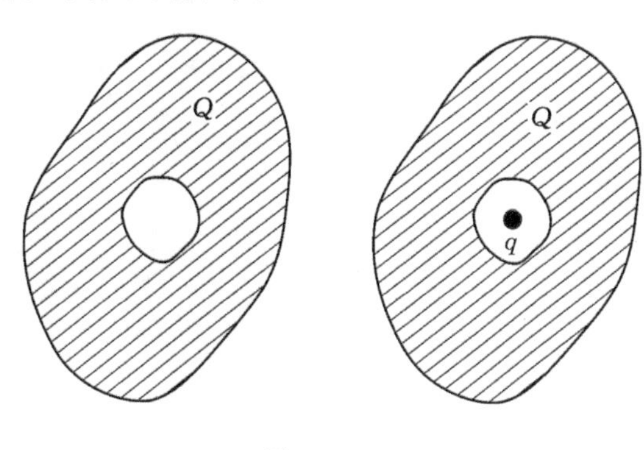

图 14.21

(2)一般来说，导体表面上电荷的分布不均匀。我们常使用单位面积上的电荷量度量电荷在曲面或者平面上分布的疏密程度，称为电荷面密度。当导体周围没有其他电场，或其他带电体都远离该导体，此时的导体称为孤立导体，那么，导体表面上电荷面密度随导体表面凸凹程度变化。凹陷的地方几乎没有电荷，越凸的地方电荷面密度越大，因而该处外表面附近的电场强度也越强。

由上可知，导体尖端的电荷密度相对于其他部位要大得多，所以尖端附近的电场强度也很强。通常情况下，空气是不导电的，但是如果电场特别强，空气分子中的正负电荷受到方向相反的强电场力作用，有可能被“撕”开，这种现象称为空气的电离。电离后的空气中有了可以自由移动的带电粒子，空气就导电了。这些带电粒子在强电场的作用下加速运动，撞击空气中的其他分子，使它们电离，以产生更多的带电粒子。在空气中，与导体尖端电荷相反的粒子被吸引至尖端，与尖端上的电荷中和，如果物体尖端在暗处或放电特别强烈，会出现放电火花，并能听到放电声，这种现象称为尖端放电。

避雷针是保护建筑物避免雷击的装置，如图 14.22 所示。在高大建筑物的顶端安装一个金属棒(避雷针)，用金属线与埋在地下的一块金属板相连接，例如砖烟囱避雷针的安装，如图 14.23 所示。高大建筑物上都需要安装避雷针，当带电云层靠近建筑物时，建筑物会感应上与云层相反的电荷，这些电荷会聚集到避雷针的尖端，达到一定的值后便开始放电，这样就能不断地将建筑物上的电荷中和掉，永远达不到会使建筑物遭到损坏的强烈放电所需要的电荷。建筑物的另外一端与大地相连，与云层相同的电荷就流入大地。2006 年 7 月 17 日，美国内华达州拉斯维加斯遭遇雷暴天气，一束闪电击中金字塔大酒店。如图 14.24 所示。

图 14.22

图 14.23　　图 14.24

我们知道，处于外电场中的带电导体为实心时，感应电荷只能分布于导体的外表面。那么，当处于外电场中的带电导体有空腔时，感应电荷在导体上如何分布呢？结论为：感应电荷只能分布于导体的表面。但对于空心导体而言，此时，表面分为内表面和外表面。内表面上是否分布有电荷，则取决于导体空腔内是否存在电荷。

当处于外电场中的带电导体带有空腔、且空腔内无电荷时，电荷只能分布于外表面，如图14.25(a)所示。若空腔内存在电荷，内表面分布有感应电荷，且感应电荷与空腔内的电荷等量异号，外表面分布的电荷量为空腔内的电荷与带电导体所带电荷的代数和，如图 14.25(b)所示。

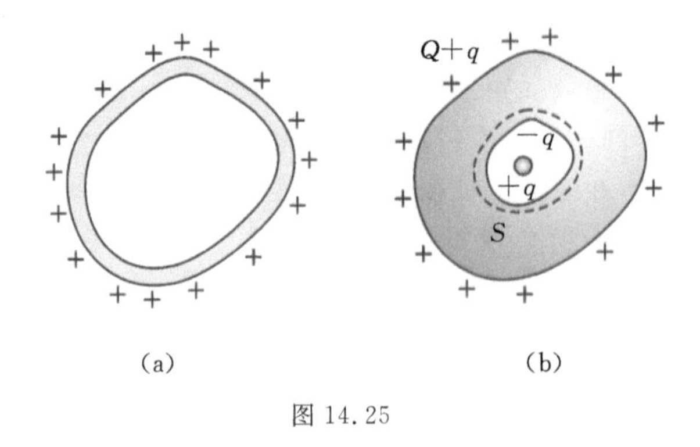

图 14.25

通过以上分析，我们知道，静电平衡时，空腔内无电荷的空腔导体，其电荷只能分布于外表面，所以空腔导体上、空腔内均无电场。如图 14.25(a)所示。于是，无论导体外部电场如何，导体内部的电场都不受其影响，始终保持导体内部电场为零。导体壳的这种作用称为静电屏蔽。

静电屏蔽使金属导体壳内的仪器或工作环境不受外部电场影响，如室内高压设备罩上接地的金属罩或较密的金属网罩，电子管用金属管壳，全波整流或桥式整流的电源变压器，在初级绕组和次级绕组之间包上金属薄片或绕上一层漆包线并使之接地，高压带电作业的工人穿上用金属丝或导电纤维织成的均压服等。事实上，由一个封闭导体空腔实现的静电屏蔽是非常有效的。

3. 物理方法简介(镜像法)

镜像法是求解电场的一种特殊方法。特别适合于规则的边界面(平面、球面、柱面等)。在一定的条件下，可以用一个或者多个位于待求场域边界以外虚设的等效电荷来代替导体表面上感应电荷的作用，且保持原有边界上边界条件不变。根据唯一性定理，空间电场将由原来的电荷和所有等效电荷产生的电场叠加而得。

问题　如图 14.26 所示，点电荷 q 与无限大导体平板组成一系统，试分析该系统电场强度的分布。

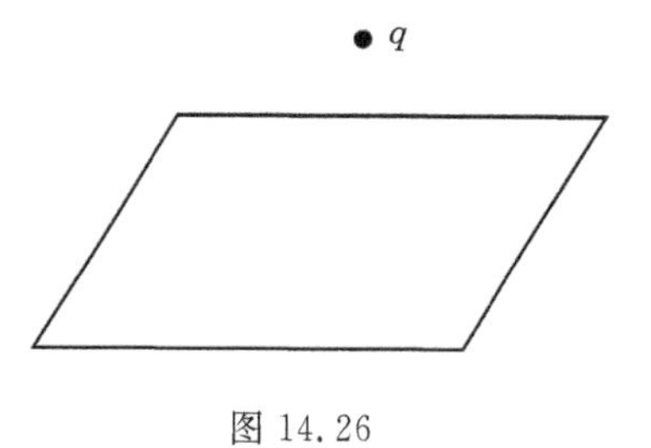

图 14.26

14.4.2　电容器的电容

1. 电容器

电容器简称电容，与电阻一样是组成电子电路的主要元件。它具有储存电能、充电、放电及通交流、隔直流的特性。实物如图 14.27 所示。

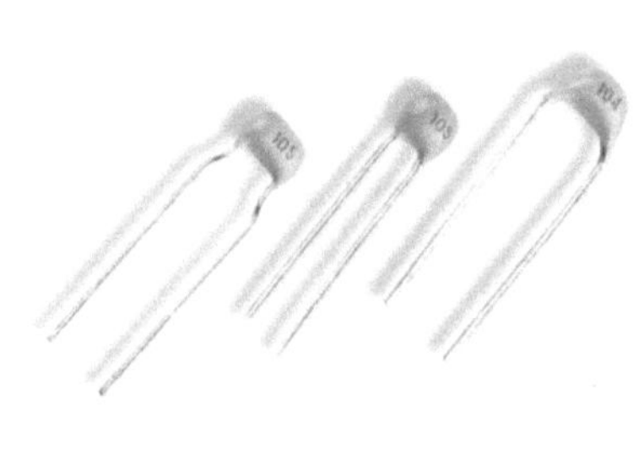

图 14.27

电容器是由两个相距很近的电极及其间的电介质材料构成。电介质材料是不导电或者导电性能极差的物质。事实上，任何两个彼此绝缘且相隔很近的导体间都构成一个电容器，如图 14.28 所示。两块相距很近的平行金属板，其间充入绝缘材料，就构成了平行平板电容器。两个金属电极称为电容器的极板。

观察电容器充放电过程的电路如图 14.29 所示。当开关 S 与 1 接触后，构成一回路，由灵敏电流计可以观察到短暂的电流，随后，平板电容器的上板带有正电荷，下板带有负电荷，且电量相等。使电容器带电的过程称为充电。充电过程中，电源所付出的部分能量储存在了电容器中。将开关 S 与 1 断开，与 2 相接，构成另一回路，由灵敏电流计也可以观察到短暂的电流，平板电容器的上板正电荷、下板负电荷逐渐减少，直至消失。使充电后的电容器失去电荷的过程称为放电。放电过程中，储存在电容器的能量转化为了其他形式的能量。电容器的充放电过程展示了电容器的储能作用。

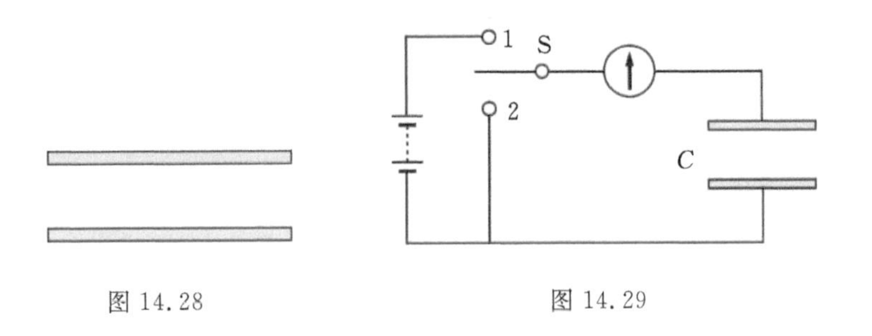

图 14.28　　图 14.29

2. 电容器的电容

充电后平行平板电容器的两极板带有等量异号的电荷，则在极板间建立起了匀强电场，如图 14.30 所示。设平板电容器板面积为 S，板间距离为 d，板间为真空，真空中的介电常数为 ε_0，极板电荷的绝对值为 Q。则板间匀强电场的大小为

$$E=\frac{Q}{\varepsilon_0 S}$$

板间电势差大小为

$$U=Ed=\frac{Qd}{\varepsilon_0 S}$$

$$\frac{Q}{U}=Q\Big/\frac{Qd}{\varepsilon_0 S}=\frac{\varepsilon_0 S}{d}$$

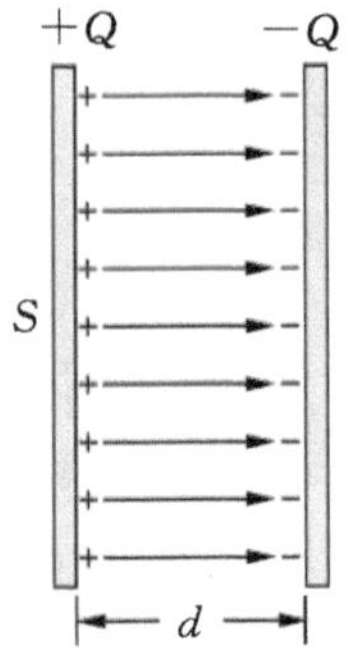

+Q　−Q　S　d

图 14.30

由以上两式可见，$\frac{Q}{U}$是一个与电容器带电量、极板间电压无关，而仅仅与电容器的结构参数（S，d）和两极板之间电介质参数有关的数值，即，$\frac{Q}{U}$表征了电容器本身的性质，称为电容器的电容。用 C 来表示，有

$$C=\frac{Q}{U} \tag{14.8}$$

在国际单位中，电容的单位为法拉（F），简称法。1 法拉$=\frac{1\text{ 库仑}}{1\text{ 伏}}$，此单位是以发现电磁感应现象的英国物理学家迈克尔·法拉第的名字而命名的。地球是一个很大的电容器，它的电容也只有 7.14×10^{-4} F$=714$ μF，若欲使一个球体的电容为 1×10^{-3} μF，则球体的半径约为 9 m。由此可见，法拉是一个很大的单位，常用的电容单位有微法（μF）、皮法（pF）。它们之间的关系如下

1 法拉（F）$=1\times10^{6}$ μF　　　1 法拉（F）$=1\times10^{12}$ pF

在平行平板电容器两极板间充满电介质时，可以证明其电容为

$$C_r=\frac{\varepsilon_r\varepsilon_0 S}{d}=\varepsilon_r C$$

其中 ε_r 是一个没有单位的纯数，且 $\varepsilon_r>1$，称为相对介电常数。可见，充入电介质的平行平板电容器较真空电容器的电容增大了 ε_r 倍。常用电介质的相对介电常数见表 14.1。

表 14.1 常用电介质的相对介电常数

电介质	空气	纯水	纸	玻璃	陶瓷	云母	聚乙烯	煤油
ε_r	1.0005	7～8	3.5	5.5～7	5.7～6.3	6～7	2.3	2

3. 常用电容器

电容器可以从多个方面进行分类。常见的分类为，固定电容器、可变电容器与微调电容器。固定与可变是指，在使用过程中该电容器的电容值是不变的或者是可变的，如图 14.31 所示。

图 14.31

问题 电容器常用技术指标及电容器外壳上数字的含义。

14.5 带电粒子在静电场中的运动

1. 带电粒子

带电粒子在静电场中受到静电力和重力的作用，因此带电粒子做加速运动。常见的带电粒子有以下几类：基本粒子，例如，电子、质子、离子等，这些粒子所受的重力与电场力相比要小得多，一般都忽略重力；带电颗粒，例如，液滴、油滴、尘埃、小球等，除非有特殊说明，否则这类粒子的重力是不能忽略的；某些带电体，它们的重力是否可以忽略要取决于题目给定的条件及其运动状态。

2. 带电粒子在均匀电场中的运动

带电粒子在电场中的运动形式取决于其在电场中的受力情况和初始状态。可能有以下几种情况：保持平衡、匀变速直线运动、匀变速曲线运动、圆周运动。下面我们重点讨论匀变速直线运动和匀变速曲线运动。

(1)匀变速直线运动。

如图 14.32(a)所示为电子示波器，简称示波器。它能够简洁地显示出各种电压的信号波形，并且可以对一切能转化为电压的电学量(例如电流、电功率、阻抗等)和某些非电学量以及它们随时间的变化进行实时观察，因此，示波器是使用最广泛的电子仪器。熟练地使用示波器是十分有用的。

如图 14.32(b)所示为电子示波器的心脏——示波管。示波管的主要部件有：电子枪、偏转板、后加速级、荧光屏、刻度格子，如图 14.32(c)所示。

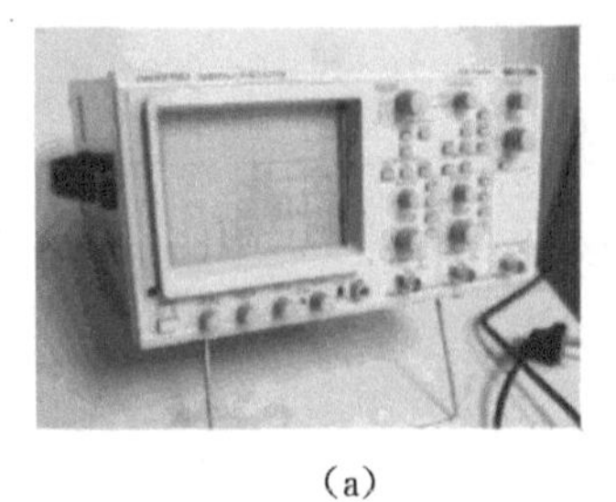
(a)

(b)

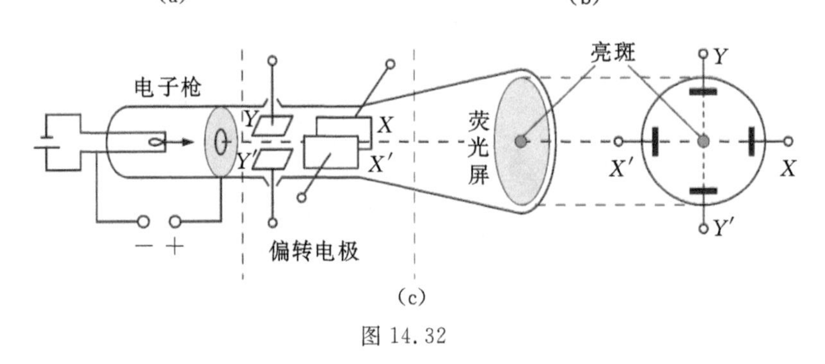

(c)

图 14.32

如图 14.33 所示。在真空中有一对平行金属板，两板间距为 d，两板间电压为 U。若一质量为 m，带电量为 $q(q>0)$ 的粒子，某一时刻从正极板某处沿电场方向以速度 v_1 进入板间，该粒子在板间如何运动？该粒子到达负极板处时的速度 v_2 如何表示？

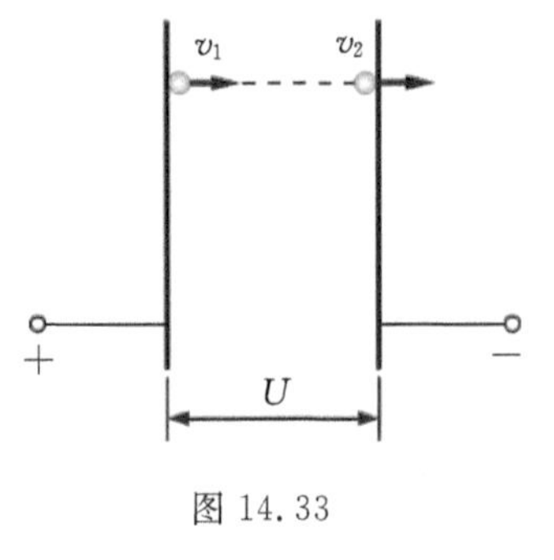

图 14.33

运动过程分析：该粒子进入电场后，始终受到水平向右的恒力作用，该力大小为

$$F = q\frac{U}{d}$$

由于初始速度 v_1 沿电场方向，与粒子受力方向一致，该粒子之后将做匀加速直线运动。由牛顿第二定律，有

$$F = q\frac{U}{d} = ma$$

得其运动的加速度大小为

$$a = \frac{qU}{md}$$

该粒子到达负极板处时的速度为

$$v_2^2 = v_1^2 + 2ad = v_1^2 + \frac{2qU}{m}$$

$$v_2 = \sqrt{v_1^2 + \frac{2qU}{m}}$$

也可用质点动能定理给予解释。粒子在运动过程中，合外力所做的功为

$$A = qU$$

粒子的初动能为 $E_{k1} = \frac{1}{2}mv_1^2$，末动能为 $E_{k2} = \frac{1}{2}mv_2^2$，动能的增量为

$$\Delta E_k = \frac{1}{2}mv_2^2 - \frac{1}{2}mv_1^2$$

由质点动能定理可得

$$qU = \frac{1}{2}mv_2^2 - \frac{1}{2}mv_1^2$$

由上式解得该粒子到达负极板处时的速度为

$$v_2 = \sqrt{v_1^2 + \frac{2qU}{m}}$$

与前面利用匀加速直线运动规律和牛顿第二定律得出的结论相同。

问题 如果两板是其他形状，其间的电场是非均匀电场时，以上结果是否适用？

在示波管中，电子由灯丝到栅极之间的运动如上所述。最终电子由栅极上的小孔进入电子偏转系统。一般只有运动初速度大的少量电子，在电场的作用下才能穿过栅极小孔，射向荧光屏。

例 14.5 下列粒子从初速度为零的状态经过电压为 U 的加速电场后，哪种粒子的速度最大？哪种粒子运动的时间最长？

(1)质子；(2)氘核；(3)氦核；(4)氚核。

解 初速度为零的粒子经过电压为 U 的电场加速后，其速度大小为

$$v = \sqrt{\frac{2qU}{m}}$$

由上式可见，当加速电压 U 一定时，速度的大小取决于$\frac{q}{m}$。由于质子的$\frac{q}{m}$最大，所以加速后质子的速度最大。

由 $v=\sqrt{\frac{2qU}{m}}=at=\frac{qU}{md}t$，可得粒子运动时间为

$$t = \sqrt{\frac{2md^2}{qU}}$$

由上式可见，当加速电压U、极板之间距 d 一定时，运动时间的大小取决于$\frac{m}{q}$。由于，氘核和氦核的$\frac{m}{q}$最大，所以氘核和氦核的运动时间最长。

例 14.6 如图 14.34 所示，M、N 为真空中竖直放置的一对平行金属板。一质量为 m，带电量为$-q(q>0)$的带电粒子，以初速度 v_0 由小孔进入板间，当 M、N 间电压为U 时，粒子刚好可以到达 N 板。如果欲使该带电粒子刚好可以到达 M、N 两板间距的一半处，则下列方法能满足要求的是：(1)使初速度减半；(2)使 M、N 间电压加倍；(3)使 M、N 间电压提高为原来的 4 倍；(4)使初速度和 M、N 间电压都加倍。

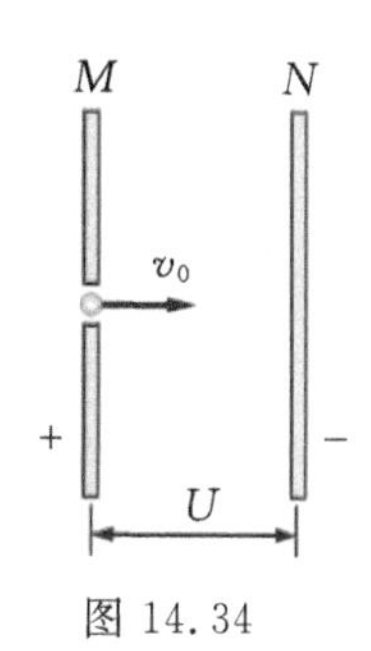

图 14.34

解 由质点动能定理，有

$$-qU = -\frac{1}{2}mv_0^2 \qquad ①$$

欲使该带电粒子在 M、N 两板间距的一半处，设此时粒子初速度为 v'_0，M、N 间电压为 U'，由质点动能定理，有

$$-q\frac{U'}{2}=-\frac{1}{2}mv_0'^2 \qquad ②$$

比较①②两式，有

$$\frac{2U}{U'}=\frac{v_0^2}{v_0'^2}$$

由上式分析可知，保持入射初速度 v_0 不变，且使 M、N 间电压加倍，就可使该带电粒子在 M、N 两板间距的一半处。

(2)带电粒子在均匀电场中的偏转。

如图 14.35 所示。真空中放置了一对平行金属板。将两金属板接上电源，则在两板间建立起了匀强电场。两板间的电压为 U，板间距离为 d，金属板长为 l。若一质量为 m，带电量为 $-q(q>0)$ 的粒子，某一时刻以初速度 v_0 沿垂直于电场的方向进入电场，则该粒子在板间如何运动？如果该粒子能够射出电场，其运动状态如何？(粒子在板间运动时，不考虑其重力的影响。)

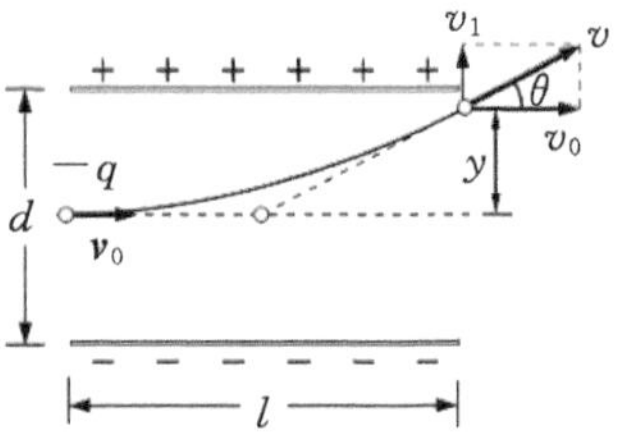

图 14.35

分析过程如下：带电粒子进入电场将受到竖直向上的电场力，其大小为

$$F=q\frac{U}{d}$$

所以整个运动过程在垂直于板面的方向上做初速度为零的匀加速直线运动，加速度为

$$a=\frac{F}{m}=\frac{qU}{md}$$

带电粒子在平行于板面的方向不受力，所以就保持速度为 v_0 的匀速直线运动。其在水平方向的运动时间为

$$t=\frac{l}{v_0}$$

带电粒子射出电场时，在垂直于板面的方向偏移的距离为

$$y=\frac{1}{2}at^2=\frac{1}{2}\cdot\frac{qU}{md}\cdot\left(\frac{l}{v_0}\right)^2$$

带电粒子射出时，在垂直于板面方向上的速度为

$$v_\perp=at=\frac{qU}{md}\cdot\frac{l}{v_0}$$

离开电场时带电粒子的运动方向与原来入射时带电粒子的运动方向之间的夹角 θ，称为带电粒子的偏转角。其大小为

$$\mathrm{tg}\theta=\frac{v_\perp}{v_0}=\frac{qUl}{mdv_0^2}$$

如果该粒子能够射出电场，考虑重力的话，粒子做斜上抛运动。不考虑重力的话，则沿着偏转角方向做匀速直线运动。

例 14.7 如图 14.36 所示，若一质量为 m，带电量为 $q(q<0)$ 的粒子，从 A 点以速度 v_0 沿垂直于电场的方向进入电场，并从另一侧 B 点沿与电场方向成 150°方向射出。试求 A、B 间的电势差(重力忽略不记)。

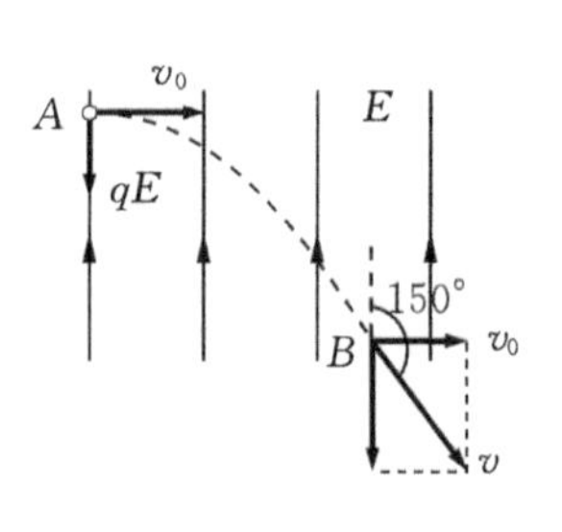

图 14.36

解　由速度分解图可知，该粒子射出电场时的速度大小为

$$v = \frac{v_0}{\cos(150^\circ - 90^\circ)} = \frac{v_0}{\cos 60^\circ} = 2v_0 \qquad ①$$

设 A、B 间的电势差为 U，粒子在 A、B 间的电势能增量为

$$\Delta W = qU$$

粒子运动的过程中，电场力所做的功为

$$A = -\Delta W = -qU$$

由质点动能定理可得

$$A = -qU = \frac{1}{2}mv^2 - \frac{1}{2}mv_0^2 \qquad ②$$

(1)、(2)式联立，解得 A、B 间的电势差为

$$U = -\frac{3}{2}\frac{mv_0}{q}$$

同学们也可以试着采用运动学方法求解。

示波管的偏转系统是控制电子射线方向的，使荧光屏上的光点随外加信号的变化描绘出被测信号的波形。图 14.32(c)中，Y、Y'和 X、X'是两对互相垂直的偏转板，它们组成一个偏转系统。两对偏转板分别加上电压，使两对偏转板间各自形成电场，分别控制电子束在垂直方向和水平方向偏转。如果在偏转电板 Y、Y'和 X、X'之间都没有加电压，则通过栅极小孔的电子束将沿直线传播，打在荧光屏中心，形成一个亮斑，如图 14.32(c)所示。

14.6　电场能量

观察电容器充放电过程的电路如图 14.29 所示。当开关 S 与 1 接触后，使电容器充电。充电过程中，电源所付出的部分能量储存在了电容器中。设电容器的电容为 C，极板间的距离为 d，某一时刻 t，电容器两极板间的电压为 u，两极板上的电量分别为 q，$-q$。此时，欲将 $\mathrm{d}q$ 的正电荷由负极板经由电容器内部搬运到正极板，电源需要做功为

$$\mathrm{d}A = \mathrm{d}q \cdot u$$

$$u = \frac{q}{C}$$

则有

$$\mathrm{d}A = \mathrm{d}q \cdot \frac{q}{C}$$

在极板带电从 0 达到 Q 的整个过程中，电源需要做功为

$$A = \int_0^Q \mathrm{d}q \cdot \frac{q}{C} = \frac{1}{2}\frac{Q^2}{C}$$

电源所做的功等于带电量为 Q，电容为 C 的电容器所贮存的能量。即

$$W_e = \frac{1}{2}\frac{Q^2}{C} \qquad (14.9)$$

不管电容器的形状如何，公式(14.9)都是适用的。

习　题

14.1　将一带负电的金属小球放置于潮湿的空气中，经过一段时间以后，发现该金属小球上的净电荷几乎不存在了。试解释原因。该现象是否符合电荷守恒定律。

14.2　将两个完全相同的金属小球接触后再分开，两小球相互排斥，试分析两金属小球原来的带电情况。

14.3　如图所示。原来不带电的绝缘金属导体MN，在其两端下面都挂有验电金属箔，如使带负电的绝缘金属球A靠近导体的N端，试描述所观察到的现象并判断两金属箔上的电荷种类。

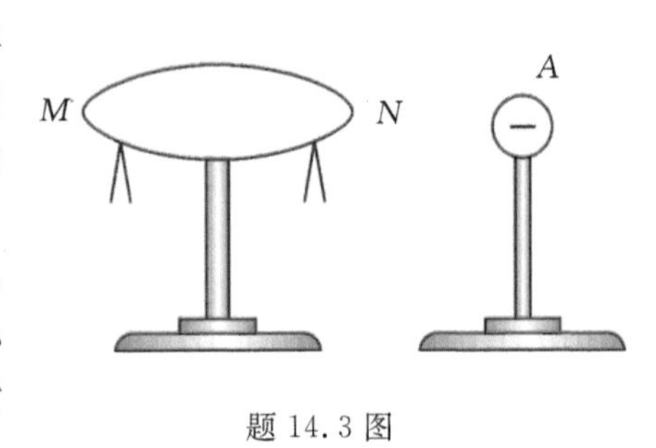

题 14.3 图

14.4　真空中有两个完全相同的金属小球A、B，带电量分别为$-q$、$2q$，现有与A、B完全相同的金属小球C，当C依次与A和B接触一次再分开，试求此时A、B的带电量。

14.5　一带电的金属小球，利用它使两个金属小球带异种电荷，而又不改变它自身的电量。试分析该如何操作。

14.6　两个相距很远、带有同种电荷、完全相同的金属小球，其电量分别为q_1、q_2，将它们接触后再放回原处，试问它们之间的相互作用力是否改变。

14.7　如图所示。三个完全相同的金属小球a、b、c，均带有正的电荷，电量为q，分别放置于边长为l的等边三角形的三个顶点上，假设它们的位置不变：

(1)试求任一金属小球所受的力以及该系统所受的合力；

(2)若将金属小球c移至其对边的中点P，试求该金属小球所受的力以及该系统所受的合力。

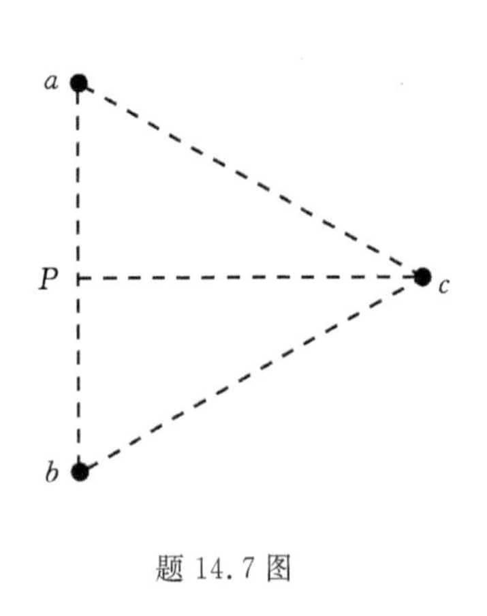

题 14.7 图

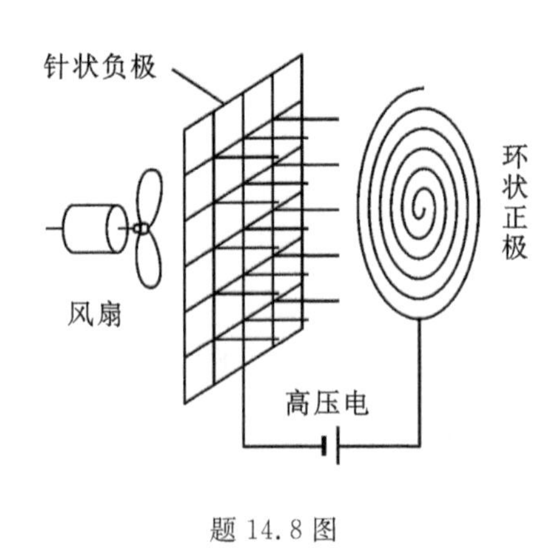

题 14.8 图

14.8　空气中的负氧离子对人的健康极为有益。氧吧通常采用人工产生负氧离子，以使空气清新。常见的是采用电晕放电法，其装置示意图如图所示，试解释其工作原理。

14.9　试求以下三种情况下，P点电场强度的大小并描述P点电场强度的方向。

(1)在电场中的 P 点放入电量为 3.2×10^{-8} C 的点电荷，测得静电场力大小为 8×10^{-6} N；

(2)在电场中的 P 点放入电量为 -3.2×10^{-8} C 的点电荷，测得静电场力大小为 8×10^{-6} N；

(3)在电场中的 P 点未放入电荷。

14.10　如图所示。直角三角形 ABC 中，$AB=4$ cm，$BC=3$ cm。电量分别为 q_1、q_2 的点电荷置于顶点 A、B 处，测得 C 点的电场强度大小为 10 V·m^{-1}，方向如图所示。试求 q_1、q_2 的大小。

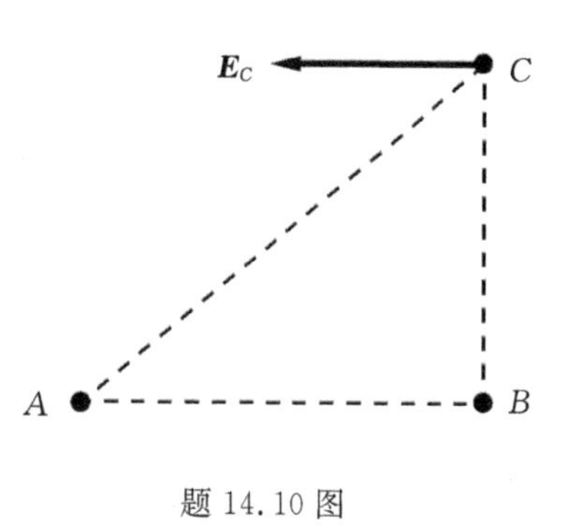

题 14.10 图

14.11　如图所示为等量异号点电荷系统的电力线，O 是两电荷连线的中点，E、F 关于 O 点上下对称，B、C、A、D 关于 O 点左右对称。试分析 B、C 和 E、F 点的电场强度关系以及由 E 到 F 的过程中电场强度大小的变化趋势。

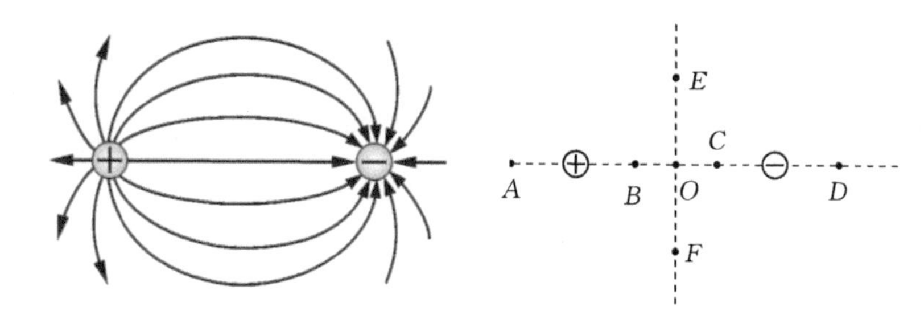

题 14.11 图

14.12　如图所示。三个质量相等，分别带正电、负电和不带电的粒子，由极板左侧中央以相同的水平速度 v 依次垂直进入匀强电场，最终分别落在正极板的 a、b、c 处。粒子的重力不可忽略。试比较三个粒子在电场中运动的加速度大小并分析落在 c 处粒子的电性。

14.13　如图(a)中 AB 为点电荷电场中的一条电力线，图(b)为放置于电场线 a、b 两点的试验电荷的电量与所受静电场力大小的关系图。试分析场源电荷的种类及其所处的位置(a 的左侧、ab 之间、b 的右侧)。

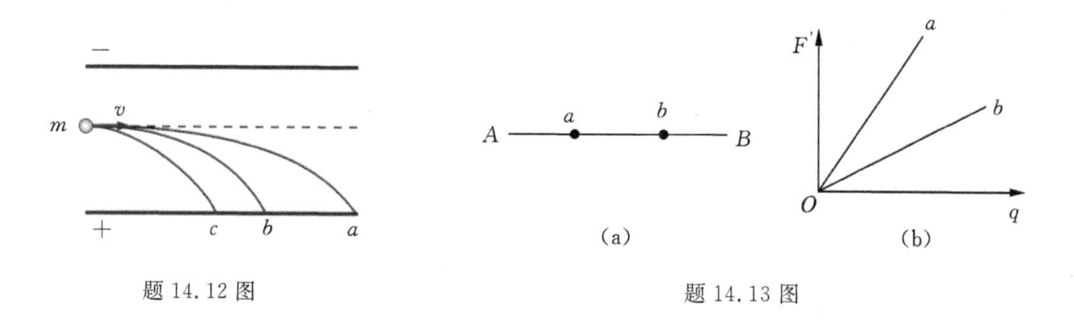

题 14.12 图　　题 14.13 图

14.14　如图所示。在电场强度为 E 的匀强电场中，过 O 点的绝缘线悬挂一带电小球，其质量为 m。当小球静止时，悬线与竖直方向的夹角 $\theta=45°$。现将小球拉至竖直位置的最低点 A，欲使小球绕 O 点在竖直平面内做圆周运动，试求此时应给予小球最小的、水平向左的初速度大小。

14.15　如图所示为等量异号点电荷的电力线与等势面，试由图分析 A、B 两点的电场强度、电势的关系；C、D 两点的电场强度、电势的关系。

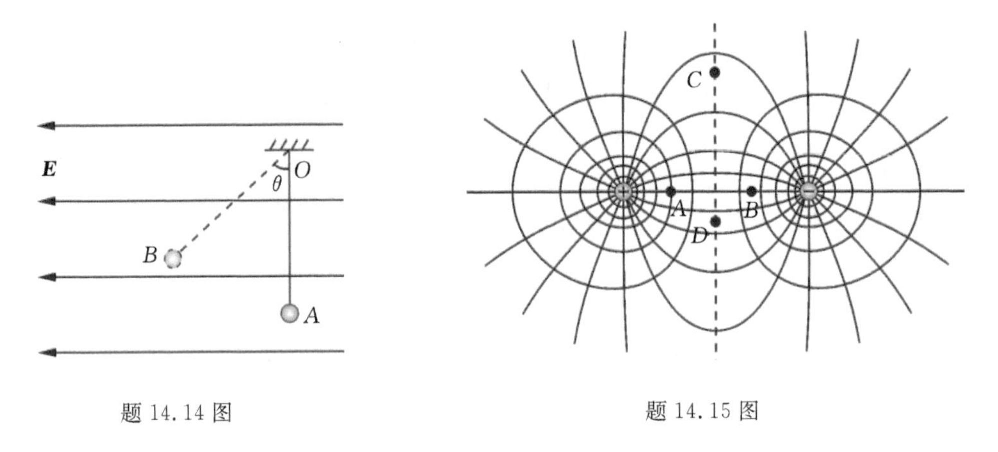

题 14.14 图　　　　题 14.15 图

14.16　如图所示。$ABCD$ 是正方形的四个顶点，有一匀强电场的电场线与正方形的平面平行。该电场中 A、B、C 三点的电势依次为 $U_A=6.0$ V，$U_B=4.0$ V，$U_C=-2.0$ V。试求：

(1)D 点的电势；

(2)画出过 A 点的电力线。

14.17　如图所示。虚线为静电场中的等势面，相邻等势面之间的电势差相等，其中 $U_3=0$ V。带正电的点电荷经过 a、b 点时的动能分别为 26 eV，5 eV。当该点电荷运动到某一位置，其电势能变为 -8 eV 时，试求其动能。

14.18　如图所示。电场强度大小为 $E=1\times10^3$ N/C 的匀强电场中，矩形路径 $abcd$ 的 ab 边与电力线平行，ad 边与电力线垂直，$ab=3$ cm，$ad=2$ cm。将点电荷沿该矩形移动一周，试求：

(1)静电场力所做的功；

(2)ab 两点的电势差；

(3)ad 两点的电势差。

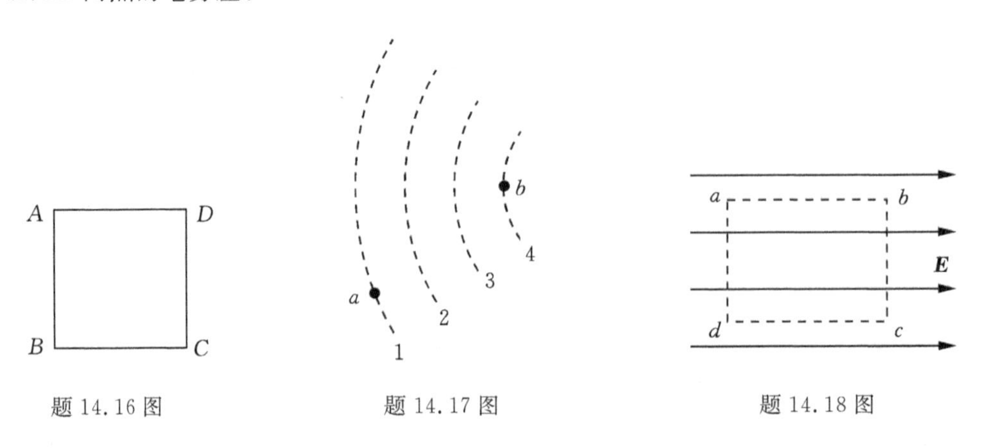

题 14.16 图　　　　题 14.17 图　　　　题 14.18 图

14.19　如图所示。地面的上方有匀强电场，在电场中以点O为圆心，$R=10$ cm为半径，在竖直平面内做一个圆，圆平面与匀强电场的电力线平行。在O点固定电量为$q=-5\times10^{-4}$ C的点电荷。若将质量为$m=3$ kg，电量为$q_0=2\times10^{-10}$ C的带电小球置于圆周上的a点时，该电荷恰好静止不动，试求：

(1)匀强电场的电力线与Oa连线的夹角θ；

(2)若将带电小球由a点缓慢移动到圆周最高点b，外力所做的功。

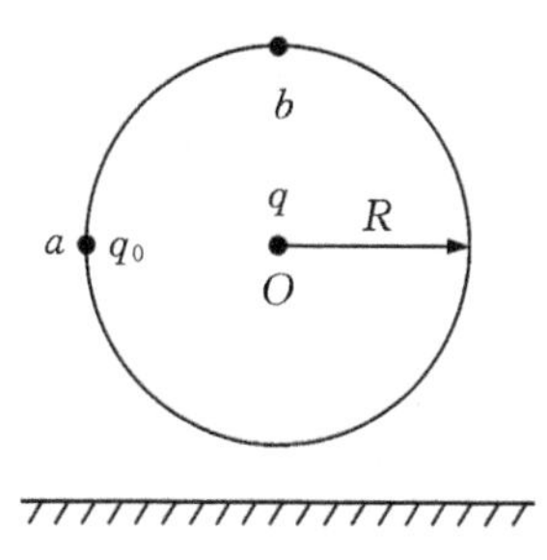

题14.19图

14.20　如图所示。电子在电势差为U_1的加速电场中由静止开始运动，然后射入电势差为U_2的两块平行极板间的电场中，入射方向与极板平行，整个装置放置于真空中，重力忽略不计。在满足电子能够射出平行板区域的条件下，以下四种情况中，哪种情况一定能使电子的偏转角φ变大。

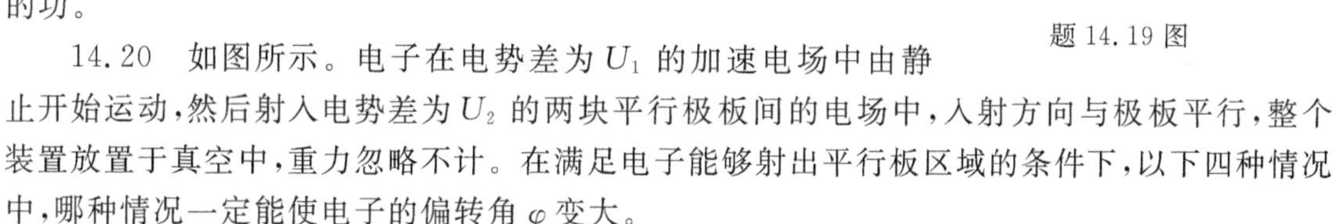

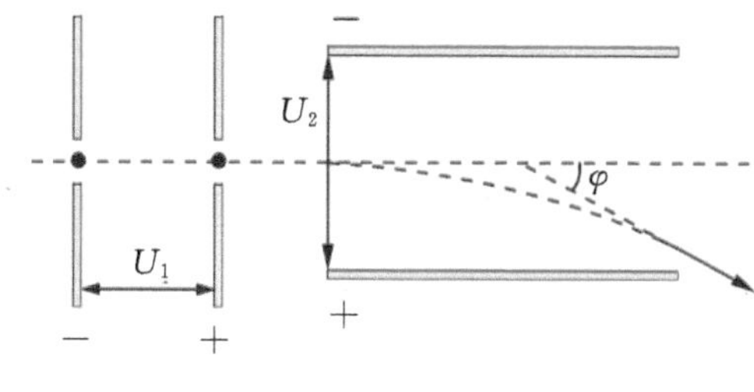

题14.20图

A. U_1变大、U_2变小；　　B. U_1变小、U_2变大；

C. U_1变大、U_2变大；　　D. U_1变小、U_2变小。

14.21　如图所示。虚线表示真空中一点电荷Q的两个等势面，实线表示一带负电q的粒子的运动轨迹。不考虑粒子的重力，试分析：

(1)Q电荷的正负；

(2)A、B、C点电势的大小关系；

(3)A、B、C点电场强度的大小关系；

(4)该粒子在A、B、C点动能的大小关系。

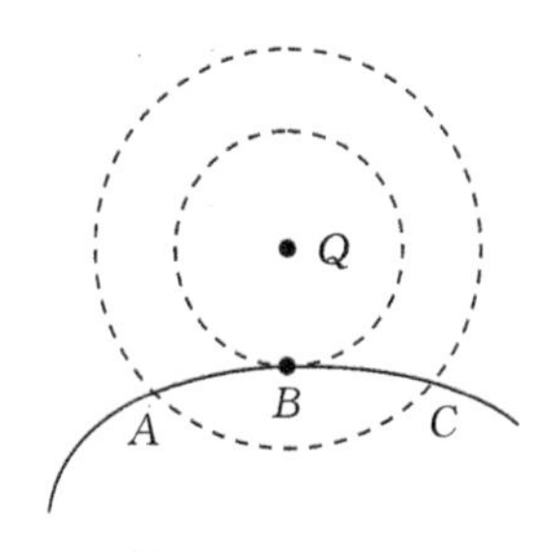

题14.21图

14.22　离子发动机飞船，其原理是用电压U加速一价惰性气体离子，将它高速喷出后，飞船得到加速，在氦、氖、氩、氪、氙中选用了氙，理由是用同样电压加速，它喷出时(　)。

A. 速度大　　B. 动量大　　C. 动能大　　D. 质量大

14.23　如图所示。在水平方向的匀强电场中，一不可伸长的不导电细绳的一端连着一个质量为m的带电小球、另一端固定于O点。现将小球拉起直至细绳与场强平行，然后无初速度释放。已知小球摆到最低点的另一侧时，绳与竖直方向的最大夹角为θ。试求小球经过最低点时，细绳对小球的拉力。

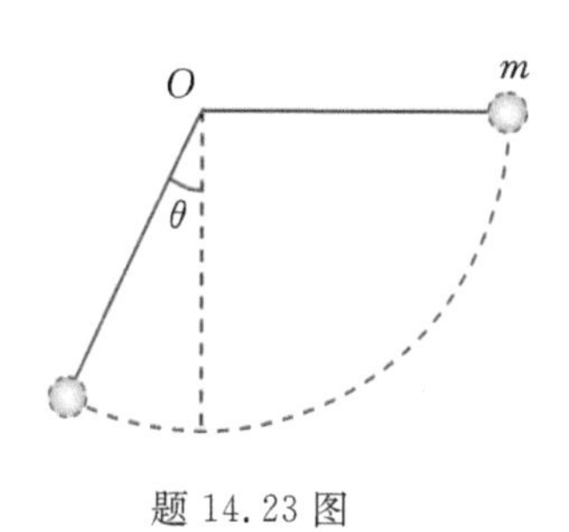

题14.23图

14.24　某电解电容器外壳上标有“25 V，470 μF”的字样，试分析下列说法。

A. 此电容器只能在直流 25 V 及以下电压才能正常工作；

B. 此电容器在交流电压的有效值为 25 V 及以下才能正常工作；

C. 当工作电压为 25 V 时，电容才是 470 μF；

D. 这种电容使用时，不需要考虑两极引出线的极性。

14.25　如 14.25 图(a)所示。真空中相距 $d=5$ cm 的两块平行金属板 A、B 与电源连接，其中 B 板接地，A 板的电势变化规律如题 14.25 图(b)所示。若将质量为 $m=2.0\times10^{-23}$ kg，电量 $q=1.6\times10^{-3}$C 的带电粒子由紧邻 B 板处释放，不计重力。试求：

(1)当 $t=0$ 时释放该带电粒子，释放瞬间粒子加速度的大小；

(2)若 A 板电势变化周期 $T=1.0\times10^{-5}$ s，当 $t=0$ 时将该带电粒子由 B 板处无初速度释放，则粒子到达 A 板时动量的大小。

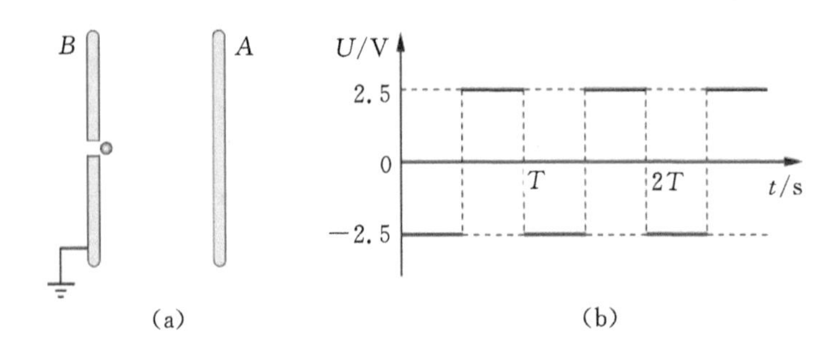

题 14.25 图

14.26　如图所示。真空中，相距 L 的两个点电荷 A，B，电量分别为 $-Q$、$+2Q$。若在两个点电荷连线的中点 O 处，放置半径为 $r(r<2L)$ 的空心金属球，且球心与 O 点重合。试求当该系统达到静电平衡时，金属球上的感应电荷在 O 点产生的电场强度。

14.27　如图所示是一静电除尘装置。一个盒状容器，侧面为绝缘的透明有机玻璃，上下为金属板，其间距 $L=0.05$ m，面积 $A=0.04$ m^2。将其连接至 $U=2500$ V 的高压电源的两极，则在上下板之间产生了匀强电场，其中间盛有均匀分布的烟尘颗粒，密度为 10^{13} 个/m^3，烟尘颗粒的质量 $m=2.0\times10^{-15}$ kg、带电量 $q=1.0\times10^{-27}$ C。假设这些烟尘颗粒都是静止的，不考虑烟尘颗粒的重力、相互作用力和空气阻力。合上开关后，试求：

(1)烟尘颗粒被全部吸收所需要的时间；

(2)除尘过程中，电场对烟尘颗粒所做的功；

(3)烟尘颗粒的总动能达到最大所需要的时间。

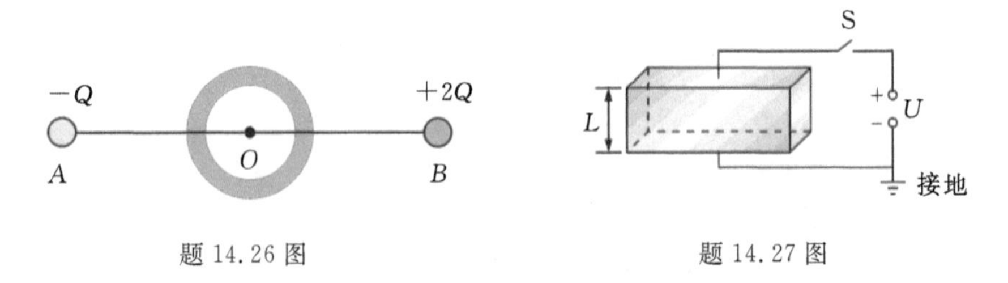

题 14.26 图　　题 14.27 图

14.28 如图所示。A、B 是一对平行金属板，在两板间加上周期为 T 的交变电压 u，A 板的电势 $U_A=0$，B 板的电势随时间的变化规律如图所示。现有一电子由 A 板上的小孔进入两板之间的电场区域。设电子的初速度和重力均可忽略，以下说法正确的是（　）。

A. 若电子是在 $t=0$ 时刻进入电场，它将一直向 B 板运动；

B. 若电子是在 $t=T/8$ 时刻进入电场，它可能时而向 B 板运动，时而向 A 板运动，最后打在 B 板上；

C. 若电子是在 $t=3T/8$ 时刻进入电场，它可能时而向 B 板运动，时而向 A 板运动，最后打在 B 板上；

D. 若电子是在 $t=T/2$ 时刻进入电场，它可能时而向 B 板运动，时而向 A 板运动。

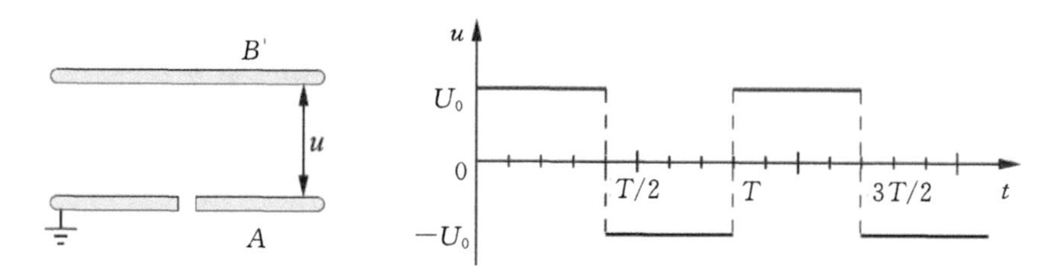

题 14.28 图

第15章 恒定电流

14.3节中我们知道,当导体达到静电平衡时,导体内部的电场强度为零,整个导体是个等势体,导体中的电荷不再做宏观移动。本章将研究在导体两端加上一定的电势差,导体内的电荷做宏观运动时所产生的电现象和遵循的基本规律。主要内容有:直流电(即恒定电流)的基本规律、电源电动势、含源电路欧姆定律及电路定律等。

15.1 直流电流

15.1.1 电流 电流密度

1. 电流的形成与电流强度

电荷在导体中做定向宏观移动的过程叫做电流(current)。电荷的携带者可以是各种不同的粒子。在第一类导体,即金属导体中,电荷的携带者是自由电子;在第二类导体,如酸、碱、盐的溶液等电解质中,是正离子和负离子;在导电(电离)的气体中,是正、负离子和电子。由电子或离子相对于导体的移动所形成的电流,称为传导电流(conduction current)。

金属中存在大量可以自由移动的电子,但在没有外加电场时,导体中的自由电子仅做不规则的热运动,此时导体内不存在电流。如果在导体两端维持一定的电势差,使导体内部场强不为零,则自由电子将在电场力作用下沿着与场强 E 相反的方向运动。这时如取一横截面 ΔS,则沿着与 E 相反方向穿过 ΔS 面的电子数将比沿 E 方向穿过 ΔS 面的电子数多。也就是说,在 Δt 时间内将有一定量的净电荷通过 ΔS 面。这样就形成了电流。由此可见,物体中产生电流的条件一是存在可以自由移动的电荷,即必须是导体;二是在导体两端存在电势差(电压),或者说导体内部存在电场。

虽然金属导体中的电流是自由电子的移动,然而实验表明,自由电子运动引起的电流与正电荷沿反方向运动引起的电流是等效的。我们把任何电荷的运动都等效地看作正电荷的运动,并把正电荷运动的方向规定为电流的方向。

为了描写导线中电流的强弱,引入电流强度(current intensity)这个物理量。如果在 Δt 时间内,通过 ΔS 截面的电量为 ΔQ,则通过该截面的电流强度 I 定义为 ΔQ 与 Δt 的比值,即

$$I=\frac{\Delta Q}{\Delta t} \tag{15.1}$$

上式说明,通过任一截面的电流强度,等于单位时间内通过该截面的电量。

如果 I 的数值随时间变化,就应当把 Δt 取得无限的短,用瞬时电流强度来表示电流的

强弱

$$I = \lim_{\Delta t \to 0} \frac{\Delta Q}{\Delta t} = \frac{\mathrm{d}Q}{\mathrm{d}t} \tag{15.2}$$

在 SI 单位制中，电流强度的单位是安培，用 A 表示。在电子学及某些电磁测量中安培的单位过大，常用毫安（1 mA=10^{-3} A）及微安（1 μA=10^{-6} A）等作为电流强度的单位。

2. 电流密度

电流强度是一个标量，它只表示单位时间内通过已知截面的电量。在一般情况下，导体中各处的电流大小和电荷运动的方向可能不同，即使在同一截面内的各点也可能不一样。为了描述导体中电流的分布情况，只有电流强度的概念是不够的，还必须引入一个新的物理量——电流密度矢量 $\boldsymbol{J}$。设在通有电流的导体内的 P 点处，取一面积元 ΔS，并使面积元与它上面的场强 E 的方向垂直。若通过 ΔS 的电流为 ΔI，则 $\Delta I/\Delta S$ 的极限值叫做该处电流密度的大小，即

$$J = \lim_{\Delta t \to 0} \frac{\Delta I}{\Delta S} = \frac{\mathrm{d}I}{\mathrm{d}S} \tag{15.3}$$

由于电荷在导体内 P 点的运动方向是该点的场强方向所决定的，所以导体内 P 点的电流密度的方向，就是该点场强的方向。电流密度的单位为安/米^2。

可以设想，导体中自由电子的密度越大，或者电荷做定向运动的速率越大，则电流密度和电流强度也越大。我们可以把导体中的 $\boldsymbol{J}$ 和导体中的载流子的密度以及载流子的迁移速度联系起来。为了简单起见，以金属导体中的电流为例来进行讨论。如图 15.1 所示，假设自由电子在导线中某点附近的定向运动的迁移速度为 $\bar{u}$（平均速度），其方向沿导线的轴线，则在 Δt 时间内，电子平均前进的距离为：$\Delta l = \bar{u}\Delta t$。在垂直于轴线方向取一小截面 ΔS，则包含在以

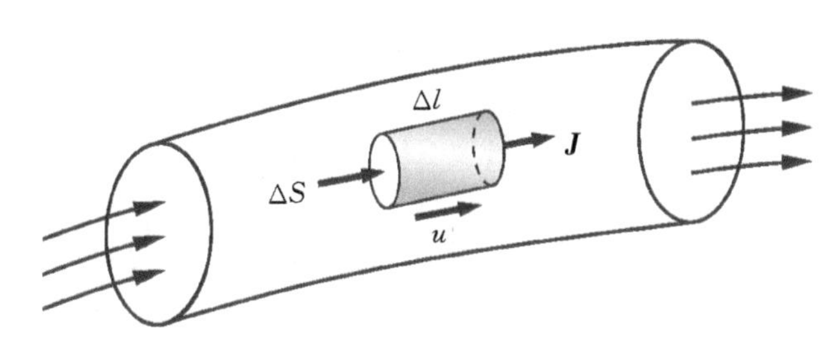

图 15.1

ΔS 为底、Δl 为高的小柱体内的自由电子将在 Δt 时间内通过 ΔS 面。因而在 Δt 时间内通过 ΔS 面的电量 ΔQ 为

$$\Delta Q = en\Delta S\Delta l = en\Delta S\bar{u}\Delta t \tag{15.4}$$

式中 n 表示导体中自由电子（即载流子）的密度，由此可求得通过 ΔS 面的电流强度 ΔI 为

$$\Delta I = en\Delta S\bar{u} \tag{15.5}$$

则该处的电流密度的大小为

$$J = \frac{\Delta I}{\Delta S} = en\bar{u} \tag{15.6}$$

用矢量表示为

$$\boldsymbol{J} = -en\bar{\boldsymbol{u}} \tag{15.7}$$

上式表明,金属中任一点的电流密度的大小等于该金属中自由电子密度 n、电子所带电量 e 和自由电子的迁移速度 $\bar{u}$ 的乘积,式中负号表示电流密度矢量 $\boldsymbol{J}$ 的方向与自由电子的迁移速度的方向相反。

一般说来,导体中各点的电流密度 $\boldsymbol{J}$ 是不相同的,这就构成了一个矢量场,叫做电流场。与电场一样可以用电流线来形象地表示电流场。这样电流线越密的地方,则该处的电流密度就越大。电流在粗细不均匀的导线中流动时,截面粗处电流线疏,电流密度小;而在截面细处电流线密,电流密度大。电流在大块导体中流动时,就形成了所谓体电流,电流分布一般是不均匀的。

金属中自由电子的平均热运动速度约为 10^5 米/秒,而自由电子做定向运动的迁移速度是非常小的,约为 10^{-4} 米/秒。热运动速度约为迁移速度的 10^9 倍。还应注意,不要把自由电子定向运动的迁移速度和电流在导体中传播的速度混为一谈。后者实际上是指电场在导体中传播的速度,它接近于光速。例如,当我们一按电源的开关,电灯立即亮了,这一事实说明在电路两端加上电压的瞬间。电场在整个电路中立即被建立起来,因而导线中各处的自由电子几乎同时受到电场的作用朝着同一方向迁移,而形成电流。

15.1.2 电源电动势

在直流电路中,电流存在的条件是导体两端要有恒定电势差,产生和维持这个电势差的是电源。我们知道,要维持电路中的恒定电流,依靠静电力显然是不行的,因为在静电力的作用下,正电荷只能从高电势向低电势的方向移动。如果要正电荷由低电势向高电势方向移动,就必须依靠某种与静电力本质上不同的非静电力,来克服静电力才能把正电荷由低电势移向高电势。能够提供这种非静电力的装置,就叫做电源。非静电力转移正电荷时做了功,这就说明了电源是把其他形式的能量转化为电势能的一种能源。

每个电源都有两个电极。电势高的极为正极,电势低的极为负极。在电路中,电源以外的部分叫做外电路,电源以内的部分叫做内电路。内电路和外电路连接而成一闭合电路。

对于不同的电源,把一定量的正电荷(或负电荷)从正极(或负极)绕闭合电路一周移送回正极(或负极),此时非静电力所做的功是不同的。我们用电动势来描述电源内非静电力做功的特性。电动势的大小等于把单位正电荷从负极经电源内部移到正极时非静电力所做的功。

电动势是一个标量,但它和电流一样规定有方向,通常把电源内部电势升高的方向,即从负极经电源内部到正极的方向规定为电动势的方向。电动势的单位和电势的单位相同,即伏特。

电源电动势的大小只取决于电源本身的性质。一定的电源具有一定的电动势,而与外电路无关。

应该指出,电流通过电源内部时,与外电路一样,也要受到阻碍。换句话说,电源内部也有电阻,叫做电源的内阻。

15.2 欧姆定律

对于电流通过一段均匀电路时的欧姆定律,我们已非常熟悉。但在实际电路中,经常会遇到包含电源在内的各种电路,下面我们将分别进行讨论。

15.2.1 闭合电路欧姆定律

含一个电源的闭合电路欧姆定律比较简单。在实际问题中,闭合电路可能包含有数个电源及负载。如图 15.2 所示是一蓄电池充电电路,电路中包含有一个电阻 R 和两个电源,一个是放电的直流电源,它的电动势为 $\mathscr{E}_1$,内阻为 r_1;另一个是被充电的蓄电池,它的电动势为 $\mathscr{E}_2$,内阻为 r_2。这两个电源电动势的方向相反,且 $\mathscr{E}_1>\mathscr{E}_2$。设电流 I 的方向如图中所示。对于电源 $\mathscr{E}_1$ 来说,电动势方向和电流方向一致,依靠电源内部非静电力做功,不断地把正电荷从低电势经电源内部移到高电势,使电源消耗本身的能量而转换为电能。对于电源 $\mathscr{E}_2$ 来说,电动势方向和电流方向相反,在正电荷从高电势经电源内部移到低电势时,非静电力做负功,即电源得到能量,有电能转换为电源的能量(蓄电池被充电)。因为 $\mathscr{E}_2$ 在电路上起了消耗电能的作用,所以,通常叫做反电动势。

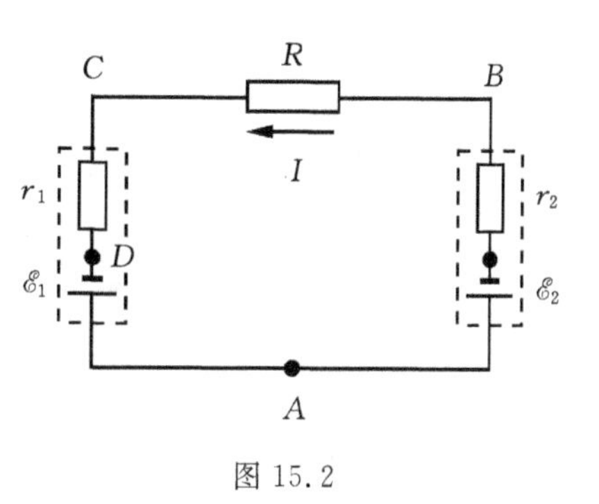

图 15.2

在这样的电路中,电流、电阻和电动势之间有什么关系呢? 因为电路上任何给定点的电势的量值只有一个,如果我们想象从闭合电路上任一点出发,如从 A 出发,沿着电路的任一方向绕闭合电路一周,如 $A\to B\to C\to D\to A$,可知电路各分段上,电压降的代数和必定为零。我们取电压降的方向为正方向,则可以写出

$$\mathscr{E}_2+Ir_2+IR-\mathscr{E}_1+Ir_1=0$$

移项得

$$\mathscr{E}_1-\mathscr{E}_2=I(r_1+r_2+R)$$

故

$$I=\frac{\mathscr{E}_1-\mathscr{E}_2}{r_1+r_2+R} \tag{15.8}$$

写成普遍形式为

$$I=\frac{\sum\mathscr{E}}{\sum R} \tag{15.9}$$

这就是闭合电路欧姆定律的普遍形式。式中 $\sum R$ 表示回路中各电阻之和,$\sum\mathscr{E}$ 表示回路中电动势的代数和。此式物理意义是,在闭合电路中 $I\propto\sum\mathscr{E}$,$I\propto\frac{1}{\sum R}$。电动势 $\mathscr{E}$ 的正负按如下规则确定:先假设回路中电流的方向,当电动势方向与电流方向相同时取正值;与电流方向相反时取负值。当求出的 I 值为正时,表示电流的方向与假设的方向相同,求出的 I 值为负时,表示电流的方向与假设的方向相反。

15.2.2 一段不均匀电路欧姆定律

如果所研究的是整个电路中某一段含有一个或多个电源的电路,此段电路称为不均匀电路(也称一段含源电路)。这时,显然不能应用一段均匀电路的欧姆定律,但是,我们可以从电路上电压降的观点来进行分析。

如图 15.3 所示(设电源无内阻)，ACB 这段电路上总的电压降是 $\mathscr{E}_1$、R_1、R_2、$\mathscr{E}_2$ 各段上电压降的代数和。我们设电路中电流方向如图中所示。在电路 ACB 上，从 A 到 C，经 $\mathscr{E}_1$ 的正极到负极，电压降为 $\mathscr{E}_1$，在电阻 R_1 上的电压降为 I_1R_1，从 C 到 B，由于循行方向和 I_2 方向相反，所以在电阻 R_2 上的电压降为 $-I_2R_2$，经电源 $\mathscr{E}_2$ 的负极到正极，电压降为 $-\mathscr{E}_2$，所以，ACB 这段电路上总的电压降为

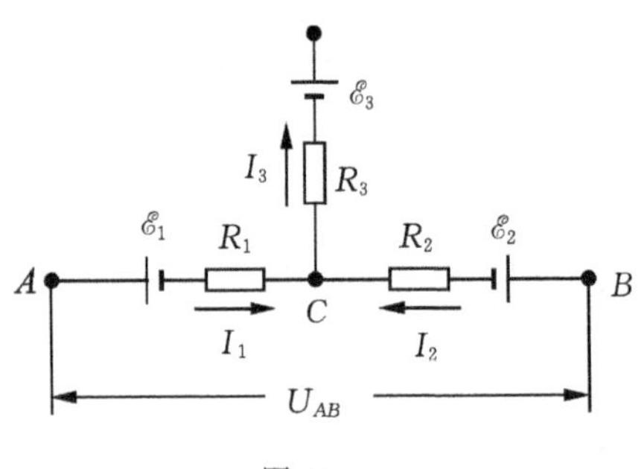

图 15.3

$$\begin{aligned} U_A - U_B &= \mathscr{E}_1 + I_1R_1 - I_2R_2 - \mathscr{E}_2 \\ &= (\mathscr{E}_1 - \mathscr{E}_2) + (I_1R_1 - I_2R_2) \end{aligned} \tag{15.10}$$

上式表示，一段不均匀电路上的电压降等于该段电路上各电源和各电阻上电压降的代数和。写成普遍的形式为

$$U_A - U_B = \sum \mathscr{E} + \sum IR \tag{15.11}$$

这就是一段不均匀电路的欧姆定律。式中正负号按如下规定：当绕行方向由电源的正极到负极时，电源提供的电压降为正，$\mathscr{E}$ 取正值；反之取负值。当绕行方向与电流方向一致时，电阻上的电压降为正，IR 取正值；反之取负值。当 $U_A - U_B$ 为正时，表示 A 点电势比 B 点电势高；$U_A - U_B$ 为负时，表示 A 点电势比 B 点电势低。

例 15.1 如图 15.4 所示的电路中(设电源无内阻)，电动势 $\mathscr{E}_1 = 2$ V、$\mathscr{E}_2 = 4$ V，电阻 $R_1 = R_2 = 2\ \Omega$、$R_3 = 6\ \Omega$。求：

(1)电路中的电流 I 为多少？

(2)A、B、C 相邻两点间电压为多少？并作图表示电路中各部分的电势升降。

解 (1)电动势 $\mathscr{E}_1$ 与 $\mathscr{E}_2$ 的方向相反，且 $\mathscr{E}_2 > \mathscr{E}_1$。设电路中电流的方向为如图中所示的逆时针方向。根据闭合电路的欧姆定律，有

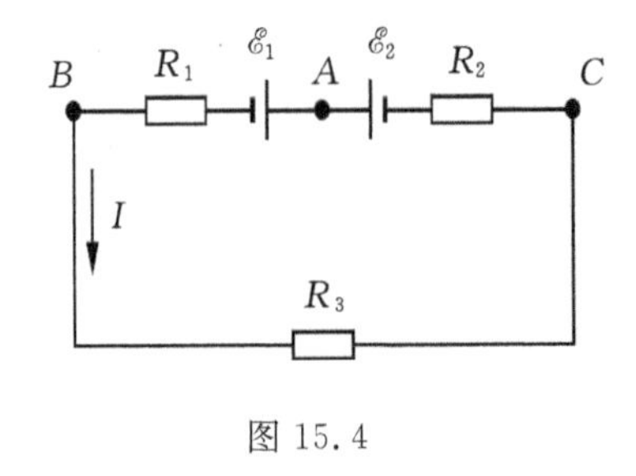

图 15.4

$$\begin{aligned} I &= \frac{\sum \mathscr{E}}{\sum R} = \frac{\mathscr{E}_2 - \mathscr{E}_1}{R_1 + R_2 + R_3} \\ &= \frac{4-2}{2+2+6} = 0.2\ \text{A} \end{aligned}$$

(2)根据一段不均匀电路的欧姆定律，A 与 C 两点之间的电压降为

$$\begin{aligned} U_A - U_C &= \mathscr{E}_2 - IR_2 \\ &= 4 - 0.2 \times 2 = 3.6\ \text{V} \end{aligned}$$

即 A 点的电势高于 C 点的电势。

C 与 B 两点之间的电压降为

$$\begin{aligned} U_C - U_B &= -IR_3 \\ &= -0.2 \times 6 = -1.2\ \text{V} \end{aligned}$$

即 C 点的电势低于 B 点的电势。

B 与 A 两点之间的电压降为

$$U_B - U_A = -\mathscr{E}_1 - IR_1$$
$$= -2 - 0.2 \times 2 = -2.4 \text{ V}$$

即 B 点的电势低于 A 点的电势。

从整个闭合回路来看，A、B、C 各点的电势是逐次降低的。若以 A 的电势为横坐标（设 A 点的电势为零），电势值为纵坐标，向下为负，则电路中各部分上的电势降如图 15.5 所示。从图中可以看出，当绕行的方向与电流方向相同时，每个电阻上的电势都是下降的。当电动势的方向与绕行方向相反时，电势也是下降的（如图 15.5 中 $\mathscr{E}_1$），仅当电动势方向与绕行方向一致时，电势才升高（如图 15.5 中 $\mathscr{E}_2$）。

经过绕行一周回到原来 A 点，即其电压降的代数和为零。

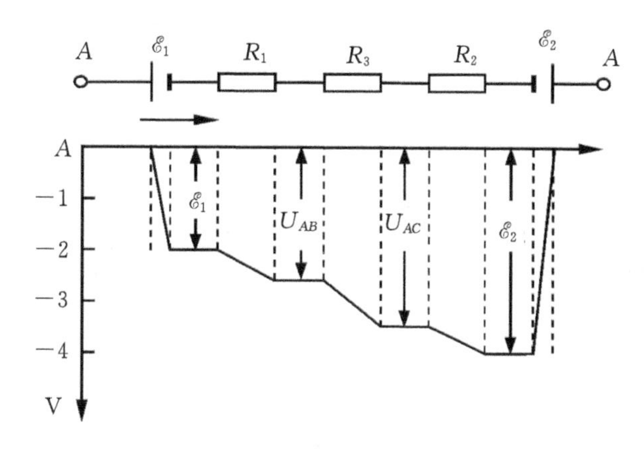

图 15.5

15.3 基尔霍夫定律

在实际中所遇到的电路，大多数是很复杂的。这些电路常常是由许多回路组合而成。如图 15.6 所示是两个电源并联使用时的电路，在这种情况下，应用欧姆定律计算电路中电流、电阻和电动势之间的关系，往往比较困难。基尔霍夫将欧姆定律进行了推广，给出了基尔霍夫定律来解决这种电路的问题。

15.3.1 基尔霍夫第一定律

如图 15.6 所示的复杂电路，是若干个支路（如 ACB、ADB、AFB）组成。当三个或三个以上的支路会合在电路中某一点时，该点就构成电路中的节点（如 A 点和 B 点），因此，支路也就是两节点间的一段电路。

基尔霍夫第一定律阐明的是电路中任一节点处各电流之间的关系。我们知道，在直流电路中的任何一点，包括节点在内，都不可能有电荷的累积，否则各点的电势就要随时间改变，也就是场强要改变，电流就不能保持恒定。因此，在任何时刻流入节点的电流的总和，必等于同时刻流出节点电流的总和。如果规定流入节点的电流为负，由节点流出的电流为正，则回路中任意节点处电流的代数和等于零，这就是基尔霍夫第一定律，也叫节点电流定律，写成普遍形式为

$$\sum_i I_i = 0 \qquad (15.12)$$

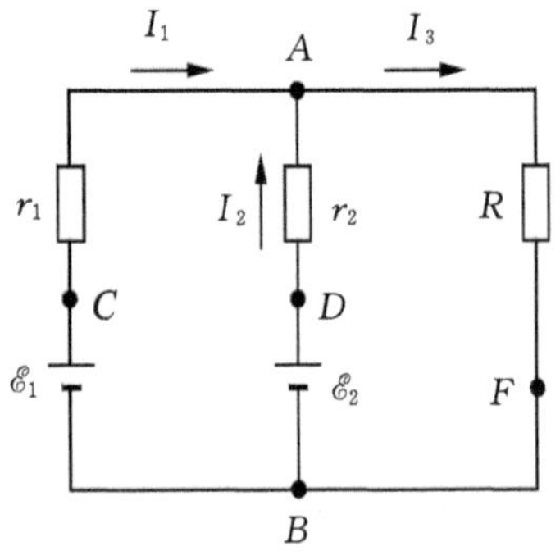

假定电流的方向如图 15.6 中所示，则对于节点 A 和 B 可列出方程

$$I_3 - I_1 - I_2 = 0 \quad 和 \quad I_1 + I_2 - I_3 = 0$$

应该指出，节点电流定律对于电路中每个节点都是适用的。如果电路中有 m 个节点，即得到 m 个方程，但其中只有 $m-1$个方程是独立的。如上面对 A、B 两节点虽可列出两个方程，但只有一个是独立的方程。在电路中电流的方向往往难以判定，因此，在列方程时，可以先任意假定电流 I 的正方向。当计算结果 $I>0$ 时，表示电流的方向与假定的正方向一致，$I<0$ 时，则表示电流的方向与假定的正方向相反。

图 15.6

15.3.2 基尔霍夫第二定律

基尔霍夫第二定律阐明的是电路中任一回路上各部分电压降之间的关系。如图 15.6 所示的 $ADBCA$ 回路可以看出，回路中各部分的电流是不相同的，因此，不能直接应用闭合回路的欧姆定律。但是，沿回路绕行一周时，电压降的代数和仍应该为零。对于 ABC 回路，若选取顺时针方向为绕行方向，则有

$$I_1 r_1 - I_2 r_2 = \mathscr{E}_1 - \mathscr{E}_2 \qquad (15.13)$$

上式表示，回路中电动势的代数和等于各电阻上电压降的代数和，这就是基尔霍夫第二定律，也叫回路电压定律，写成普遍的形式为

$$\sum IR = \sum \mathscr{E} \qquad (15.14)$$

同样应该指出，回路电压定律对于电路中任何闭合的回路都是适用的。在选取回路时，仍应注意它们的独立性。此外，在列方程时，回路的绕行方向是任意选定的，电流方向或电动势方向与绕行方向一致时，电流或电动势取正值；反之，取负值。

基尔霍夫定律是分析直流电路的基础，在处理复杂的电路时更显得重要。

例 15.2 如图 15.6 所示，电动势 $\mathscr{E}_1=2.15\ \mathrm{V}$ 、$\mathscr{E}_2=1.9\ \mathrm{V}$ ，内阻 $r_1=0.1\ \Omega$、$r_2=0.2\ \Omega$，负载电阻 $R=2\ \Omega$。求通过各支路的电流。

解 设 I_1、I_2 和 I_3 分别为通过各支路的电流，并假定电流方向如图中所示。根据基尔霍夫第一定律可列出节点 A 的电流方程为

$$I_3 - I_1 - I_2 = 0 \qquad ①$$

又根据基尔霍夫第二定律，对回路 $ADBCA$ 和 $AFBDA$ 可分别列出电压方程，设回路绕行方向为顺时针方向，则有

$$I_1 r_1 - I_2 r_2 = \mathscr{E}_1 - \mathscr{E}_2 \qquad ②$$

$$I_2 r_2 + I_3 R = \mathscr{E}_2 \qquad ③$$

式①、②、③组成联立方程组，代入电动势和电阻的数值，有

$$\begin{cases} I_1 + I_2 - I_3 = 0 \\ 0.1I_1 - 0.2I_2 = 0.25 \\ 0.2I_2 + 2I_3 = 1.9 \end{cases}$$

解此方程组，得

$$I_1 = 1.5\ \text{A}\ ,I_2 = -0.5\ \text{A}\ ,I_3 = 1\ \text{A}$$

上述结果中 I_2 为负值。说明 I_2 的方向与图中假设的方向相反。

15.3.3 基尔霍夫定律的应用

惠斯顿电桥是用比较法来测量电阻的仪器，如图 15.7 所示，图中 AC 是一根均匀的电阻丝，它的两端分别与待测电阻 R_x、已知电阻 R_0 相连接，组成一闭合回路 $ABCA$。G 为一灵敏电流计，其一端固定于 B 点，另一端 O 与可以在 AC 上滑动的接头 D 相连。A 与 C 两端通过电键 S、可变电阻 R 与电源 $\mathscr{E}$ 相接。设电源内阻很小，可以忽略。各分支电流方向如图中所示。

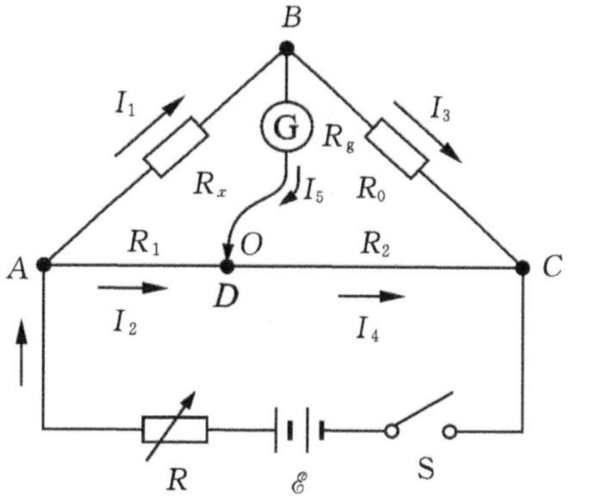

图 15.7

应用基尔霍夫第一定律，因有四个节点 A、B、C、D，可写出三个方程

$$\left.\begin{aligned} &\text{对于节点 } A: \quad I = I_1 + I_2 \\ &\text{对于节点 } B: \quad I_1 = I_3 + I_5 \\ &\text{对于节点 } D: \quad I_4 = I_2 + I_5 \end{aligned}\right\} \qquad ①$$

在电桥电路中取 $ABDA$、$BCDB$、$ADCA$ 三个独立回路，假定回路的绕行方向为顺时针方向，应用基尔霍夫第二定律，有

$$\left.\begin{aligned} I_1R_x + I_5R_g - I_2R_1 &= 0 \\ I_3R_0 - I_4R_2 - I_5R_g &= 0 \\ I_2R_1 + I_4R_2 + IR &= \mathscr{E} \end{aligned}\right\} \qquad ②$$

移动 D，使通过电流计的电流为零，$I_5=0$，由方程组①可得

$$I_1 = I_3 \qquad I_2 = I_4 \qquad ③$$

同时，由方程组②可得

$$I_1R_x = I_2R_1 \qquad I_3R_0 = I_4R_2 \qquad ④$$

将式③代入式④，得

$$\frac{R_x}{R_0} = \frac{R_1}{R_2} \tag{15.15}$$

这就是电桥平衡时所必须满足的条件，叫做电桥的平衡条件。

由上式可得待测电阻

$$R_x = R_0\frac{R_1}{R_2}$$

因为 AC 是截面均匀的电阻丝，所以 AD 与 DC 两段的电阻比 R_1/R_2 就等于它的长度之比 l_1/l_2，故上式可写成

$$R_x = R_0\frac{l_1}{l_2} \tag{15.16}$$

式中 R_0 为已知电阻，l_1 与 l_2 之比可以由测量得到，所以未知电阻 R_x 即可由上式计算出来。

思考题

15.1　导体中的电流是如何产生的？何谓电流密度？

15.2　如果通过导体中各处的电流密度并不相同，那么电流能否是恒定电流？为什么？

15.3　电动势与电势差之间有什么区别？

15.4　阐述基尔霍夫第一定律和第二定律。

习　题

15.1　将 $\mathscr{E}=1.5\ \mathrm{V}$，$r=0.1\ \Omega$ 的四个相同的蓄电池并联起来给它们充电，总电流强度为 10 A，此时每个蓄电池的端电压应是多少？

15.2　复杂电路中的一段如图中所示，求此段电路两端的电势差 U_{AB}。

15.3　如图所示，已知 $\mathscr{E}_1=12\ \mathrm{V}$，$\mathscr{E}_2=15\ \mathrm{V}$，$R_1=R_3=20\ \Omega$，$R_2=10\ \Omega$，求 a,b,c 三点的电势。

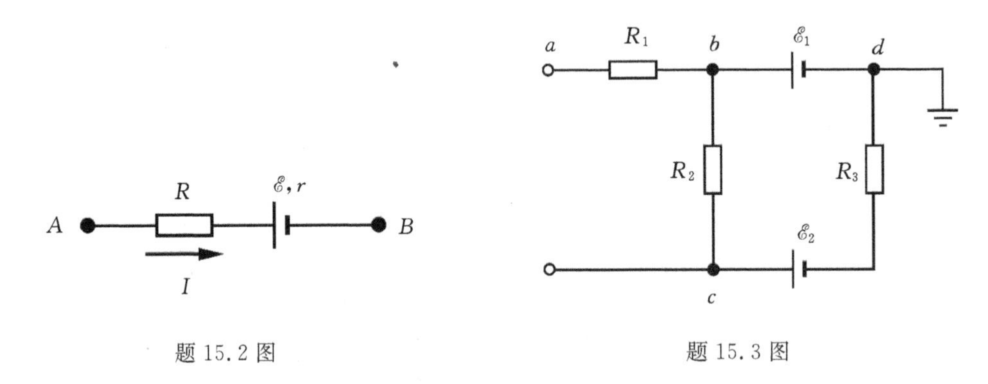

题 15.2 图　　　　题 15.3 图

15.4　如图所示，已知 $\mathscr{E}_1=\mathscr{E}_4=2\ \mathrm{V}$，$\mathscr{E}_2=\mathscr{E}_3=4\ \mathrm{V}$，$r_1=0.1\ \Omega$，$r_2=0.2\ \Omega$，$r_3=1\ \Omega$，$r_4=0.5\ \Omega$，$R_1=1.9\ \Omega$，$R_2=1.8\ \Omega$，$R_3=4\ \Omega$，$R_4=1.5\ \Omega$，求各支路的电流。

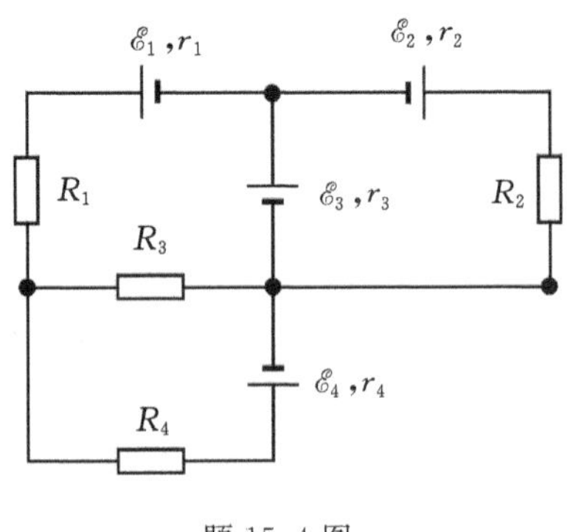

题 15.4 图

15.5 如图所示，已知 $\mathscr{E}_1=12\ \text{V}$，$\mathscr{E}_2=10\ \text{V}$，$\mathscr{E}_3=8\ \text{V}$，$r_1=r_2=r_3=1\ \Omega$，$R_1=2\ \Omega$，$R_2=3\ \Omega$。求：

(1)a、b 两点间的电势差；

(2)c、d 两点间的电势差。

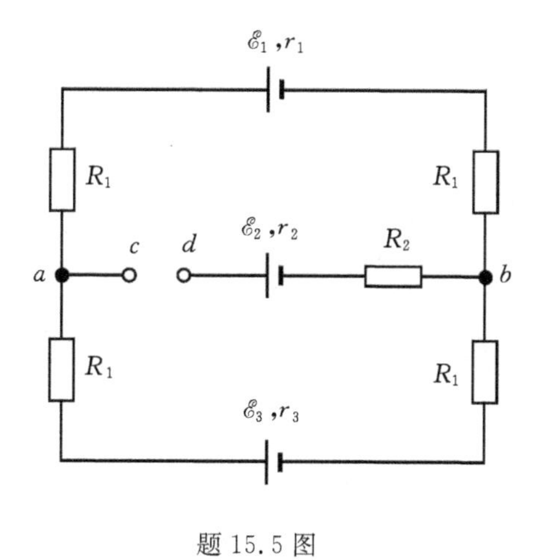

题 15.5 图

第 16 章 恒定磁场

恒定磁场即磁感应强度大小和方向保持不变的磁场，如磁铁和直流电所产生的磁场。本章主要讨论磁场的性质、磁场对电流的作用以及磁场对带电粒子的作用。

16.1 磁现象和磁场

16.1.1 磁现象 磁感应强度

1. 磁现象

(1)磁石。

中国是世界上最早发现磁现象的国家，早在战国末年就有磁铁的记载，人们发现磁现象已有 2500 多年！

《吕氏春秋》中就有“磁石召铁”的记载；《韩子非・有度》中记载的“司南”，即磁石琢磨成的指南针；《梦溪笔谈》中关于“磁石扁针锋，则能指南，然常微偏东，不全南也”的叙述记载了指南针的使用状态。如图 16.1 所示。

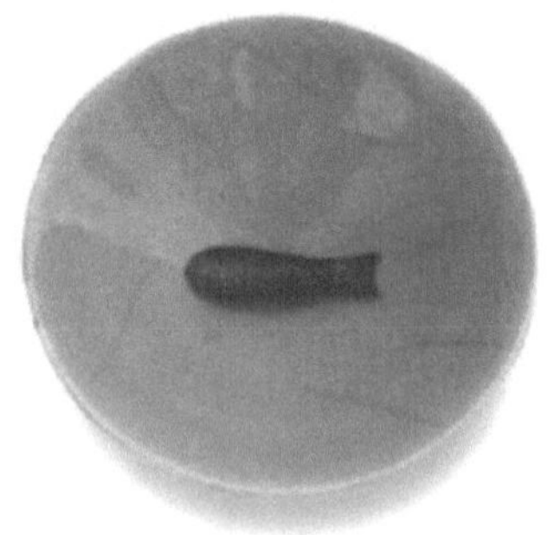

图 16.1

有些天然铁矿石在采出时就呈现磁性，古人称它为“慈石”，意为慈爱的石头，隐含了它能吸铁的特性。这名词后来逐渐演化为“磁石”，俗称“吸铁石”。

天然磁石的主要成分为四氧化三铁(Fe_3O_4)。现在使用的磁体多数是铁、钴、镍等金属或某些氧化物制成。天然磁石和人造磁体都称为永久磁铁。它们都能吸附铁质物体，我们将这种性质称为磁性。磁体的各部分磁性强弱不同，磁性最强的区域称为磁极。能够自由转动的磁体，如指南针的磁针，静止时指向南方的磁极称为南极，简称 S 极；静止时指向北方的磁极称为北极，简称 N 极。

除了古时已知道的磁铁矿外，人们在两千多年中还没有发现其他具有强磁性的物质。后来发现钴和镍也具有磁性。

磁现象是最早被人类认识的物理现象之一，磁场是广泛存在的，行星（如地球）、卫星、恒星（如太阳），星系（如银河系），以及星际空间和星系际空间，都存在着磁场。为了认识和解释其中的许多物理现象，必须研究磁场的性质。在现代科学技术和人类生活中，处处可遇到磁场，如发电机、电动机、变压器、电报、电话、收音机以至加速器、热核聚变装置、电磁测量仪表等无不与磁现象有关。甚至在人体内，伴随着生命活动，一些组织和器官内也会产生微弱的磁场。

(2)电流的磁效应、磁场。

历史上很长的一段时间里，电学和磁学的研究是彼此独立进行的。丹麦物理学家奥斯特坚信自然力统一的思想，认为光、磁、电、热等现象之间一定存在着某种内在的联系。例如，电荷有两种，磁极有两种；同种电荷相斥，异种电荷相吸，同名磁极相斥，异名磁极相吸；电荷之间的相互作用是非接触的，通过电场实现相互作用，磁极之间的相互作用也是非接触的，那也应该是通过“场”来实现的。但自然界中并不存在单一的磁极，即磁极不可能像电荷一样单独存在。

1820 年 4 月，在一次讲座上，奥斯特演示了电流磁效应实验，如图 16.2 所示。当伽伐尼电池与铂丝相连时，靠近铂丝的小磁针摆动了。这一不显眼的现象并没有引起听众们的注意，但奥斯特却非常兴奋，他接连三个月进行了深入地研究，终于在 1820 年 7 月 21 日宣布了实验的情况。

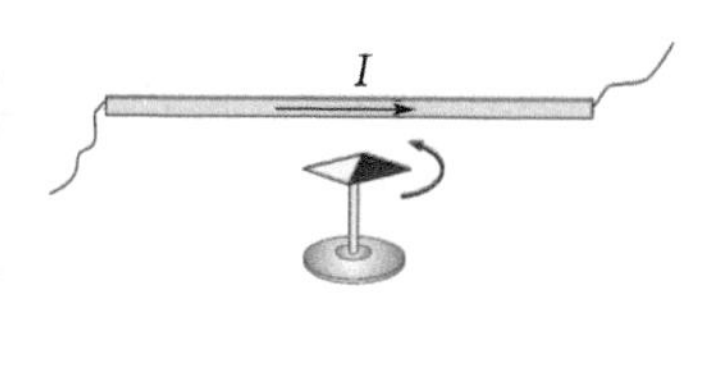

图 16.2

奥斯特将导线的一端和伽伐尼电池正极连接，导线沿南北方向平行地放在小磁针的上方，当导线另一端连到负极时，磁针立即指向东西方向。将玻璃板、木片、石块等非磁性物体插在导线与磁针之间，或甚至将小磁针浸在盛水的铜盒子里，磁针照样偏转。

奥斯特认为在载流导线的周围，发生一种“电流冲击”。这种冲击只能作用于磁性粒子上，而对非磁性物体是可以穿过的。磁性物质或磁性粒子受到这些冲击时，将阻碍它穿过，于是就被带动发生了偏转。

然后，将导线置于磁针的下面时，小磁针即向相反方向偏转；如果导线水平地沿东西方向放置，这时无论将导线置于磁针的上面还是下面，磁针始终保持静止。

奥斯特对磁效应的解释，虽然不完全正确，但并不影响这一实验的重大意义，它证明了电磁可以相互转化，第一次揭示了电和磁存在着联系，从而将电学和磁学联系起来。为电磁学的研究打下基础，也宣告了电磁学作为统一学科的诞生。

在此之后，法国物理学家安培等所做的实验和理论分析，阐明了载有电流的导线能产生磁场，以及载流导线之间存在着相互作用力，如图 16.3 所示。

实验发现，磁体与载流导线之间也存在相互作用力，如图 16.4 所示。

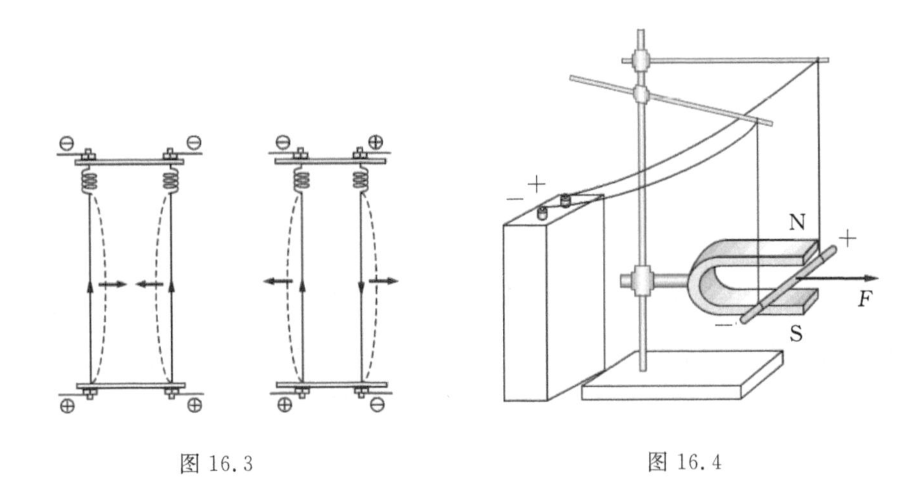

图 16.3　　图 16.4

以上的实验表明，磁体可以对磁体施以作用，电流可以对磁体施以作用，电流可以对电流施以作用，磁体可以对电流施以作用。那么磁体与磁体，电流与磁体，电流与电流之间到底是如何作用的？现在我们知道是通过磁场彼此相互作用的，那电流产生的磁场与磁体周围的磁场如何统一呢？

奥斯特发现电流磁场不久，有些物理学家就想到是否有些物质（如铁）所表现的宏观磁性也来源于电流。那时还未发现电子，但关于物质组成的原子论已有不小的发展。安培首先提出，铁之所以显现强磁性是因为组成铁块的分子内存在着永恒的电流环，这种电流没有像导体中电流所受到的那种阻力，并且电流环可因外来磁场的作用而自由地改变方向。这种电流在后来的文献中被称为“安培电流”或“分子电流”。

继安培之后，韦伯对物质磁性的理论又作了不少研究，促使其发展。虽然这些理论与现代理论相距尚远，但在今天对磁性物质的本质作初步描述时，仍基本上依据了安培的概念。

2. 磁感应强度 *B*

磁场对位于其中的电流或磁体施加于力的作用，这种力称为安培力。下面我们将从力的角度研究磁场性质和规律，并提出描述磁场本身性质的物理量——磁感应强度。它表征了磁场区域中任意一点磁场的强弱和方向。磁感应强度大，磁场强；磁感应强度小，磁场弱。该物理量之所以称为磁感应强度，而没有称为磁场强度，是由于历史上磁场强度一词已被使用了。

在研究电场时，我们通过试验电荷在场源电荷产生的电场中的受力情况，确定了电场在空间的分布情况。由如图 16.2 所示实验可知，我们可以使用在磁场中静止的磁针指向确定该点的磁场方向，即，小磁针静止时 N 极所指的方向规定为该点的磁感应强度方向。但我们知道，单独的磁极不存在！因此，我们没有办法测量单独磁极（N 极或 S 极）在磁场中的受力大小。磁场除了对磁体有作用力外，对位于其中的载流导线也有作用力。类似于点电荷的概念，在磁场中，我们引入“电流元”的概念。如图 16.5(a)所示，其中 I 为回路导线中的电流，L 为闭合回路导线中沿着电流方向的一小段。物理学中把很短一段载流导线中的电流 I 与导线长度 L 的乘积 IL 称为电流元。

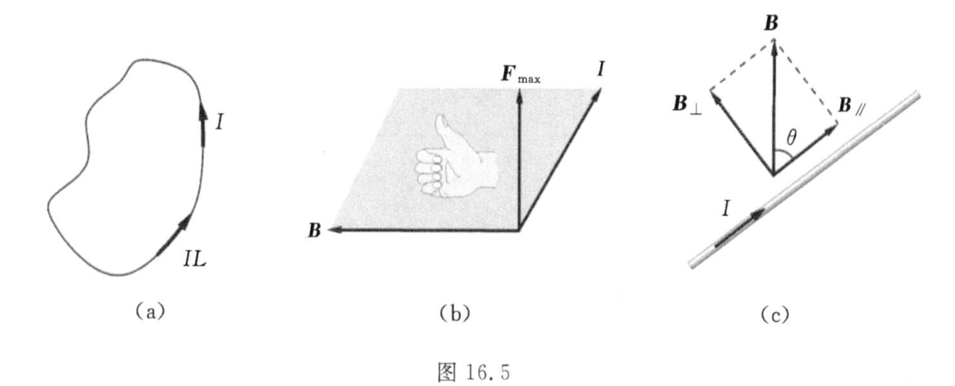

图 16.5

通过对大量实验结果的综合分析及理论研究，得出恒定磁场具有下列性质：

(1)一般来说，在磁场中的不同点，同一电流元 IL 受到安培力不同，说明安培力的大小与磁场的强弱有关；即使在同一点，同一电流元，IL 放置的方向不同受到安培力也不同。说明安培力的大小与电流元放置的方向有关。

(2)在磁场中的任意一点，总可以找到一个方向，使电流元 IL 受到的安培力为零。此时，电流元放置的方向即为该点磁感应强度 $\boldsymbol{B}$ 的方向（指向待定）。若在磁场中放置小磁针，规定当小磁针静止时 N 极所指的方向为该点的磁感应强度的方向，也称为磁场的方向。

(3)当导线中电流元的方向与磁感应强度 $\boldsymbol{B}$ 的方向相同时，电流元受到的安培力为零。当电流元 IL 放置的方向与磁感应强度 $\boldsymbol{B}$ 的方向垂直时，电流元 IL 受到的安培力最大，表示为 $\boldsymbol{F}_{max}$。改变放置于该点电流元 IL 的大小，测得不同的 $\boldsymbol{F}_{max}$，实验发现，$\boldsymbol{F}_{max}$ 的大小与电流元 IL 的大小成正比，但 $\boldsymbol{F}_{max}$ 与电流元 IL 的比值保持不变，将比值定义为该点处磁感应强度的大小，即

$$B=\frac{F_{max}}{IL}$$

此时安培力的方向使用“右手螺旋法则”判断，如图 16.5(b)所示。伸开右手，四指的方向为电流方向，然后将四指经由小于 180°的角转至磁感应强度 $\boldsymbol{B}$ 的方向，此时大拇指的方向即为安培力方向。由图可看出：$\boldsymbol{F}_{max}$ 的方向总是垂直于磁感应强度 $\boldsymbol{B}$ 和电流元 IL 所构成的平面。

(4)当电流元与磁场方向之间的夹角为 θ 时，可以将磁感应强度 $\boldsymbol{B}$ 分解为与电流元垂直的分量 $\boldsymbol{B}_{\perp}$ 和与电流元平行的分量 $\boldsymbol{B}_{/\!/}$，如图 16.5(c)所示。其中 $\boldsymbol{B}_{/\!/}$ 对电流元没有力的作用，电流元 IL 所受的安培力仅取决于与电流元垂直的磁感应强度分量 $\boldsymbol{B}_{\perp}$。因此有

$$F=B_{\perp}IL=BIL\sin\theta \tag{16.1}$$

此时，安培力的方向仍然遵循“右手螺旋法则”。

在国际单位中，磁感应强度 $\boldsymbol{B}$ 的单位为特斯拉，简称特，记为 T。且

$$1\text{T(特)}=1\ \frac{\text{N(牛)}}{\text{A(安)}\cdot\text{m(米)}}$$

一些常见磁场的磁感应强度大小见表 16.1。

表 16.1　一些常见磁场的磁感应强度大小

磁场名称	数值
赤道处地球磁场水平强度	$(0.3\sim0.4)\times10^{-4}$ T
南北极地区地球磁场竖直强度	$(0.6\sim0.7)\times10^{-4}$ T
地面附近地球磁场的平均值	5.0×10^{-5} T
普通永久磁铁两极附近	$0.4\sim0.7$ T
电动机和变压器	$0.9\sim1.7$ T
电视机偏转线圈内的磁场	约 0.1 T
原子核表面的磁场	约 10^{12} T

问题　(1)当金属导线中通有恒定电流时，导线内的电场与静电场有何异同？

(2)我们知道，在电场部分，描述带电体在空间电场分布的物理量是电场强度 $\boldsymbol{E}$，电场强度符合叠加原理，那么磁感应强度 $\boldsymbol{B}$ 符合叠加原理吗？如果符合，请陈述磁感应强度叠加原理。

思考　(1)设计一个实验，用来观察电流元在磁场中的受力情况，要求尽量准确。

(2)在磁场中放置一根与磁场方向垂直的载流导线，其中电流大小为 2.5 A，导线长为 1 cm，测得其受到的安培力大小为 5.0×10^{-2} T，据此，我们可以求得该位置磁感应强度的大小。如果将导线中的电流增大至 5 A，分析该点磁感应强度的大小，以及电流元此时受到的安培力大小。

由实验和以上题目的结论可以知道：

(1)磁感应强度是反映磁场本身性质的物理量，与磁场中是否存在载流导线、以及电流的大小 I 和导线的长度 L 无关；

(2)磁感应强度为零时，载流导线受到的安培力 $\boldsymbol{F}$ 一定为零；但载流导线受到的力为零时，磁感应强度不一定为零。

16.1.2　磁力线(磁感应线)

1. 磁力线

磁感应强度 $\boldsymbol{B}$ 是反应磁场本身性质的物理量，与磁场中是否存在载流导线，以及载流导线电流的大小 I 和导线的长度 L 无关。所以，当产生磁场的磁体或者载流导线(导线的形状、电流大小)、及其所处的介质确定以后，一般来说，磁感应强度 $\boldsymbol{B}$ 仅与空间位置有关，或者说磁感应强度 $\boldsymbol{B}$ 是空间位置的函数，即 $\boldsymbol{B}=\boldsymbol{B}(x,y,z)$。但磁感应强度是矢量，欲了解磁感应强度随空间的变化情况，即了解磁感应强度在空间的分布，就必须知道各点磁感应强度的大小和方向。但在实际问题中磁场的分布往往是比较复杂的，为了形象地描述磁感应强度在空间的分布情况，可以在磁场中画出一系列有向曲线，使这些有向曲线上的每一点的切线方向与该点的磁感应强度方向一致，这些曲线称为磁力线(磁感应线)，或简称 $\boldsymbol{B}$ 线。

实验中常在磁场中放置一块玻璃板，在玻璃板上均匀地撒一层细铁屑，细铁屑就在磁场中被磁化为“小磁针”，我们轻敲玻璃板，细铁屑就会在磁场中沿磁感应强度的方向排列，因此，细铁屑排列出的曲线就显示出该磁场中的磁力线。也可以在磁场中放置小磁针，则当小磁针静止时 N 极所指的方向即为该点的磁感应强度的方向，如图 16.6 所示。

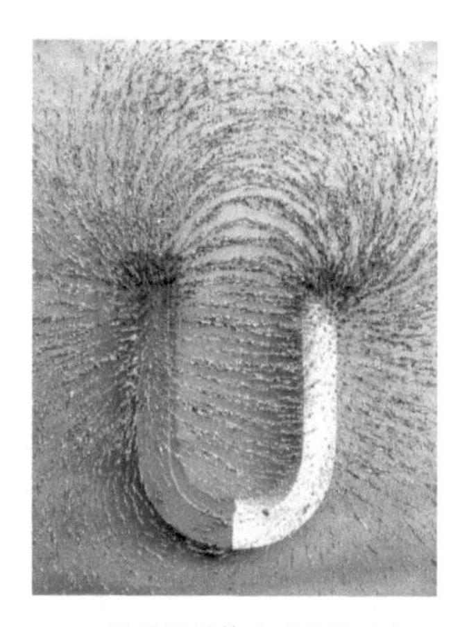

(a)马蹄形磁体的磁力线分布

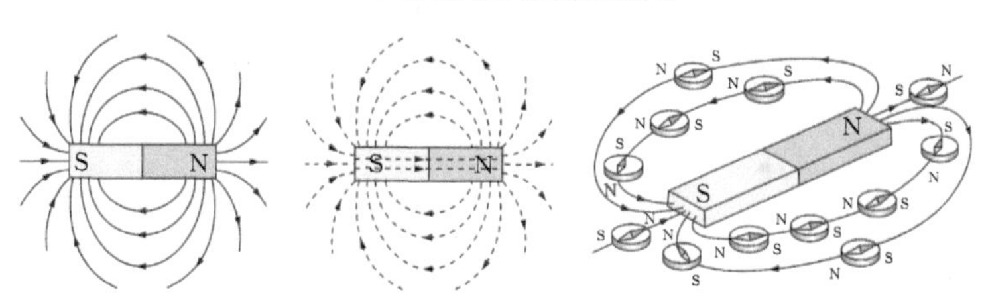

(b)条形磁铁的磁力线分布

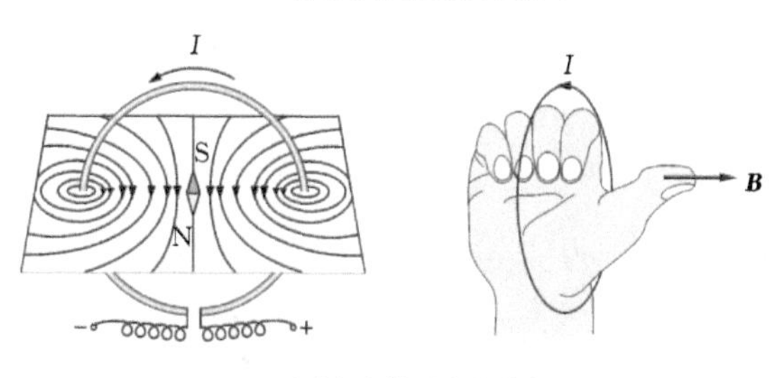

(c)环形电流的磁力线分布

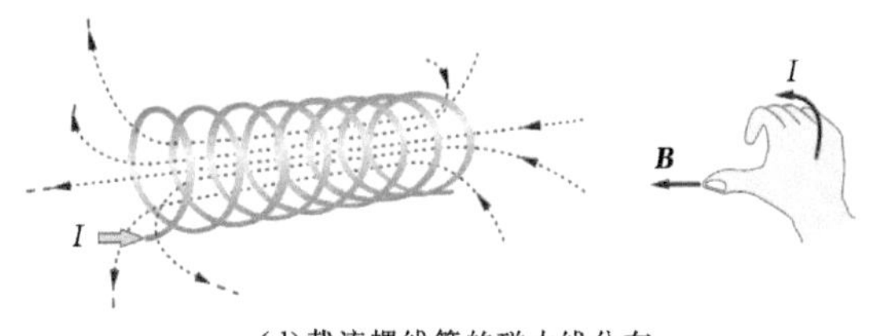

(d)载流螺线管的磁力线分布

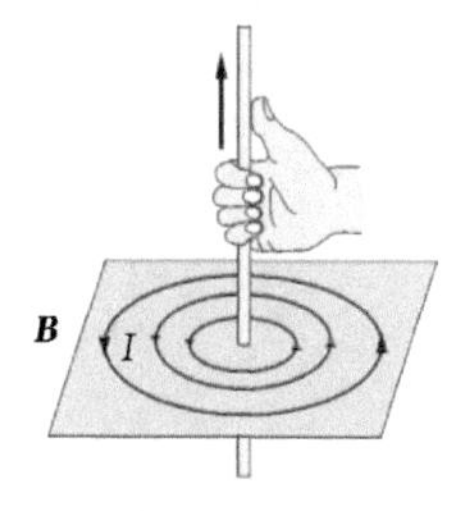

(e)无限长载流直导线的磁力线分布

图 16.6

由以上实验可以看出：

(1)磁力线上任一点的切线方向即为该点磁感应强度的方向，磁力线的疏密表示空间磁感应强度的强弱，即磁场的强弱。磁力线是为了形象地描述磁场在空间的分布而人为画出的曲线，实际上并不存在。

(2)磁力线是闭合曲线。在磁体外部磁力线由 N 到 S，在磁体内部磁力线的方向由 S 到 N。且磁力线之间不能相交，也不能相切。

(3)电流周围的磁力线方向与电流方向之间符合“右手螺旋法则”。具体的判定方法是：右手握住导线，伸直的大拇指方向与电流方向一致，则弯曲四指所指的方向即为磁力线环绕的方向，如图 16.6(e)所示。或者：右手握住环形载流线圈(或螺线管)，弯曲四指的方向与环形电流方向一致，伸直的大拇指方向即为环形载流线圈轴线上磁力线的方向，如图 16.6(c)、(d)所示。

例 16.1 一束带电粒子沿水平方向飞过小磁针的上方，如图 16.7 所示。如果带电粒子飞过小磁针上方的瞬时，小磁针 N 极向纸面内偏转，试问该带电粒子可能为(　)。

A. 向右飞行的正粒子束

B. 向左飞行的正粒子束

C. 向右飞行的负粒子束

D. 向左飞行的负粒子束

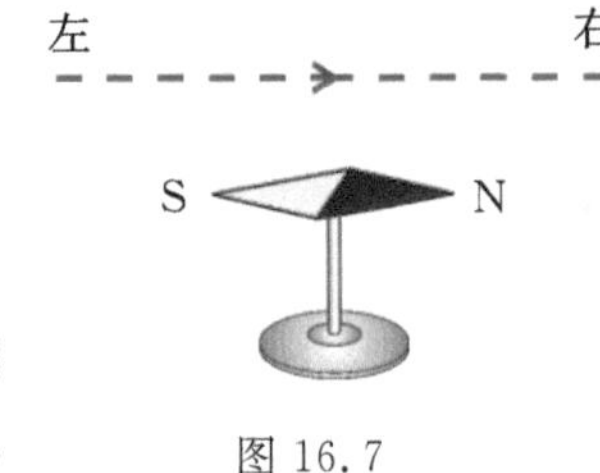

图 16.7

解 我们知道，小磁针 N 极的指向即为该处磁场的方向。如果带电粒子飞过小磁针上方的瞬时，小磁针 N 极向纸面内偏转，说明该处磁场的方向由纸面向里。所以 A、D 正确。

2. 匀强磁场(均匀磁场)

由图 16.6(d)载流螺线管的磁力线分布可以推知，如果螺线管上的线圈绕制的非常致密、且螺线管的半径相对于螺线管的长度较小时，螺线管内的磁场线平行于螺线管的轴线，且分布均匀，如图 16.8(a)所示；很靠近的、两个平行放置的载流线圈，其中间区域的磁场，如图 16.8(b)所示；相隔很近的两个异名磁极之间的磁场(U 型磁场的局部)，如图 16.8(c)所示。这种在磁场区域内，磁感应强度的大小和方向处处相同，其磁力线为一系列等间隔的平行直线的磁场，称为匀强磁场。

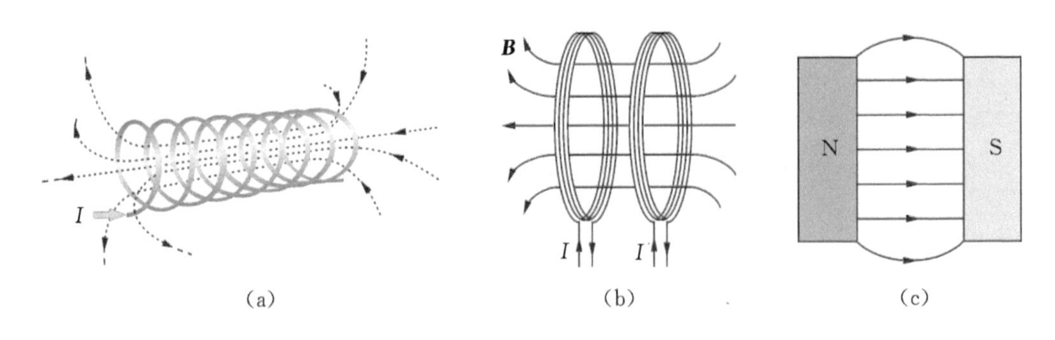

图 16.8

如图 16.9 所示为匀强磁场的图示表示。图 16.9(a)表示磁感应强度方向垂直于纸面向外的匀强磁场，图 16.9(b)表示磁感应强度方向垂直于纸面向内的匀强磁场，图 16.9(c)表示磁感应强度方向沿水平方向的匀强磁场。

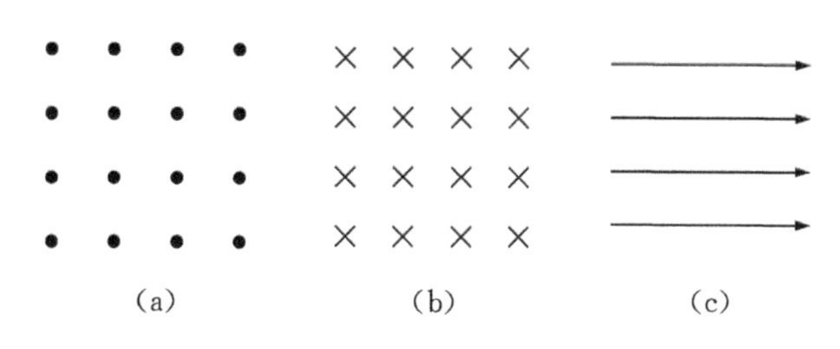

图 16.9

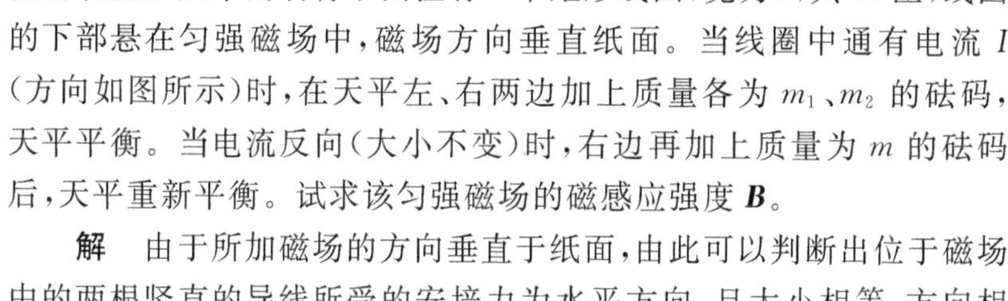

例 16.2　如图 16.10 所示为利用物体的平衡条件测定磁感应强度的装置。天平的右臂下面挂有一个矩形线圈，宽为 l，共 N 匝，线圈的下部悬在匀强磁场中，磁场方向垂直纸面。当线圈中通有电流 I（方向如图所示）时，在天平左、右两边加上质量各为 m_1、m_2 的砝码，天平平衡。当电流反向（大小不变）时，右边再加上质量为 m 的砝码后，天平重新平衡。试求该匀强磁场的磁感应强度 $\boldsymbol{B}$。

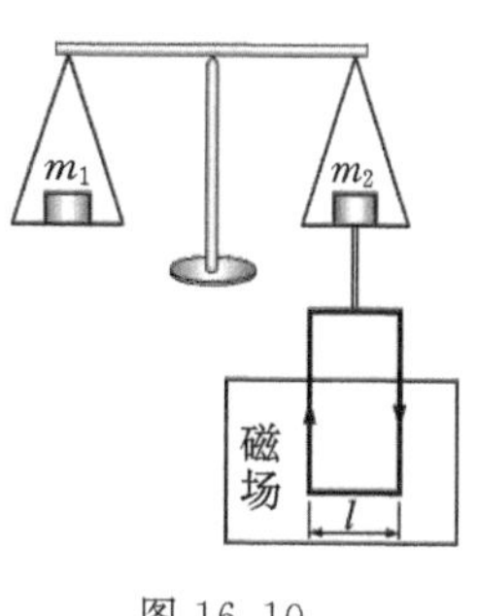

图 16.10

解　由于所加磁场的方向垂直于纸面，由此可以判断出位于磁场中的两根竖直的导线所受的安培力为水平方向，且大小相等、方向相反，在本题中可以不予考虑。当电流反向时，右边需加上质量为 m 的砝码后天平才能重新平衡，由此可知电流反向时，作用于最下面水平导线上的安培力方向是向上的，由右手螺旋法则可知：磁场方向垂直纸面向里。

当电流未反向时，安培力的方向是向下的。由此可知，电流反向前与电流反向后，安培力的变化为 $\Delta F=2NBIl$；天平两边砝码重量的变化为 mg，而电流反向前与电流反向后，调节天平两边均平衡，所以有

$$mg = 2NBIl$$

解得

$$B = \frac{mg}{2NIl}$$

例 16.3　如图 16.11 所示为利用导电液体的压强测定磁感应强度的装置。一个长方体绝缘容器高为 L，厚为 d，左右等高处分别装有两根完全相同的开口向上的管子 a、b，上、下两侧装有电极 C（正极）和 D（负极），并经开关 S 与电源相连接。容器中注满导电的液体，液体密度为 ρ。现将容器放置于匀强磁场中，磁场方向垂直纸面向里。当开关断开时，竖直管子 a、b 中的液面高度相同；开关 S 闭合后，a、b 管中液面将出现高度差。若当开关 S 闭合后，a、b 管中液面高度差为 h，电路中电流表的读数为 I，试求磁感应强度 $\boldsymbol{B}$ 的大小。

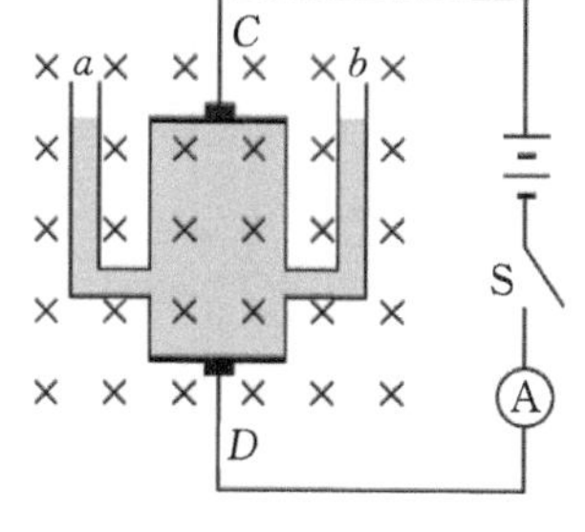

图 16.11

解　设 a、b 管的横截面积为 s、高度差为 h 的导电液体的质量为 m。开关 S 闭合后，导电液体中电流由 C 流向 D，根据右手螺旋法则可知导电液体受到向右的安培力 $\boldsymbol{F}$ 作用，继而可以判断出 b 管中液面比 a 管中液面高 h。该安培力 $\boldsymbol{F}$ 造成导电液体右侧面与左侧面的压强差为

$$P=\frac{mg}{s}=\frac{\rho sh\cdot g}{s}=\rho hg$$

安培力施加于长方体绝缘容器右侧面的压强为

$$P=\frac{F}{S}=\frac{BIL}{Ld}=\frac{BI}{d}$$

联立解以上两式，有

$$\rho hg=\frac{BI}{d}$$

得磁感应强度 $\boldsymbol{B}$ 的大小为

$$B=\frac{\rho hgd}{I}$$

例 16.4 一小磁针挂在大环形线圈的内部，磁针静止时，磁针与环形线圈的相互位置如图16.12所示。当大环形线圈载有如图所示的电流时，试判断小磁针的转向。

解 由右手螺旋法则可以得知，大环形线圈内部的磁感应强度的方向为垂直纸面向内，或大环形线圈内部的磁力线方向为垂直纸面向内。

因为小磁针 N 极的指向与外磁场的磁力线方向相同，所以，小磁场的 N 极向纸面内偏转。

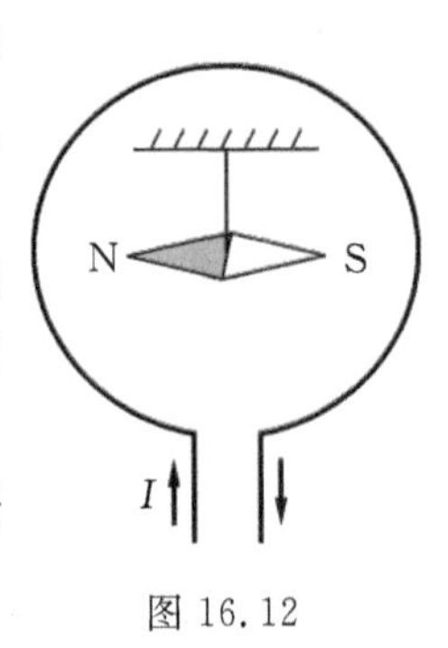

图 16.12

3. 地磁场

指南针可以指示方向说明地球是一个磁体。地球的地理两极与地磁两极并不重合，如图16.13所示。因此，指南针的磁针并非准确地指向南北方向，两者之间有一定的夹角，称为地磁偏角，简称磁偏角。地磁场强度大约是$(5\sim6)\times10^{-5}$ T。磁偏角的大小随地点而变化。地球的磁场与条形磁体的磁场相似，其主要特点为：

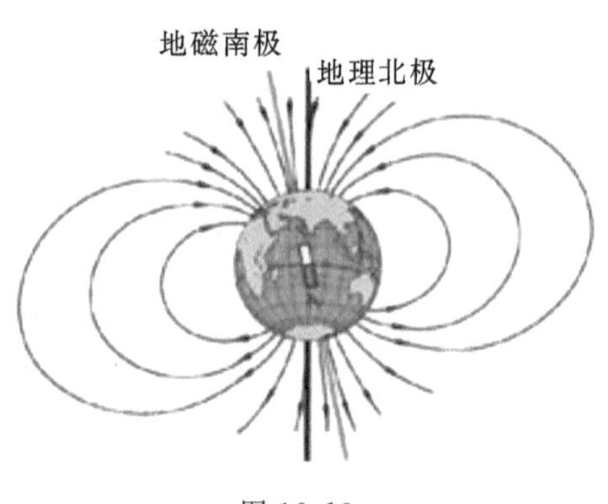

图 16.13

(1)地磁场的 N 极在地球的南极附近，S 极在地球的北极附近；

(2)地磁场的水平分量总是由地球南极指向北极，而竖直分量在南半球垂直水平向上，在北半球垂直水平向下；

(3)在赤道平面上，与地球表面距离相等的各点，磁感应强度的大小相等，且方向水平向北。

16.1.3 磁场力的应用

1. 直流电动机的工作原理

电动机是一种旋转式机器，它将电能转变为机械能。电动机使用了电流的磁效应原理，发现这一原理的是丹麦物理学家奥斯特。

直流电动机就是将直流电能转换成机械能的机器。如图 16.14 所示为一最简单的直流电动机模型。在一对静止的磁极 N 与 S 之间，装有一个可以绕 $Z-Z'$ 轴转动的圆柱形铁芯(其作用为固定线圈、增加磁场的强度)，并在其上装有矩形线圈 $abcd$。该转动的部分通常称为电枢。线圈的两端 a 和 d 分别连接到称为换向片的两个半圆形铜环 1 和 2 上。换向片 1 和 2 之间彼此绝缘，它们与电枢同心地安装在轴 $Z-Z'$ 上，并可随电枢一起转动。A 和 B 为两个固定不动的碳质电刷，它们与换向片之间滑动接触。来自直流电源的电流就是通过电刷和换向片传输至电枢线圈里的。

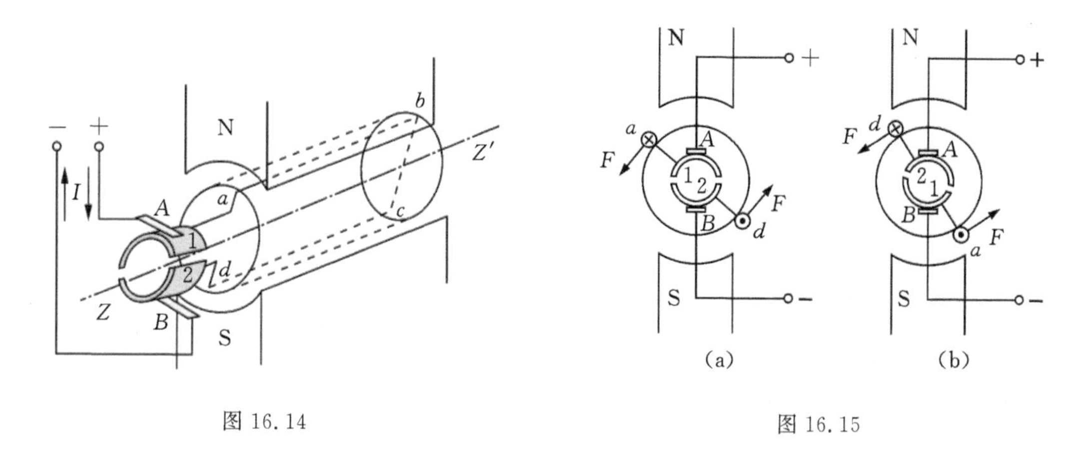

图 16.14　　图 16.15

图 16.15 所示为直流电动机的工作原理图。当电刷 A 和 B 分别与直流电源的正极和负极接通时，电流由电刷 A 流入，由电刷 B 流出。这时线圈中的电流方向为 $a\rightarrow b\rightarrow c\rightarrow d$。当电枢位于图 16.15(a)所示的位置时，线圈 ab 边的电流方向为 $a\rightarrow b$，用$\otimes$表示，cd 边的电流方向为 $c\rightarrow d$，用$\odot$表示。我们知道，载流导体在磁场中要受到安培力的作用(磁场呈辐射状分布)，由右手螺旋法则可知，线圈 ab 边、cd 边受力方向如图 16.15(a)所示，且 bc、da 两边所受合力为零。这样，在电枢上就产生了逆时针方向的转动力矩，因此，电枢就沿着逆时针方向转动起来。

在由图 16.15(a)位置继续转动过程中，即，当电枢转到使线圈的 ab 边从 N 极下面转向 S 极、而 cd 边从 S 极上面转向 N 极时，与线圈 a 端连接的换向片 1 与电刷 B 接触，而与线圈 d 端连接的换向片 2 与电刷 A 接触，如图 16.15(b)所示。这样，线圈内的电流方向变为 $d\rightarrow c\rightarrow b\rightarrow a$，从而保持在 N 极下面导线中的电流方向不变，因此，转动力矩的方向也不改变，电枢仍然按照原来的逆时针方向继续旋转。由此可以看出，换向片和电刷在直流电机中起着转换电枢线圈中电流方向的作用。之后，重复以上运动，就构成了矩形线圈连续的转动。

由上可知，直流电动机工作时，首先需要建立一个磁场，它可以由永久磁铁或直流励磁(形成磁场的过程)的励磁绕组来产生。由永久磁铁构成磁场的电动机叫永磁直流电动机。由励磁绕组产生磁场的直流电动机，根据励磁绕组和电枢绕组的连接方式的不同，分为他励电动机、并励电动机、串励电动机、复励电动机。他励电动机是电枢与励磁绕组分别用不同的电源供电，如图 16.16(a)所示，永磁直流电动机也属于这一类。并励电动机是指由同一电源同时供电给并联的电枢和励磁绕组，如图 16.16(b)所示。串励电动机的励磁绕组和电枢绕组相串联，串励绕组中通过的电流和电枢绕组的电流大小相等，如图 16.16(c)所示。复励电动机是既有并励绕组又有串励绕组，如图 16.16(d)所示。

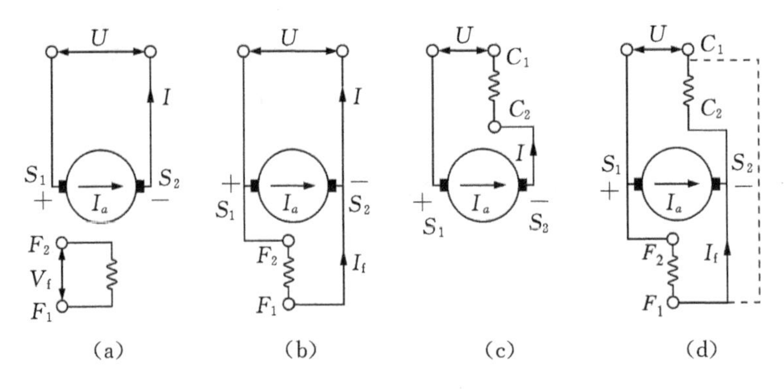

图 16.16

近几十年来，随着永磁材料的发展，尤其是稀土永磁的相继问世，其磁性有了很大提高。与电励磁电机相比，永磁电机，特别是稀土永磁电机具有结构简单、运行可靠、体积小、重量轻、损耗小、效率高、电机的形状和尺寸可以灵活多样等显著优点。

2. 光点式灵敏电流计的基本结构和工作原理

电流表是电磁式仪表，它是根据载流线圈在磁场中受到力矩而偏转的原理制成的。在永久磁铁之间固定一圆柱形软铁芯，铁芯外面套一个可以绕轴转动的铝框，铝框上绕有线圈，铝框的转轴上装有两个游丝螺旋弹簧和一个指针。线圈的两端分别接在两个游丝螺旋弹簧上，被测电流经过两个弹簧通入线圈，如图 16.17(a)所示。

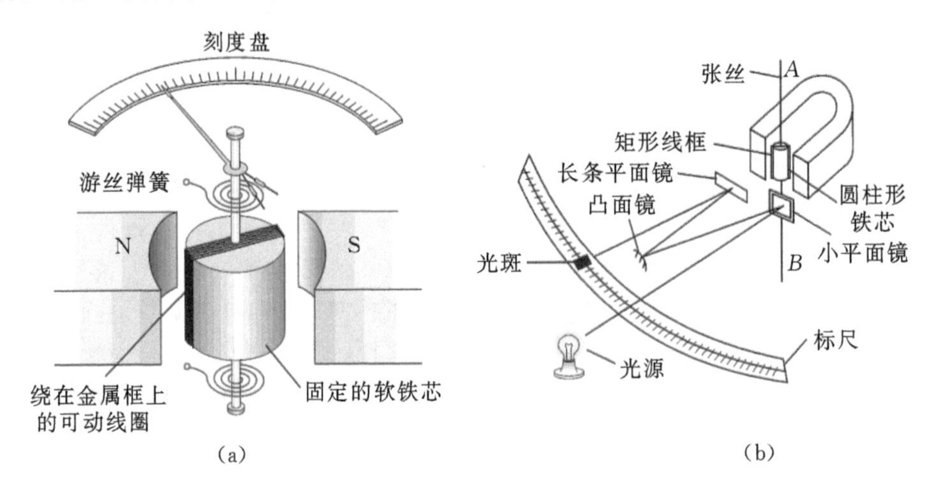

图 16.17

永久磁铁之间固定一圆柱形软铁芯，使空气隙中的磁场呈辐射状分布，以保证载流线圈转到任何位置，其平面都与线圈所在位置处的磁力线平行，这样就保证了辐射状的磁场对于线圈是对称的，线圈始终受到恒定不变的转动力矩。线圈的转动使弹簧扭紧或放松，于是弹簧产生一个阻碍线圈转动的力矩，线圈转动的角度越大，弹簧产生的阻力矩也越大。当转动力矩与阻力矩平衡时，线圈静止于某一位置，此时，线圈转过一定的角度，使固定在转轴上的指针也转过相同的角度，指向刻度盘的某一刻度。

如图16.17(b)所示为光点式灵敏电流计的结构。用张丝(一根垂直的金属线)将一多匝矩形线圈垂直悬挂于空气隙中,在线圈下端安装小平面镜。由光源发出的一束光首先到达小平面镜,经过它反射后入射至凸面镜上,再反射至长条平面镜上,最后反射至弧形标度尺上,形成一个中间有一条黑色准丝像的方形光斑。在此,该反射光斑起到了电流计指针的作用。

当有微弱电流通过矩形线圈时,该线圈和小平面镜在力矩作用下以张丝为轴偏转,于是,使得小平面镜的反射光改变了方向。与图16.17(a)所示的检流计结构图相比较可知,由于该装置没有轴承,消除了机械摩擦,并且由于反射光多次反射,相当于增加了"光指针"长度,即在相同的转角下,光指针扫过的弧长增长,因此,该电流计的灵敏度大大提高。

3. 电磁继电器

电磁继电器是一种电子控制器件,它由控制电路(输入回路)和工作电路(输出回路)组成,通常用于自动控制电路中。实际上,它是用较小电流、较低电压去控制较大电流、较高电压的一种"自动开关"。因此,在电路中起着自动调节、安全保护、转换电路等作用。电磁继电器的结构图如图16.18所示。A是电磁铁,B是衔铁(被电磁铁吸上吸下的铁条),C是弹簧,D是动触点(可以轻微移动的导体,其作用就是接通和切断正常电流及故障电流),E是静触点。控制电路由电磁铁A、衔铁B、低压电源$\mathscr{E}_1$和开关S组成;工作电路由小灯泡L、电源$\mathscr{E}_2$和相当于开关的静触点E、动触点D组成。正常状态时,D、E之间是断开的,即工作电路是断开的。当闭合开关S时,衔铁B被电磁铁吸引下来,同时动触点D与静触点E接触,使D、E吸合,这时弹簧被拉长,观察到工作电路被接通,小灯泡L发光。当断开开关S时,电磁铁A失去磁性,对衔铁B无吸引,衔铁B在弹簧拉力作用下恢复到原来的位置,动触点D与静触点E分离,工作电路被切断,小灯泡L熄灭。这样吸合、分离以达到接通、切断电路的目的。

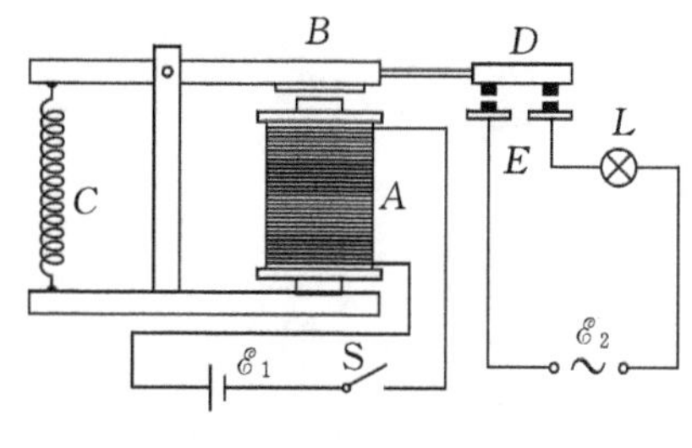

图16.18

防汛报警器如图16.19(a)所示:S是接触开关,B是一个漏斗形的竹片圆筒,内装有浮子A,水位上涨超过警戒线时,浮子A上升,使控制电路接通,电磁铁将衔铁吸引下来,于是报警器指示灯电路接通,灯亮报警。

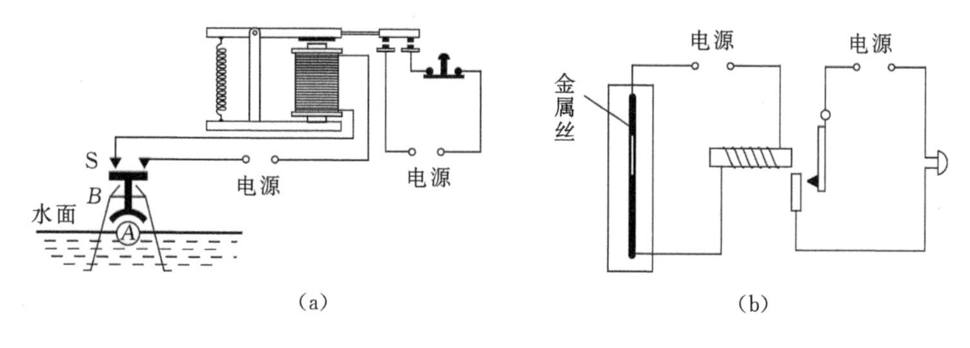

图16.19

温度自动报警器如图16.19(b)所示。当温度升高到一定值时,水银温度计中水银面上升到金属丝处，水银是导体，因此，将电磁铁电路接通，电磁铁吸引弹簧片，使电铃电路闭合，电铃响起报警；当温度下降后，水银面离开金属丝，电磁铁电路断开，弹簧片恢复原状，电铃电路断开，电铃不再发声。

16.2 磁场对运动电荷的作用

1. 阴极射线管

如图 16.20 所示为阴极射线管。在真空管内的左右分别装有阴极和阳极，阴极通常为圆形金属片。当玻璃管中的空气被抽到相当稀薄的时候，在两电极间加上几千伏的电压，这时在阴极对面的玻璃壁上闪烁着辉光。可是，并没有观察到从阴极上有什么东西发射出来。

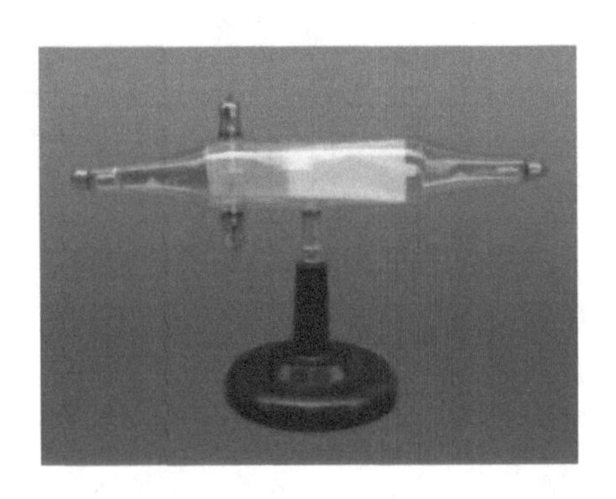

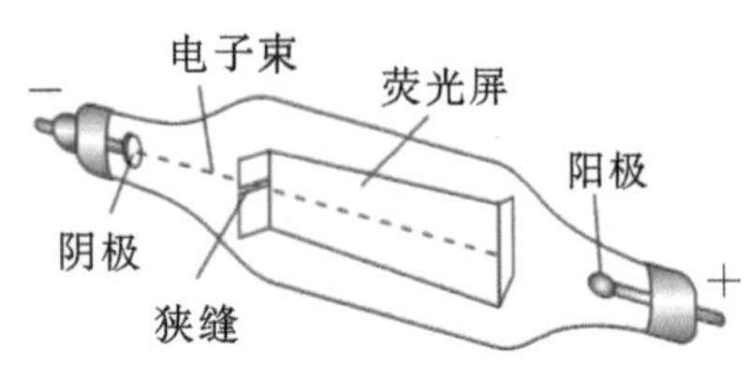

图 16.20

这种现象引起许多科学家的浓厚兴趣，并进行了很多实验研究。当在阴极和对面玻璃壁之间放置障碍物时，玻璃壁上就会出现障碍物的阴影；若在它们之间放一个可以转动的小叶轮，小叶轮就会转动起来。由此可以确定，从阴极发出了一种看不见的射线，而且很像粒子流。在人们还不清楚这种射线的庐山真面目之前，只好将它称为“阴极射线”。现在我们知道这种粒子流就是电子流。

粒子是能够以自由状态存在的最小物质组分。最早发现的粒子是电子和质子，1932 年又发现中子，确认原子是由电子、质子和中子组成，它们与原子相比是更为基本的物质组分，被称之为基本粒子。以后这类粒子发现越来越多，累计已超过几百种，且还有不断增多的趋势。此外，这些粒子中有些粒子迄今的实验尚未发现其有内部结构，有些粒子实验显示具有明显的内部结构，看来这些粒子并不属于同一层次，因此基本粒子一词已成为历史，如今统称之为粒子。

2. 磁场对带电粒子的作用

如图 16.21 所示。先将高压电源的电压控制旋钮旋转至零，然后将阴极（K）与高压电源的负极相连，阳极（A）与高压电源的正极相连，之后，转动高压调节旋钮，逐渐地增加电压，就可以在阴极射线管中观察到一束水平的、蓝色的电子流（真空管中荧光板显示出电子束的轨迹）。此时，将 U 形磁

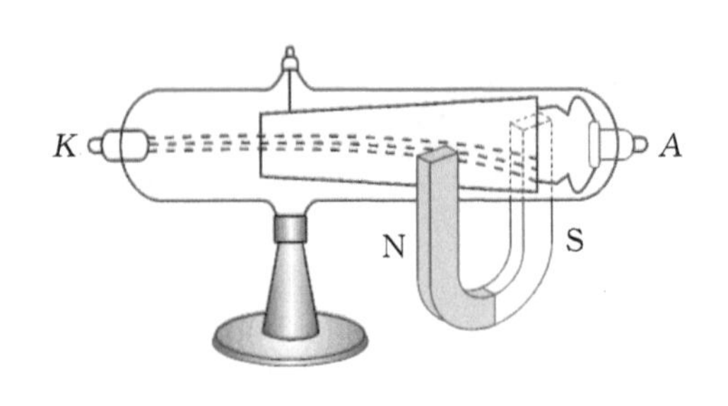

图 16.21

铁(或者条形磁铁)放置于如图所示位置,发现水平的电子束发生了偏转。偏转的方向与磁极放置的方向有关,图示的情况为U形磁铁的N极在前,S极在后,这时电子束向下偏转,如果U形磁铁的S极在前,N极在后,电子束就向上偏转;而偏转的程度与电子束所在磁场的强弱有关,磁场强,偏转程度大,磁场弱,偏转程度小。

由以上实验可知:运动电荷在磁场中受到力的作用,称为洛仑兹力。我们知道,电子的定向运动形成电流,电流在磁场中会受到安培力的作用,由此可以推知,磁场中电流受到的安培力是电子所受到的洛仑兹力的宏观表现。所以,仿照前面对安培力的研究方法,可以得出:

(1)电荷量为$q(q>0)$的粒子以速度$\boldsymbol{v}$在磁感应强度为$\boldsymbol{B}$的匀强磁场中运动时,如果速度方向与磁感应强度方向垂直,其受到的洛仑兹力大小为

$$F_{\max}=qvB$$

洛仑兹力的方向仍然遵循"右手螺旋法则"。如图16.22(a)所示,伸开右手,四指方向为粒子运动速度方向,然后将四指经由小于180°的角转至磁感应强度$\boldsymbol{B}$的方向,此时大拇指的方向即为洛仑兹力方向。由图可以看出:$\boldsymbol{F}_{\max}$的方向总是垂直于磁感应强度$\boldsymbol{B}$和粒子运动速度$\boldsymbol{v}$所构成的平面,因此,洛仑兹力的方向既垂直于磁感应强度$\boldsymbol{B}$也垂直于粒子运动速度$\boldsymbol{v}$。

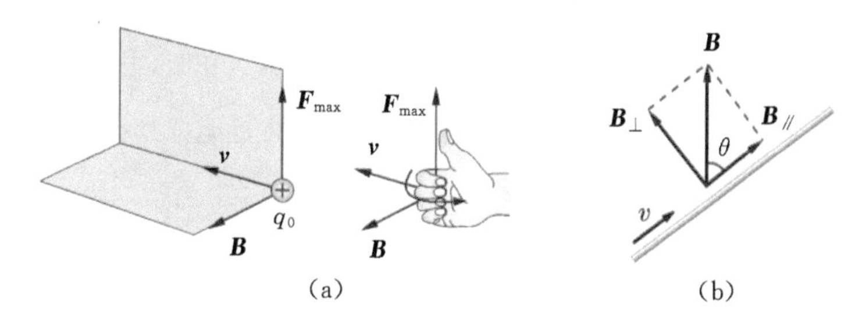

图16.22

(2)当粒子速度方向与磁感应强度方向之间的夹角为θ时,我们可以将磁感应强度$\boldsymbol{B}$分解为与粒子速度方向垂直的分量$\boldsymbol{B}_{\perp}$和与粒子速度方向平行的分量$\boldsymbol{B}_{/\!/}$,如图16.22(b)所示。其中$\boldsymbol{B}_{/\!/}$对粒子没有力的作用,运动粒子所受的洛仑兹力只是由$\boldsymbol{B}_{\perp}$产生的。因此,这时运动粒子所受到的洛仑兹力大小为

$$F=qvB_{\perp}=qvB\sin\theta \tag{16.2}$$

洛仑兹力的方向仍然遵循"右手螺旋法则"。

问题　电荷量为$q(q<0)$的粒子以速度$\boldsymbol{v}$在磁感应强度为$\boldsymbol{B}$的匀强磁场中运动时,其受到的洛仑兹力的方向和大小如何判断和计算?

例16.5　如图16.23所示。一束带电量为$q(q>0)$、质量为m的粒子由静止开始进入电势差为U的加速电场中,然后经过狭缝S进入平行板器件中运动。在平行板器件中,分别加有电场强度$\boldsymbol{E}$和磁感应强度$\boldsymbol{B}$,且方向相互垂直。试求通过最右侧狭缝S'出射粒子的速度$\boldsymbol{v}$(两个狭缝正对着)。

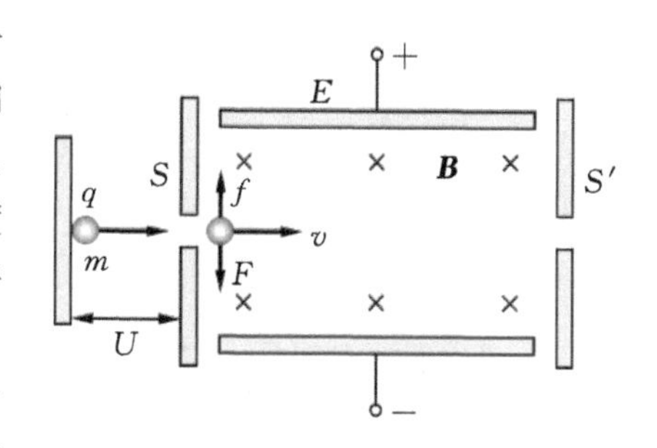

图16.23

解　设粒子到达第一个狭缝S时的速度为$\boldsymbol{v}$。由质点动能定理可知,粒子在加速电场中获得的动能等

于其在电势差为 U 的加速电场中运动时电场对它做的功 qU，即

$$\frac{1}{2}mv^2 = qU$$

由此解得

$$v = \sqrt{\frac{2qU}{m}}$$

速度为 $\boldsymbol{v}$ 的粒子在平行板器件中受到的力为向下的电场力 $\boldsymbol{F}$，其大小为

$$F = qE$$

向上的洛仑兹力 $\boldsymbol{f}$，其大小为

$$f = qvB$$

欲使粒子通过最右侧狭缝 S'，则要保持粒子沿直线运动，据此有

$$qE = qvB$$

解得出射粒子束的速度为

$$v = \frac{E}{B}$$

只有满足 $\sqrt{\frac{2qU}{m}}=\frac{E}{B}$ 的粒子才能通过最右侧狭缝 S' 出射。由此可见，具有不同水平速度的带电粒子射入平行板器件后发生偏转的情况不同。这种装置能把具有某一特定速度的粒子选择出来，称为速度选择器，它是质谱仪的重要组成部分。

3. 带电粒子在匀强磁场中的运动

我们知道，带电粒子进入磁场要受到洛仑兹力的作用，但带电粒子所受的洛仑兹力与粒子的速度方向有关。以下分三种情况进行讨论。

(1)粒子沿着与匀强磁场平行的方向射入。

如图 16.24(a)所示。粒子在磁场中始终不受洛仑兹力的作用，保持匀速直线运动。

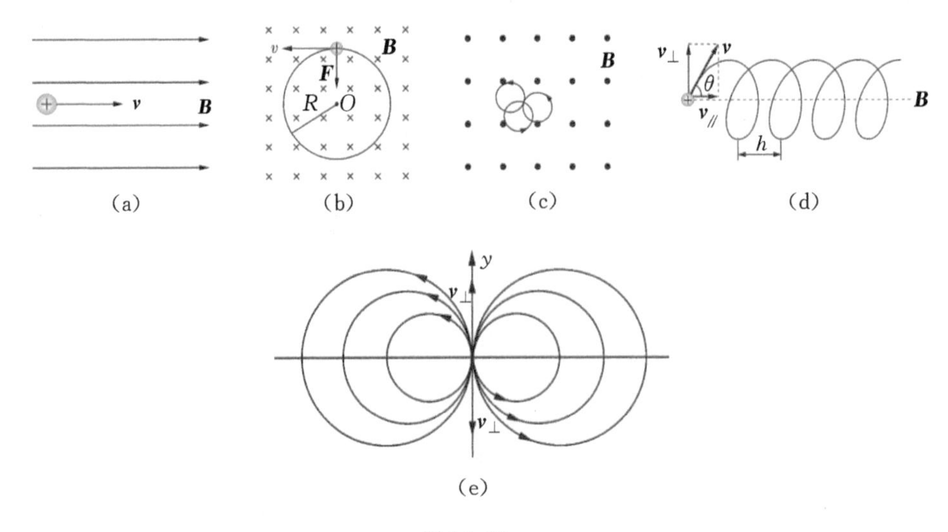

图 16.24

(2)粒子沿着与匀强磁场垂直的方向射入。

如图16.24(b)所示。电荷量为$q(q>0)$的粒子以速度v垂直进入磁感应强度为$\boldsymbol{B}$的匀强磁场中,此时,该粒子受到的洛仑兹力的大小为

$$F = qvB$$

其方向如图16.24(b)所示。洛仑兹力的方向垂直于粒子的运动速度方向,粒子在磁场中做匀速率圆周运动。

对运动粒子应用牛顿第二定律,有

$$F = qvB = m\frac{v^2}{R}$$

R为粒子做匀速率圆周运动的半径。有

$$R = \frac{mv}{qB} \tag{16.3}$$

粒子做匀速率圆周运动的周期为

$$T = \frac{2\pi R}{v} = \frac{2\pi m}{qB} \tag{16.4}$$

由上式可知,粒子运动的周期与粒子的速度大小无关。不同速度大小的同一类粒子进入磁场,尽管它们运动半径不同,但它们从一点出发,经过一个周期的时间,一定汇聚于同一点,如图16.24(c)所示。

(3)粒子沿着与匀强磁场成θ角的方向射入。

如图16.24(d)所示。此时将粒子的速度v分解为平行于磁场的分量$v_{/\!/}$与垂直于磁场的分量$v_{\perp}$,有

$$v_{/\!/} = v\cos\theta,\ v_{\perp} = \boldsymbol{v}\sin\theta$$

由此可见,粒子在平行于$\boldsymbol{B}$的方向不受力,做速率为$v_{/\!/}=v\cos\theta$匀速直线运动,粒子在垂直于$\boldsymbol{B}$的方向受到洛仑兹力作用,以$v_{\perp}=v\sin\theta$做匀速率圆周运动,粒子合成的轨迹为螺旋线。如图16.24(d)所示。

螺旋线的半径为

$$R = \frac{mv\sin\theta}{qB}$$

螺旋线的回旋周期为

$$T = \frac{2\pi R}{v_{\perp}} = \frac{2\pi m}{qB}$$

螺旋线的螺距为

$$h = v_{/\!/}T = v\cos\theta \cdot \frac{2\pi m}{qB} = \frac{2\pi mv\cos\theta}{qB}$$

由此可知,在匀强磁场中,同种粒子的速度分量$\boldsymbol{v}_{\perp}$不同时,粒子作圆周运动的半径不同,但是粒子运动一周所需的时间(周期)相同。粒子在垂直$\boldsymbol{B}$平面的运动轨迹如图16.24(e)所示。实际上,从磁场同一点发射出一束很细、速率相等且与$\boldsymbol{B}$夹角θ很小的带电粒子,即$v_{/\!/}\approx v, h=v_{/\!/}T\approx\frac{2\pi mv}{qB}$,经过$L(L=nh,n$为正整数$n=1,2,3,4,\cdots)$距离后粒子又重聚于一点,如图16.25所示,这种现象称为磁场聚

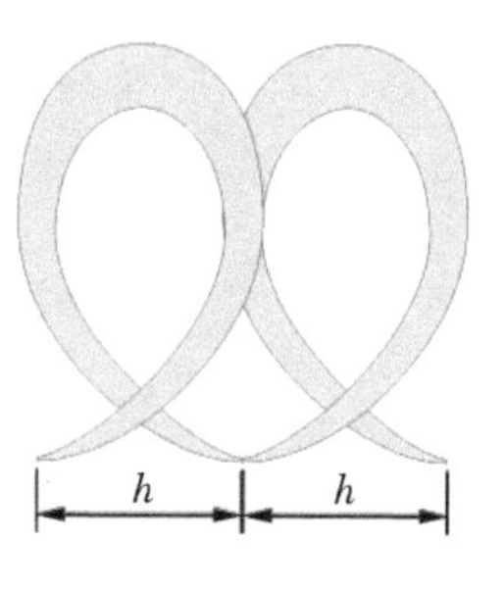

图16.25

焦，简称磁聚焦。

例 16.6 质子和 α 粒子在同一匀强磁场中做半径相同的圆周运动，试求质子的动能 E_1 与 α 粒子的动能 E_2 之比。

解 设质子的质量为 m，电量为 q，在该磁场中运动的半径为 R，速度为 v_1。则有

$$R=\frac{mv_1}{qB} \tag{①}$$

α 粒子带正电荷，它由两个带正电荷的质子和两个中性的中子组成。则 α 粒子的质量为 $4m$（质子与中子的质量很相近），电量为 $2q$，由题意可知，在该磁场中 α 粒子运动的半径为 R。设速度为 v_2，则有

$$R=\frac{4mv_2}{2qB}=\frac{2mv_2}{qB} \tag{②}$$

①、②两式联立，有

$$\frac{mv_1}{qB}=\frac{2mv_2}{qB}$$

解得 $v_1=2v_2$。有

$$E_1=\frac{1}{2}mv_1^2,\ E_2=\frac{1}{2}\times 4mv_2^2=\frac{1}{2}mv_1^2$$

所以，质子的动能 E_1 与 α 粒子的动能 E_2 之比为 $1:1$。

由于 α 粒子带正电荷，它会受地磁场影响。在自然界中，大部份的重元素（原子序数为 82 或以上）都会在衰变时释放出 α 粒子，例如铀和镭。由于 α 粒子的体积比较大，又带两个正电荷，很容易电离为其他物质。因此，它的能量也散失得较快，穿透能力在众多电离辐射中是最弱的，人类的皮肤或一张纸就能隔阻 α 粒子。不过如果人类吸入或进食具有 α 粒子放射性的物质，譬如吸入了辐射烟羽（工厂烟囱中连续排放出来的烟体，外形呈羽毛状，因而得名），α 粒子就能直接破坏内脏细胞。它的穿透能力虽然弱，但由于它的电离能力很强，对生物造成的危害不亚于其他辐射。

例 16.7 如图 16.26 所示。质量为 m、电荷量为 q（$q>0$）的粒子，进入速度选择器，由狭缝 S 进入垂直于纸面向外、磁感应强度为 $\boldsymbol{B}_0$ 的匀强磁场中，最终粒子沉积在底片 A_1A_2 上，试求粒子在磁场中运动的半径 R。

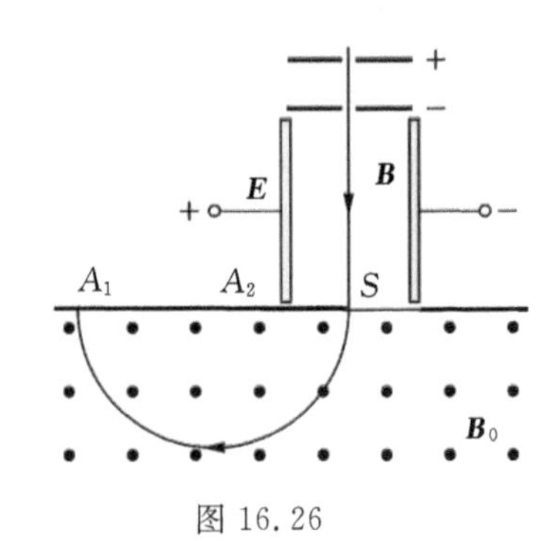

图 16.26

解 由速度选择器的工作原理可知，通过狭缝 S 进入磁感应强度为 $\boldsymbol{B}_0$ 的匀强磁场时，粒子的速度大小为

$$v=\frac{E}{B}$$

由于粒子进入匀强磁场后做匀速率的圆周运动，粒子的运动满足牛顿第二定律，即

$$F=qvB_0=m\frac{v^2}{R}$$

解得

$$R=\frac{mv}{qB_0}$$

将 $v=\dfrac{E}{B}$代入上式，有

$$R=\frac{mE}{qB_0B}$$

由上式可以看出，如果带电量相等，质量不等的粒子进入相同的系统时，质量 m 大的粒子，做圆周运动的半径大，反之，做圆周运动的半径小，即，质量不同的粒子沉积在底片上不同位置处。此原理可以用于分离和检测不同同位素，即按物质原子、分子的质量差异进行分离和检测物质。依照该原理制成的仪器称为质谱仪或质谱计。

例 16.8　如图 16.27 所示。a、b、c、d 为带电量相等的离子，其质量满足 $m_a=m_b<m_c=m_d$，现以不同的速度 $v_a<v_b=v_c<v_d$ 进入速度选择器后，有两种离子出射，其后再次进入磁感应强度为 $\boldsymbol{B}_0$ 的匀强磁场中，据此可知(　)。

A. 射向 P_1 的是 a 离子

B. 射向 P_2 的是 b 离子

C. 射向 A_1 的是 c 离子

D. 射向 A_2 的是 d 离子

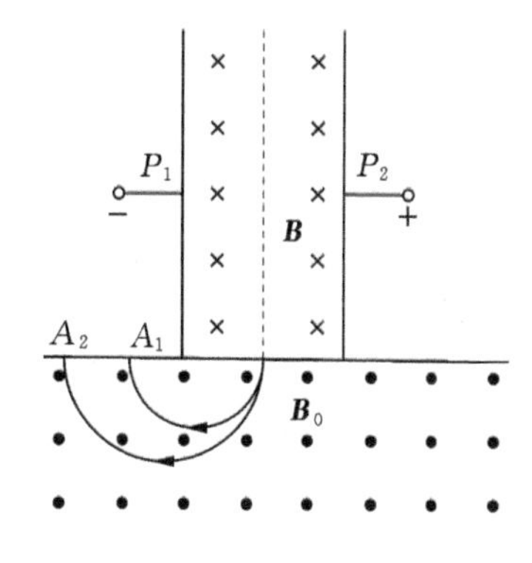

图 16.27

解　设速度选择器中电场强度为 $\boldsymbol{E}$，磁感应强度为 $\boldsymbol{B}$。由速度选择器的工作原理可知，进入速度选择器后，出射的两种离子的速度满足

$$v=\frac{E}{B}$$

由 $v_a<v_b=v_c<v_d$ 可知，出射的一定是 b 离子和 c 离子。

离子在磁感应强度为 $\boldsymbol{B}_0$ 的匀强磁场中做匀速率圆周运动，其半径为

$$R=\frac{mv}{qB_0}$$

由于 b 离子和 c 离子带电量相同，进入的是同一磁场，且 $v_b=v_c$，$m_b<m_c$，所以 b 离子的运动半径小，射向 A_1 的是 b 离子，射向 A_2 的是 c 离子。

由离子在磁感应强度为 $\boldsymbol{B}_0$ 的匀强磁场中的偏转方向，可判断出离子带正电荷。由于四种离子带电量相同，在速度选择器中，所受的电场力均为 qE，方向向左，所受的洛仑兹力为 qvB，方向向右。由 $v_a<v_b=v_c<v_d$ 可判断出，a 离子所受的洛仑兹力小，射向 P_1 的是 a 离子。

回旋加速器是利用磁场使带电粒子做回旋运动，在运动中经高频电场反复加速以获得高速带电粒子的装置。

如图 16.28 为回旋加速器示意图。1930 年 E. O. 劳伦斯提出其工作原理，1932 年首次研制成功。它的主要结构是在磁极间的真空室内，有两个半圆形的金属 D 形盒隔开相对放置，两个 D 形盒与高频交变电源相连，保持一交变电势差，即在两极间隙处产生高频交变电场。置于中心处的粒子源产生带电粒子，带电粒子出射后，受到 D 形盒间隙处交变电场加速，之后进入 D 形盒内，此时，带电粒子仅受磁场的洛伦兹力作用，在垂直磁场平面内做圆周运动。绕行半圈的时间为$\dfrac{\pi m}{qB}$，与粒子在磁场中运动的速度大小无关。这样一来，如果 D 形盒上所加的交变电压的频率恰好等于粒子在磁场中作圆周运动的频率，则粒子绕行半圈后正赶上 D 形盒

上极性变号，粒子仍处于加速状态。由于上述粒子绕行半圈的时间与粒子的速度无关，因此粒子每绕行半圈就得到一次加速，绕行半径逐渐增大。如此不断循环进行，最后在 D 盒边缘被特殊装置引出，加速后粒子的能量可达几十兆电子伏特(MeV)。

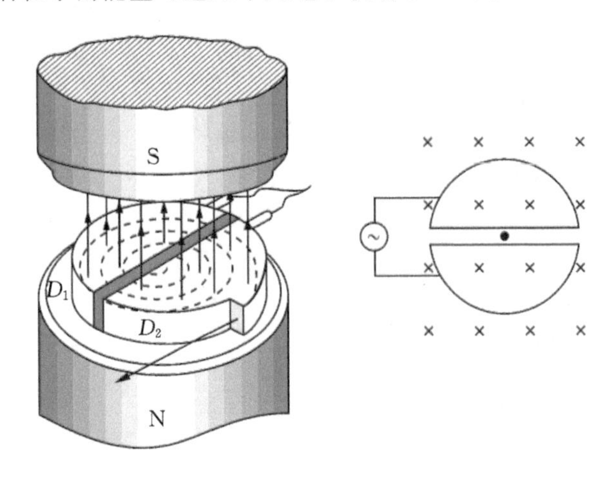

图 16.28

回旋加速器加速粒子的能量受制于随粒子速度增大的相对论效应，即，随着粒子速度的增大，其质量也在增大，则粒子绕行的周期变长，从而逐渐偏离了交变电场的加速状态。对此进一步的改进后的粒子加速器称为同步回旋加速器。

例 16.9 如图 16.29 所示为一种获得高能带电粒子的加速器示意图。在真空环形区域内加一垂直于纸面向外、磁感应强度为 $\boldsymbol{B}$ 的可以调节的匀强磁场。一质量为 m、带电量为 $q(q>0)$ 的粒子在环形磁场中做半径为 r 的匀速率圆周运动。环形管道中的平行加速电极板 A、B 的中心均有小孔，以便带电粒子通过。开始时 A、B 的电势均为零，每当带电粒子穿过 A 板中心孔时，A 板的电势立即升高到 U，B 板的电势仍然为零，粒子被电压为 U 的电场加速后从 B 板中心孔穿出时，A 板的电势降为零。带电粒子在磁场力的作用下沿半径为 r 的圆形轨道运动。当粒子再次穿过 A 板中心孔时，重复以上的运动。这样，带电粒子就不断地被加速，但做圆周运动的半径不变。试求：

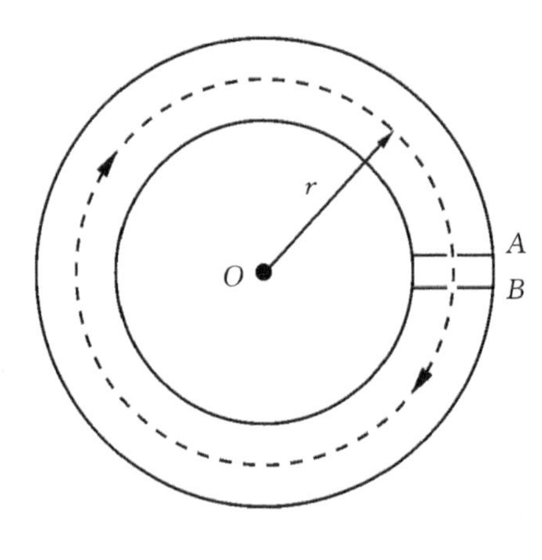

图 16.29

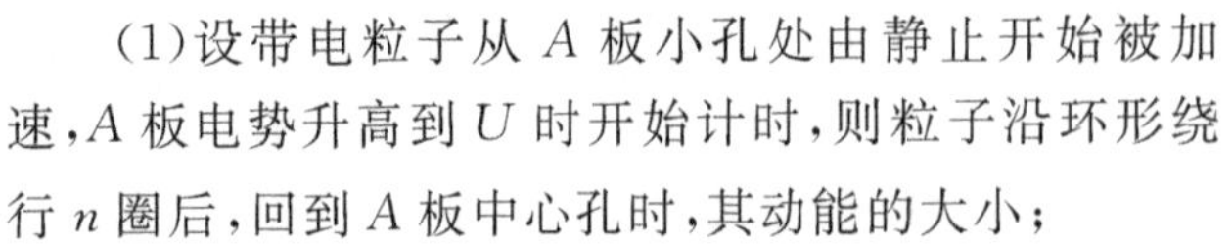

(1)设带电粒子从 A 板小孔处由静止开始被加速，A 板电势升高到 U 时开始计时，则粒子沿环形绕行 n 圈后，回到 A 板中心孔时，其动能的大小；

(2)欲使带电粒子做圆周运动的半径始终为 r，磁场的磁感应强度必须做周期性地递增，则粒子绕行第 n 圈时，磁感应强度的大小；

(3)带电粒子绕行 n 圈回到 A 板中心孔处，共用的时间(忽略加速时间)。

解 (1)带电粒子从 A 板小孔处由静止开始被电场加速，接着在半径为 r 的环形轨道上做匀速率圆周运动再次回到 A 板的过程中，只有电场力做功。设绕行 1 圈后带电粒子的速度

为 v_1，根据质点动能定理，有

$$qU=\frac{1}{2}mv_1^2$$

设绕行 2 圈后带电粒子的速度为 v_2，根据质点动能定理，有

$$qU=\frac{1}{2}mv_2^2-\frac{1}{2}mv_1^2$$

解得

$$\frac{1}{2}mv_2^2=qU+\frac{1}{2}mv_1^2=2qU$$

由此可以推知，粒子沿环形绕行 n 圈后，回到 A 板中心孔时，其动能大小为

$$\frac{1}{2}mv_n^2=nqU$$

(2)设粒子绕行第一圈时的磁感应强度为 B_1，绕行第 n 圈时的磁感应强为 B_n、速度为 v_n，有

$$r=\frac{mv_1}{qB_1}=\frac{m}{qB_1}\sqrt{\frac{2qU}{m}} \qquad ①$$

$$r=\frac{mv_n}{qB_n}=\frac{m}{qB_n}\times\sqrt{\frac{2nqU}{m}}=\frac{m}{qB_n}\sqrt{\frac{2nqU}{m}} \qquad ②$$

①、②两式联立，即可解得欲使带电粒子做圆周运动的半径始终为 r，粒子绕行第 n 圈时，磁感应强度的大小为

$$B_n=B_1\sqrt{n}=\frac{1}{r}\sqrt{\frac{2nUm}{q}}$$

(3)带电粒子在匀强磁场中做匀速率圆周运动的周期为

$$T=\frac{2\pi r}{v}=\frac{2\pi m}{qB}$$

则带电粒子绕行 n 圈回到 A 板中心孔处，共用的时间 t 为

$$t=T_1+T_2+\cdots+T_n=\frac{2\pi m}{qB_1}+\frac{2\pi m}{qB_2}+\cdots+\frac{2\pi m}{qB_n}=\frac{2\pi m}{q}\left(\frac{1}{B_1}+\frac{1}{B_2}+\cdots+\frac{1}{B_n}\right)$$

$$=\frac{2\pi m}{qB_1}\left(1+\frac{1}{\sqrt{2}}+\cdots+\frac{1}{\sqrt{n}}\right)=\pi r\sqrt{\frac{2m}{qU}}\left(1+\frac{1}{\sqrt{2}}+\cdots+\frac{1}{\sqrt{n}}\right)$$

例 16.10　下列说法哪些是正确的。在回旋加速器中(　)(不考虑相对论效应)。

A. 电场和磁场同时用来加速带电粒子

B. 只有电场用来加速带电粒子

C. 回旋加速器的半径越大，则在交变电源固定的前提下，同一带电粒子获得的动能也越大

D. 一带电粒子不断被加速的过程中，交变电源的频率也要不断增加

解　在回旋加速器中，只有电场是用来加速带电粒子的。交变电源固定，且是同种带电粒子时，由于 $R=\frac{mv}{qB}$，所以回旋加速器的半径越大，同一带电粒子获得的动能也越大。所以 B、C 正确。

例 16.11　如图 16.30(a)所示，倾角为 θ 的光滑绝缘斜面，处在方向垂直斜面向上的匀强磁场和方向未知的匀强电场中。有一质量为 m、带电量为 $-q(q>0)$ 的小球，恰可在斜面上做匀速圆周运动、其角速度为 ω，试求匀强磁场的磁感应强度 $\boldsymbol{B}$ 的大小和未知匀强电场的最小场强 $\boldsymbol{E}$。

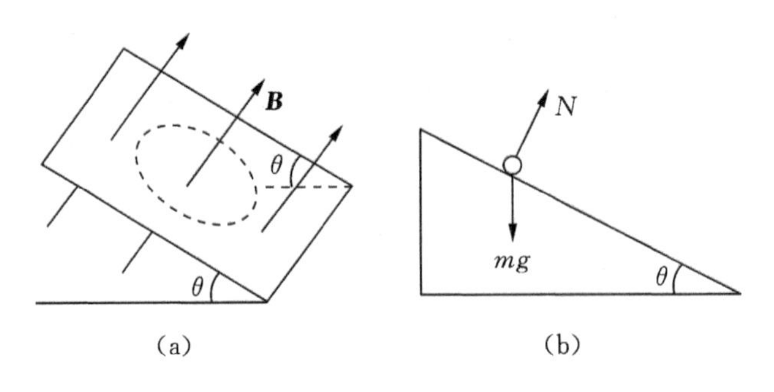

图 16.30

解　设小球在斜面上做匀速圆周运动的速度大小为 v，运动半径为 R，则有

$$qvB = m\frac{v^2}{R}$$

解得匀强磁场的磁感应强度 $\boldsymbol{B}$ 的大小为

$$B = \frac{mv}{qR} = \frac{m\omega R}{qR} = \frac{m\omega}{q}$$

选小球为研究对象，其受力情况如图 16.30(b)所示。由于小球恰可在斜面上做匀速圆周运动，所以，小球在沿斜面方向上受力平衡。由受力分析图可知，小球受到的电场力沿斜面向上，小球带负电，则，匀强电场的方向就沿斜面向下，其大小满足

$$qE = mg\sin\theta$$

解得，匀强电场的最小场强大小为

$$E = \frac{mg\sin\theta}{q}$$

4. 霍尔效应及其应用简介

霍尔效应是磁电效应的一种，这一现象由美国物理学家霍尔于 1879 年在研究金属的导电机制时发现。当电流垂直于外磁场通过导体时，在导体垂直于磁场和电流方向的两个端面之间出现电势差，如图 16.31 所示。

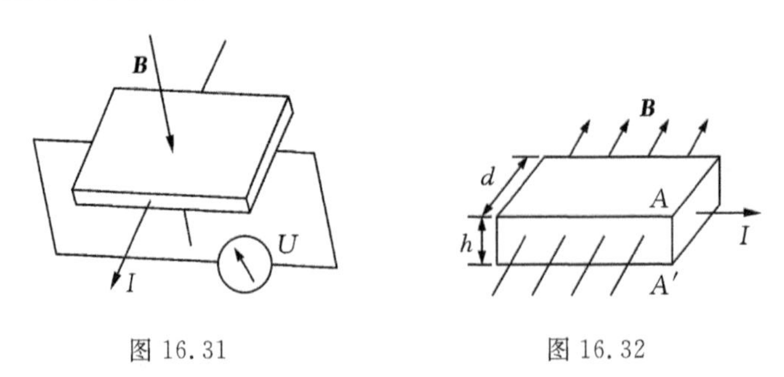

图 16.31　　图 16.32

霍尔效应是运动粒子在磁场中受力的结果。固体材料中的载流子在外加磁场中运动时，因受到洛仑兹力的作用而使轨迹发生偏移，并在材料垂直于磁场和电流方向的两侧面产生电荷积累，最终使载流子受到的洛仑兹力与电场力相平衡，从而在两侧建立起一个稳定的电势差称为霍尔电压。大量的研究表明：材料中参与导电过程的不仅有带负电的电子，还有带正电的空穴。

如图16.32所示。在磁感应强度为B、磁场方向垂直于纸面向里的匀强磁场中，水平放置一长方形导体板(或半导体板)，当导体板中通以如图所示的电流I时，在导体板上表面A和下表面A'之间产生稳定电势差U，该现象称为霍尔效应。实验表明，当磁场不太大时，电势差U、电流I和磁感应强度B之间满足的关系式为$U=k\dfrac{IB}{d}$，其中k为比例系数，称为霍尔系数。霍尔效应可以解释如下：外加匀强磁场对运动的电子施加洛仑兹力(方向向上)，使电子聚集于导体板的上侧，则在导体板的下侧会出现多余的正电荷，从而在上下板之间形成电场。该电场对电子施加一电场力(方向向下)，此时，电子同时受到方向向上的洛仑兹力和方向向下的电场力。刚开始时，电子受到的洛仑兹力大于电场力，随着电子在导体板上侧的不断地积聚，电子受到的电场力也在不断地增大，当电场力与洛仑兹力达到平衡时，导体板的上下表面之间形成稳定的电势差。

例16.12 在图16.32中设电流I是由电子定向运动形成的，电子的平均定向速度为$\bar{v}$，带电量为e。试求：

(1)达到稳定状态时，比较导体板上侧面A与导体板下侧面A'的电势高低；

(2)电子受到洛仑兹力的大小；

(3)当导体板上下表面之间的电势差为U时，电子受到的电场力f的大小；

(4)由电场力和洛仑兹力达到平衡的条件，证明霍尔系数$k=\dfrac{1}{ne}$，其中n为导体板中单位体积内电子的数目。

解 (1)我们知道，电流的方向为正电子的运动方向，所以电子的运动方向是水平向左的，电子受到的洛仑兹力方向向上，电子聚集于导体板上侧，同时正电荷聚集于导体板下侧。因此，达到稳定状态时，导体板上侧A的电势低于导体板下侧A'的电势。

(2)电子受到的洛仑兹力大小为$e\bar{v}B$。

(3)导体板上侧A和下侧A'之间产生了电势差U，也就在A和A'之间建立起了匀强电场，设电场强度为E，则

$$E=\frac{U}{h}$$

则电子所受到的电场力f大小为

$$f=eE=\frac{eU}{h}$$

(4)当电场力与洛仑兹力达到平衡时，有

$$eE=e\bar{v}B$$

由电流的定义，有

$$I=\frac{\Delta Q}{\Delta t}=\bar{v}dhne$$

解得

$$\bar{v}=\frac{I}{dhne}$$

导体板上侧A和下侧A'之间电势差为

$$U=Eh$$

将 $eE=e\bar{v}B$，$\bar{v}=\frac{I}{dhne}$代入 $U=Eh$，有

$$U=\frac{1}{ne}\cdot\frac{IB}{d}=k\cdot\frac{IB}{d}$$

显而易见：$k=\frac{1}{ne}$，得证。

例 16.13 如图 16.33 所示是利用霍尔效应测定磁感应强度 $\boldsymbol{B}$ 的装置。电路中有一段金属导体，其横截面为边长等于 a 的正方形，将其放在沿 x 轴正方向的匀强磁场中。导体中通有沿 y 轴正方向、电流强度为 I 的电流。已知金属导体单位体积中自由电子数为 n，电子带电量为 e，金属导体导电过程中，可以认为自由电子所做的定向移动为匀速运动。现测得导体上下两表面之间电势差为 U，试求：

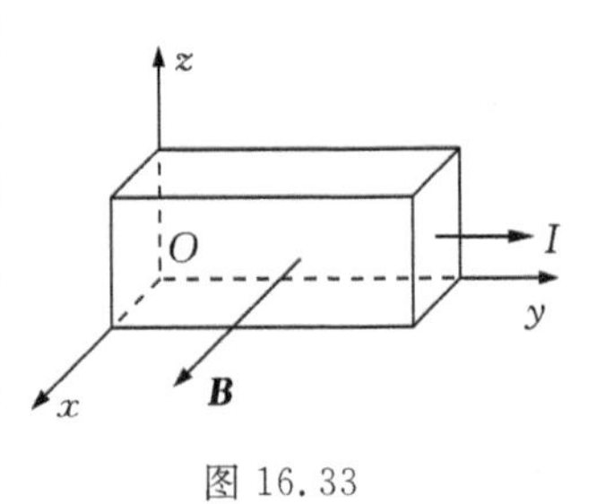

图 16.33

（1）金属导体上、下表面哪个电势较高；

（2）外加磁场的磁感应强度 $\boldsymbol{B}$ 的大小。

解 （1）我们知道，电流的方向为正电子的运动方向，所以电子运动的方向沿 y 轴负方向，可知电子受到的洛仑兹力向下，因此，电子聚集于导体板下表面，同时正电荷聚集于导体板上表面。达到稳定状态时，金属导体上表面电势高于金属导体下表面电势，所以，金属导体上表面电势较高。

（2）达到稳定状态时，电子做匀速运动，所以电场力与洛伦兹力大小相等，设电子定向运动的速度为 v。有

$$eE=evB$$

即

$$e\cdot\frac{U}{a}=evB \quad ①$$

由电流的定义，有

$$I=\frac{\Delta Q}{\Delta t}=va^2ne \quad ②$$

①、②两式联立，解得

$$B=\frac{neaU}{I}$$

根据霍尔效应做成的霍尔器件，就是以磁场为工作媒质，将物体的运动参量转变为数字电压的形式输出，使之具备传感和开关的功能。由于半导体材料的霍尔效应比金属显著，故一般霍尔器件采用半导体材料制作。

我们知道，当电流通过一根长的直导线时，在导线周围产生磁场，磁感应强度的大小 B 与流过导线的电流 I 成正比，即，$B\propto I$，而霍尔器件的输出电压 U 与磁场 B 有良好的线性关系，即，$U\propto B$，所以，通过检测霍尔电压 U，就可以获知受检测对象的相关信息。

霍尔效应的应用非常重要。按被检测对象的性质可将其应用分为：直接应用和间接应用。直接应用是直接检测受检对象本身的磁场或磁特性；间接应用是检测受检对象上人为设置的磁场，这个磁场是被检测信息的载体，通过它可将许多非电磁的物理量，例如速度、加速度、角度、角

速度、转数、转速以及反映工作状态发生变化的物理量等，转变成电磁量来进行检测和控制。

例 16.14 如图 16.34 所示是利用功能关系测定磁感强度的装置。磁场具有能量，磁场中单位体积所具有的能量称为磁能密度，其值为$\frac{B^2}{2\mu}$，其中 $\boldsymbol{B}$ 为磁感应强度，μ 为磁介质的磁导率，空气中的 μ 为已知常数。为了近似测得条形磁铁磁极端面附近的磁感应强度 $\boldsymbol{B}$，我们采用以下方法：用一根端面面积为 S 的条形磁铁吸住相同面积的铁片 P，再用近似不变的力 F 将铁片拉开一段微小的距离 Δl，并测出拉力 F，则恒定拉力 F 所做的功就等于间隙中磁场的能量。试求磁感应强度 $\boldsymbol{B}$ 的大小。(用 S、F、μ 表示)

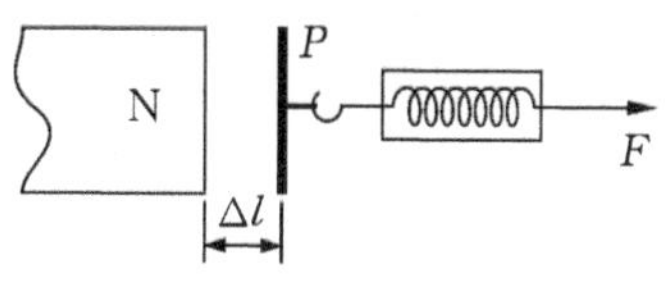

图 16.34

解 将铁片 P 拉开一段微小距离 Δl 的过程中，力 F 近似不变，所以，在此过程中，力 F 所做的功 A 为

$$A = F\Delta l$$

在铁片 P 逐渐被拉离条形磁铁磁极端面的过程中，铁片 P 与条形磁铁磁极端面之间的磁场储存的能量也在变化，由题意可知，磁场内磁能的变化量 ΔW 为

$$\Delta W = \frac{B^2}{2\mu} \cdot \Delta V = \frac{B^2}{2\mu} \cdot S\Delta l$$

由能量守恒定律可得，磁场中磁能的变化量等于外力 F 所做的功，即

$$\frac{B^2}{2\mu} \cdot S\Delta l = F\Delta l$$

解得条形磁铁磁极端面附近的磁感应强度 $\boldsymbol{B}$ 的大小为

$$B = \sqrt{\frac{2F\mu}{S}}$$

思考 在磁感应强度为 $\boldsymbol{B}$ 的匀强磁场中，垂直于磁场放入一段长为 l 的载流导线。若任意时刻该导线中都有 N 个以速度 v 做定向移动的电荷，每个电荷的电量为 q。则每个电荷所受的洛伦兹力 f=________，该段导线所受的安培力 F=________。

习 题

16.1 如图，载流螺线管的管口、外部中央、管内中央的 a、b、c 处分别放置了可自由转动的小磁针，试画出小磁针静止时，其 N 极的指向。

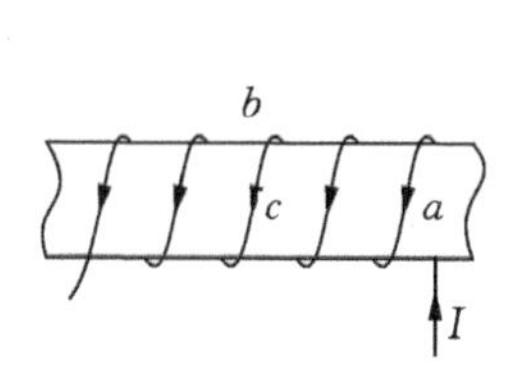

题 16.1 图

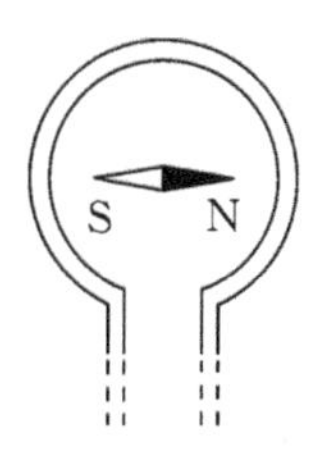

题 16.2 图

16.2 如图，当电流通过线圈时，磁针将发生偏转，以下说法正确的是( )。

A. 当线圈通以沿顺时针方向的电流时，磁针 N 极将指向读者

B. 当线圈通以沿逆时针方向的电流时，磁针 S 极将指向读者

C. 当磁针 N 极指向读者，线圈中电流沿逆时针方向

D. 不管磁针如何偏转，线圈中的电流总是沿顺时针方向

16.3　如图所示，电流从 A 点分两路通过对称的环形分路汇合于 B 点，试分析环形分路中心 O 处的磁感应强度。

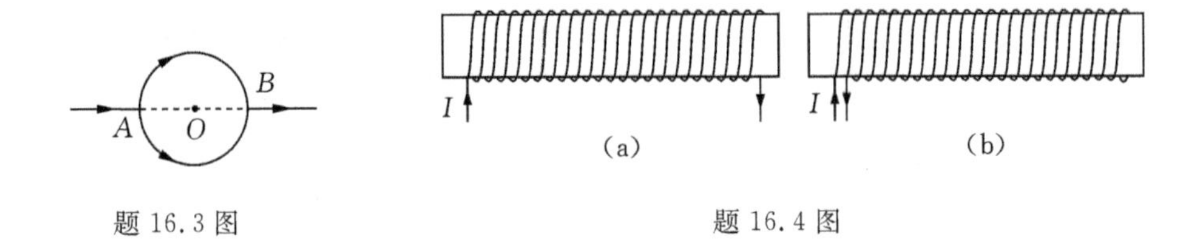

题 16.3 图　　题 16.4 图

16.4　取两个完全相同的长导线，用其中一根绕成如图(a)所示的螺线管，当该螺线管中通以电流强度为 I 的电流时，测得螺线管内中部的磁感应强度大小为 B，若将另一根长导线对折后绕成如图(b)所示的螺线管，并通以电流强度同为 I 的电流时，试分析螺线管内中部的磁感应强度大小。

16.5　如图所示，在竖直向上的匀强磁场中，放置一根垂直于纸面的载流长直导线，电流方向垂直纸面向外，a、b、c、d 是以直导线为圆心的同一圆周上的四点，试分析 a、b、c、d 处的磁感应强度。

16.6　如图，在 XOY 平面中有一载流直导线与 OX、OY 轴相交，导线中电流方向如图所示。该区域有匀强磁场，载流直导线所受安培力的方向与 OZ 轴的正方向相同。试分析该磁场可能的磁感应强度方向。

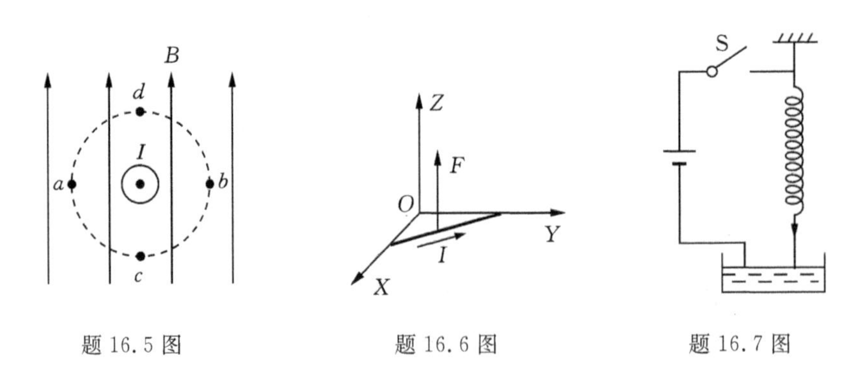

题 16.5 图　　题 16.6 图　　题 16.7 图

16.7　将一根柔软的弹簧竖直悬挂，使其下端正好与杯中的水银面接触，组成如图所示的电路。当开关 S 闭合时，试描述观察到的现象。

16.8　如图，在一根铁芯上绕制有两个线圈。将它们与干电池相连接。已知线圈的电阻比电池的内阻大得多，试分析哪种线圈接法在铁芯中产生的磁场最强。

16.9　如图，条形磁场放置于水平桌面上，在其正中央的上方固定一根长直导线，导线放置的方向与条形磁铁的放置方向垂直。当长直导线通有垂直纸面向外的电流时，试分析磁铁对桌面压力大小变化以及磁铁是否受到桌面摩擦力的作用。

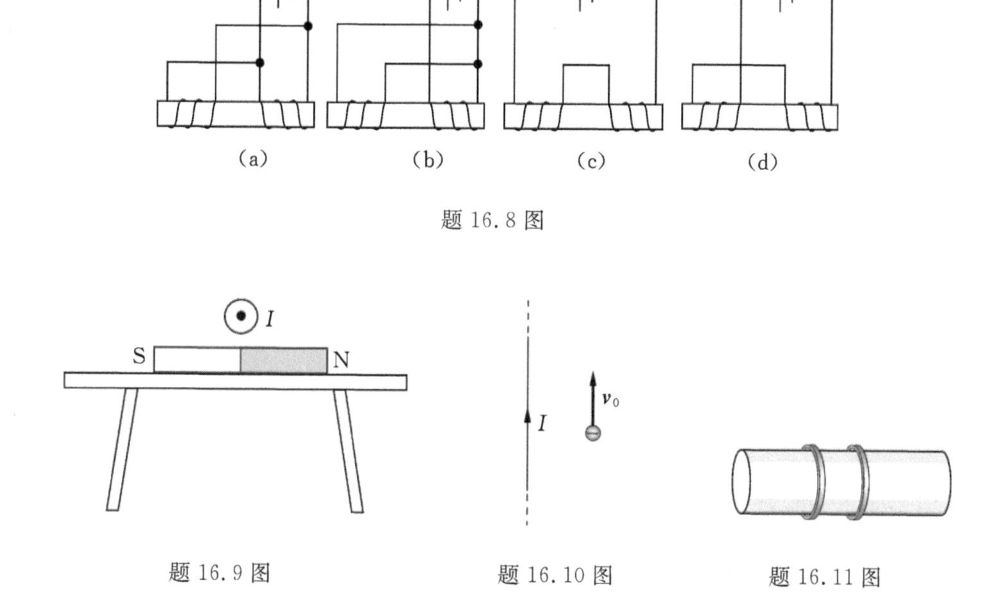

题 16.8 图

题 16.9 图　　题 16.10 图　　题 16.11 图

16.10　如图，初速度为 v_0 的电子，沿平行于长直载流导线的方向射出，试分析电子的运动情况。

16.11　如图，两个完全相同的线圈套在一水平放置的、光滑绝缘的圆柱棒上，且能自由移动，如果线圈中通以不等的同向电流，则两线圈的运动情况为(　)。

A. 都绕圆柱转动

B. 以不等的加速度相向运动

C. 以相等的加速度相向运动

D. 以相等的加速度相背运动

16.12　一根容易形变的弹性导线，两端固定。导线中通有方向如图所示的电流。无磁场时，导线呈直线状态；当分别加上如图所示的匀强磁场时，导线的状态为图示的哪种情况？

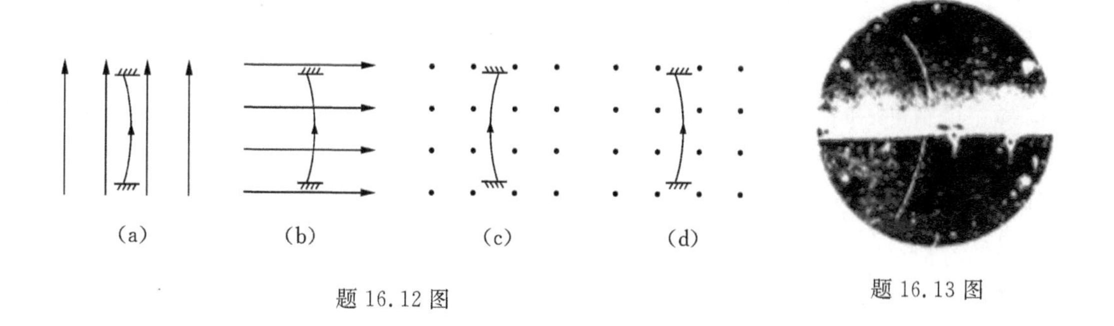

题 16.12 图　　题 16.13 图

16.13　科学史上一张著名的实验照片如图所示，显示一个带电粒子在云室中穿过某种金属板运动的径迹。云室旋转在匀强磁场中，磁场方向垂直照片向里。云室中横放的金属板对粒子的运动起阻碍作用。由此径迹可知粒子是(　)。

A. 带正电，由下往上运动

B. 带正电，由上往下运动

C. 带负电，由上往下运动

D. 带负电，由下往上运动

16.14 带电量相等的两粒子，进入同一匀强磁场中，仅受磁场力而做匀速圆周运动。以下说法正确的是(　)。

A. 若速率相等，半径必相等

B. 若质量相等，运动周期必相等

C. 若动量大小相等，半径必相等

D. 若动能相等，运动周期必相等

16.15 如图，在一水平放置的平板 MN 上方加有垂直于纸面向里、磁感应强度为 $\boldsymbol{B}$ 的匀强磁场。今有许多质量均为 m、带电量为 $q(q>0)$ 的粒子，以相同速率沿位于纸面内的各个方向由小孔 O 射入磁场区域。不计粒子间的相互作用力、重力。试分析下列哪个图中阴影部分能很好地表示带电粒子可能经过的区域。

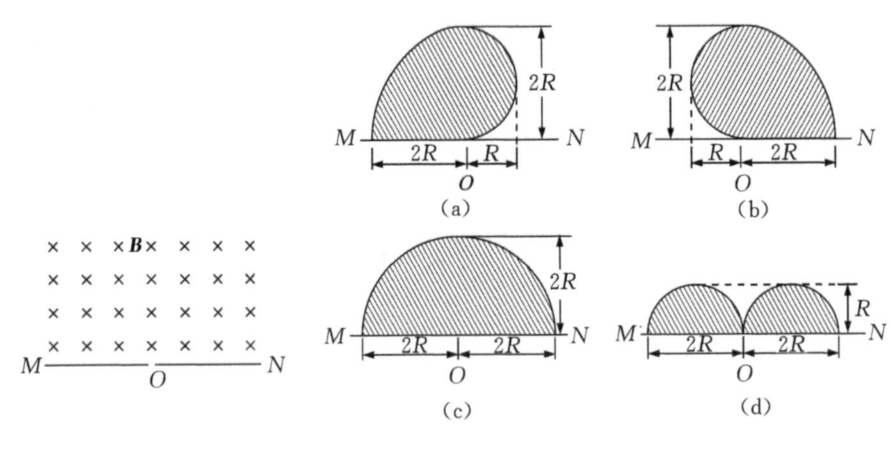

题 16.15 图

16.16 如图，两束混合的粒子束，先径直穿过正交的匀强电场和磁场，再进入一个匀强磁场区域后分裂为几束。粒子的重力忽略不计，则粒子束分裂的原因为(　)。

A. 带电性质不同，既有正离子又有负离子

B. 粒子的速度不同

C. 质量与电量的比值不同

D. 以上答案均不正确

16.17 如图，在 $\theta=30°$ 的斜面上，固定一金属框，接入 $\mathscr{E}=12$ V、内阻不计的电池。沿垂直于金属框的方向放置一根长 $l=0.25$ m，质量 $m=0.2$ kg 的金属棒 ab，其与金属框间的摩擦系数为 $\mu=\sqrt{3}/6$。现将整个装置放置于磁感应强度 $B=0.8$ T、垂直于金属框面的匀强磁场中，试求，当调节滑线变阻器的阻值 R 在什么范围内时，可使金属棒静止在金属框上。($g=10\ \text{m/s}^2$，忽略金属框与金属棒的电阻)

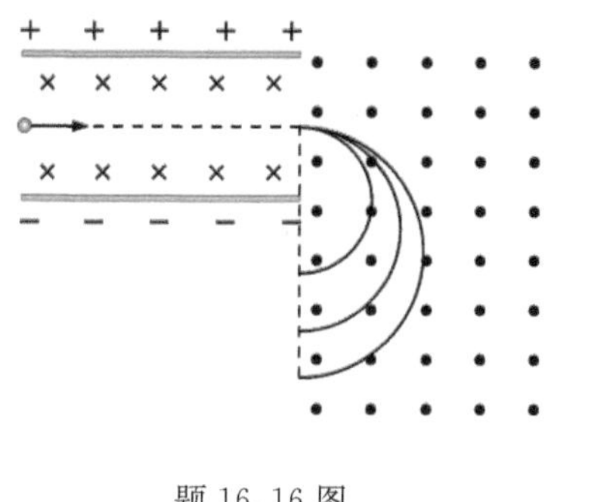

题 16.16 图

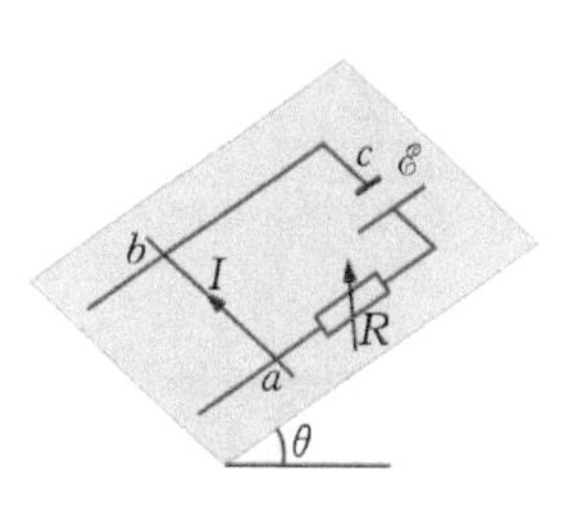

题 16.17 图

16.18 在原子反应推中，抽动液态金属导电液体时，由于不允许传动机械部分与这些液体相接触，常使用电磁泵。如图所示为这种电磁泵的结构示意图。将矩形导管置于磁感应强度为 $\boldsymbol{B}$ 的匀强磁场中，当电流 I 穿过矩形导管中的导电液体时（电流垂直于水平面向上），导电液体随即被驱动。设导管的内截面积 $S=ah$，磁场区域的宽度为 L，试求驱动产生的压强差。

16.19 如图，ab、cd 为两根相距 2 m 的平行金属导轨，放置于竖直向下的匀强磁场中。现将一根质量为 3.6 kg 的金属棒 MN 垂直放置于金属导轨之间。当棒中通有 5 A 的电流时，金属棒沿导轨做匀速运动；当金属棒中的电流增加为 8 A 时，金属棒以 $a=2\ \mathrm{m/s^2}$ 的加速度运动，试求匀强磁场的磁感应强度 $\boldsymbol{B}$ 的大小。

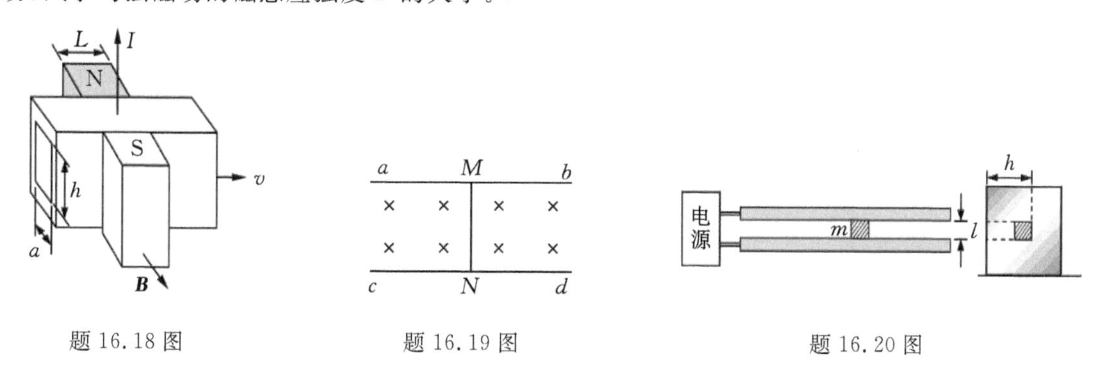

题 16.18 图　　题 16.19 图　　题 16.20 图

16.20 根据磁场对电流产生作用力的原理，人们研究出了一种新型的发射炮弹的装置——电磁炮。其工作原理如图所示，两根平行长直金属导轨沿水平方向固定，将金属滑块（待发射的炮弹）放置于两根金属导轨之间。滑块可沿导轨无磨擦地滑行，且始终与导轨保持良好接触。电源提供的强大电流由一根导轨流入，经过滑块，再由另一根导轨流向电源。滑块被导轨中电流形成的磁场推动而被发射出去。在发射过程中，该磁场在滑块所在位置处始终可以简化为匀强磁场，方向垂直于纸面，磁感应强度与电流的关系为 $B=kI$，比例系数 $k=2.5\times10^{-6}\ \mathrm{T/A}$。设两根导轨相距 $l=1.5$ cm，滑块的质量 $m=30$ g，滑块沿导轨滑行 5 m 后获得的发射速度 $v=3.0$ km/s。试求：

(1)发射过程中电源所提供的电流强度 I；

(2)如果电源输出能量的 4%转换为滑块的动能，发射过程中电源的输出功率 P 和输出电压 u；

(3)如果滑块射出后随即沿水平方向击中置于水平面上的砂箱，它嵌入砂箱的深度为 h，砂箱质量为 M，滑块质量为 m，不记砂箱与水平面之间的摩擦，求滑块对砂箱水平冲力的表达式。(忽略炮弹与导轨之间的摩擦力)

16.21　如图所示是一种水位报警器的工作原理图。试分析当水位到达金属块 A 时(一般的水能导电)，电路中红绿灯的工作情况。

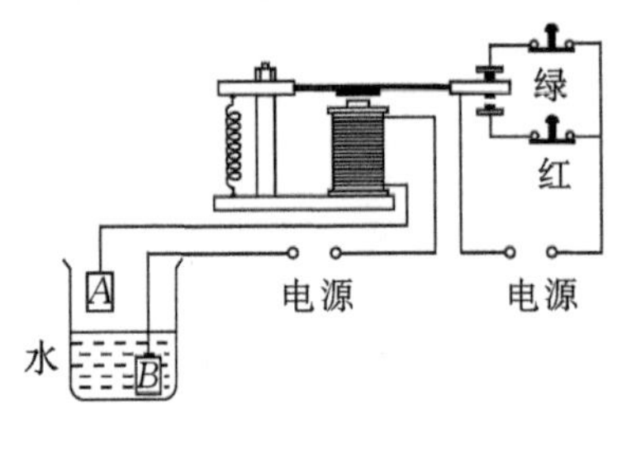

题 16.21 图

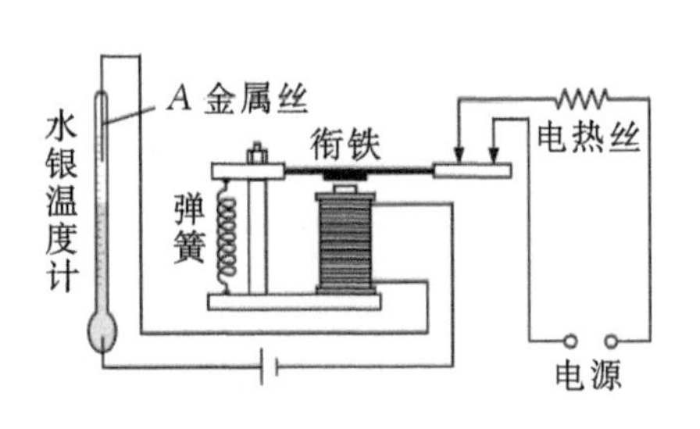

题 16.22 图

16.22　如图所示是恒温箱的简易电路图。其工作原理为：接通工作电路后，电热丝加热，箱内温度升高，当箱内温度达到温度计金属丝 A 所指的温度时，控制电路接通，电磁铁有磁性，衔铁被吸下，工作电路________，电热丝停止加热。当箱内温度低于金属丝 A 所指的温度时，控制电路断开，衔铁被________，工作电路再次工作，电热丝加热，从而保持恒温箱内温度恒定。

16.23　如图所示，两个几何形状完全相同的平行平板电容器 AP 和 MN，竖直放置于区域足够大的垂直于纸面向外的匀强磁场中，两电容器极板上端和下端分别在同一水平线上。已知两电容器极板的间距均为 d，板间电压均为 U，极板长度均为 l。现有一电子由 AP 极板上边缘的中点 O 以向下的速度 v_0 沿极板的中心线做匀速直线运动至 AP 极板下边缘，此后经过磁场的偏转进入 MN 下边缘中点，又沿 MN 极板的中线做匀速直线运动至 MN 的上边缘，再经过磁场偏转又通过 O 点沿 AP 极板上边缘的中点以向下的速度沿极板的中心线做匀速直线运动，循环往复运动。设电子的质量为 m，带电量为 q，重力不计。试求：

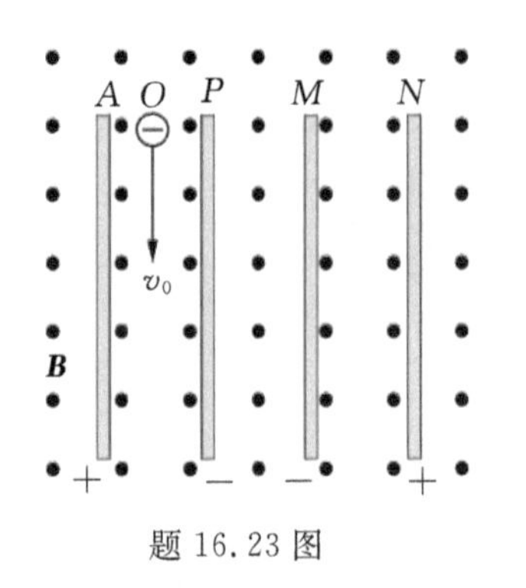

题 16.23 图

(1)欲使电子的运动满足题述的要求，PM 板之间的距离 x 满足的条件；

(2)电子由 O 点出发到第一次返回 O 点所需的时间 t。

16.24　如图所示，空间存在着以 $x=0$ 平面为分界面的左右两匀强磁场，其磁感应强度的大小关系为 $B_1:B_2=4:3$，方向垂直于纸面向里。现在原点 O 处有一静止的中性粒子，突然分裂为两个带电粒子 a 和 b。已知 a 带正电荷，分裂时初速度沿 x 轴正方向。如果 a 粒子在第 4 次经过 y 轴时，恰好与 b 粒子相遇。

(1)试画出 a、b 粒子的运动轨迹以及它们相遇的位置；

(2)试求 a 粒子和 b 粒子的质量之比 $m_a:m_b$。

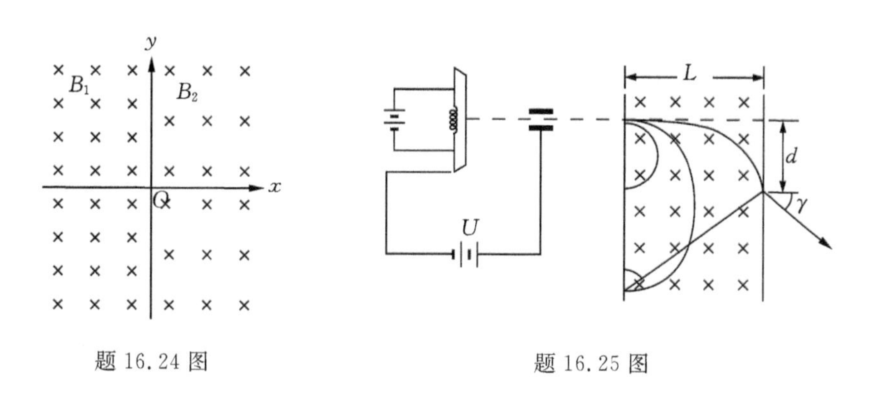

题 16.24 图　　　　题 16.25 图

16.25　如图所示，从阴极发射的电子，通过加速电压 $U=1.25\times10^4$ V 后，垂直射入宽度 $L=30$ cm、磁感应强度 $B=5\times10^{-4}$ T 的匀强磁场中。试求：

(1)电子在磁场中运动的加速度大小；

(2)电子离开磁场时，偏离原方向的垂直距离 d 以及偏转角 γ；

(3)欲使偏转角 $\gamma=\pi$，需加多大的加速电压 U。

16.26　如图所示，ab、cd 为两条相距较远的平行直线，ab、cd 的外侧均有磁感应强度为 $\boldsymbol{B}$、垂直纸面向里的匀强磁场。虚线轨迹是由两个相同的半圆和与半圆相切的两条线段构成，今有两带电体分别由图中的 A、D 两点以不同的初速度向外侧运动，其运动轨迹正好为虚线，且在 C 点碰撞合为一体继续向右侧运动。整个运动过程不计重力。试分析以下结论哪个正确。

A. 开始时甲的动量一定比乙小

B. 甲的带电量一定比乙的带电量多

C. 虚线即是甲乙结合后的运动轨迹

D. 甲乙结合后的运动轨迹不是虚线

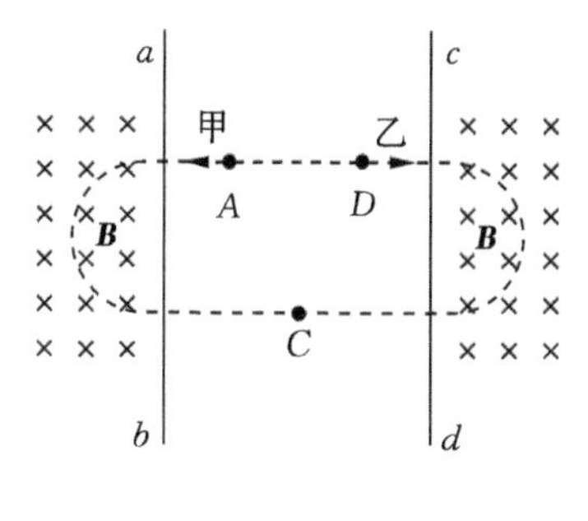

题 16.26 图

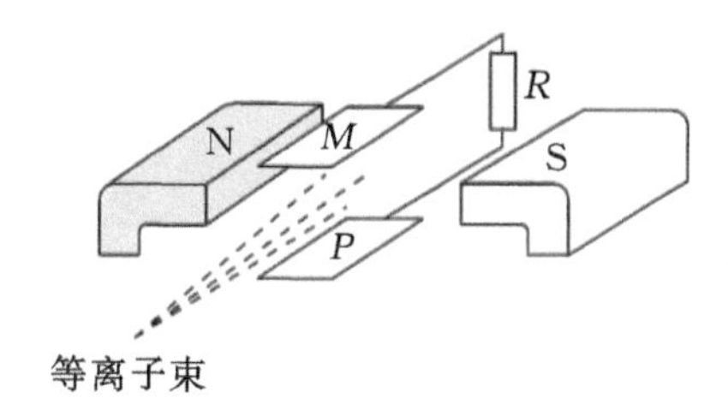

题 16.27 图

16.27　目前，世界上正在研究一种新型发电机，称为磁流体发电机，它可以将高温、高速导电气体的内能转化为电能。其工作原理如图所示。将一束等离子体(高温下电离的气体，含有大量的带正电和带负电的离子，而整体上保持电中性)射入匀强磁场中，在与磁场垂直的方向上安装有两块金属板 M、P，此时金属板上就会聚集电荷，产生电压。设射入磁场的等离子体的速度为 v，金属板的面积为 S，板间的距离为 d，匀强磁场的磁感应强度为 $\boldsymbol{B}$，其方向与等离子体的速度方向垂直，两极板之间连接有电阻 R，等离子体充满两极板空间，其电阻率为 ρ，试求：

（1）通过电阻 R 的电流大小及方向；

（2）两极板的电压；

（3）两极板之间的电场强度为最大的条件，以及最大电场强度值。

课外拓展阅读

一、物理方法简介

物理学理论的确立离不开“假说”，因为有些理论是通过假说发展而来的。“假说方法”是物理学研究问题的基本方法之一。假说是科学与猜想的辩证统一，假说是建立物理学理论的桥梁之一，假说上升为理论必须经过实践的检验。通常，为了在物理课程的学习中保存物理发展的历史，也为了传授物理学研究的方法，在一些物理规律的陈述中，仍然沿用“假说”之词。例如：“安培的分子电流”假说等。

二、科学家简介——安培

安德烈·玛丽·安培（André-Marie Ampère，1775—1836 年），法国物理学家，在电磁作用方面的研究成就卓著，对数学和化学也有贡献。电流的国际单位安培即以其姓氏命名。

安德烈·玛丽·安培

1. 安培的分子电流假说

安培认为构成磁体的分子内部存在一种环形电流——分子电流。由于分子电流的存在，每个磁分子都可看作一个小磁体，如图(a)所示。通常情况下，磁体分子的分子电流取向是杂乱无章的，它们产生的磁场互相抵消，对外不显磁性，如图(b)所示；当有外界磁场作用时，分子电流的取向大致相同，分子间相邻电流的作用相互抵消，而处于磁体表面的分子电流有部分未能抵消，显示出宏观磁性，如图(c)所示。

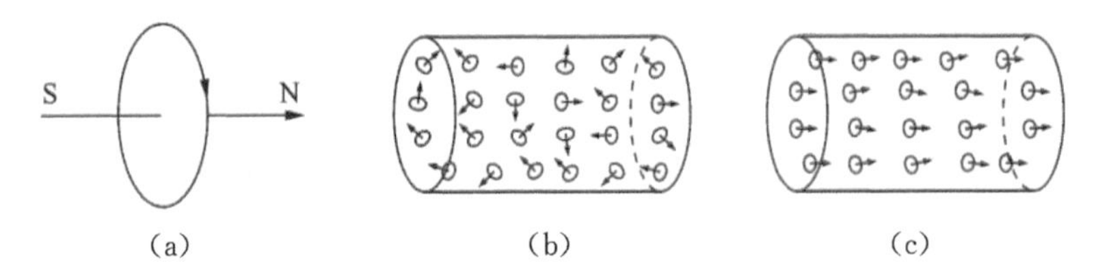

(a)　　(b)　　(c)

在当时，由于人们对物质结构知识了解甚少，使得“安培的分子电流”无法得到证实，它也就带有相当大的臆测成份。在今天，我们已经了解到物质由分子组成，分子由原子组成，原子中有绕核运动的电子，使得“安培的分子电流”有了实在的内容，已成为认识物质磁性的重要依据。但为了保存物理发展的历史，也为了传授物理学研究的方法，至今仍然沿用“安培的分子电流假说”之称。

2. 安培最主要的成就

（1）发现了安培定则（右手螺旋定则）。

奥斯特发现电流磁效应的实验，引起了安培的极大关注，使他长期信奉的库仑关于电、磁没有关系的信条受到极大震动，他集中精力进行研究，两周后就提出了磁针转动方向与电流方向遵循右手定则，这个定则之后被命名为安培右手螺旋定则。

(2)发现载流导线相互作用规律。

接着，他又提出了电流方向相同的两条平行载流导线互相吸引，电流方向相反的两条平行载流导线互相排斥。对两个线圈之间的吸引和排斥也作了讨论。

(3)发明了电流计。

安培还发现，电流在线圈中流动时表现出的磁性和磁铁相似，并创制出第一个螺线管，在这个基础上发明了探测和量度电流的电流计。

(4)提出分子电流假说。

(5)安培定律。

安培做了四个关于电流相互作用的精巧实验，并运用高度的数学技巧总结出：两电流元相互作用力的大小与两电流元的大小、间距以及相对取向之间的关系。后来人们把这定律称为安培定律。安培第一个把研究动电的理论称为"电动力学"，1827 年安培将他对电磁现象的研究综合在《电动力学现象的数学理论》一书中。这是电磁学史上一部重要的经典论著。

3. 安培的科学研究方法

由以上的资料我们了解到，安培保持着对科技动态的敏感性、对问题穷追不舍的精神；他精通实验，能利用自己设计的实验来检验自己的想法；有良好的数学素质，善于总结和归纳。

三、磁悬浮列车

金属、合金或其他材料在低温条件下电阻几乎变为零，电流通过时不会有任何损失的性质，称为超导电性，简称超导。当温度升高时，材料已有的超导态会变回到正常的状态。超导现象是荷兰物理学家翁纳斯(H. K. Onnes，1853—1926 年)首先发现的。

目前世界上有三种类型的磁悬浮。①以德国为代表的常导电式磁悬浮；②以日本为代表的超导电动磁悬浮；③中国的永磁悬浮。前两种磁悬浮均需要使用电力来产生磁悬浮动力。而第三种是利用特殊的永磁材料，不需要任何其他动力支持。

利用超导的磁悬浮原理，使车轮和钢轨之间产生排斥力，使列车悬空运行，这种磁悬浮列车的悬浮气隙较大，一般为 100 毫米左右，速度可达每小时 500 公里以上。超导磁悬浮列车最主要特征为：超导元件在相当低的温度下所具有的完全导电性和完全抗磁性。超导磁铁是由超导材料制成的超导线圈构成，它不仅电流阻力为零，且可以传导普通导线根本无法比拟的强大电流，这种特性使其能够制成体积小、且功率强大的电磁铁。

(摘自百度百科)

第17章 电磁感应

1820年H.C.奥斯特发现电流磁效应后，许多物理学家提出了磁场能否产生电流呢？1831年，法拉第发现了电磁感应现象及其遵循的规律，使人们对电与磁的关系有了更进一步的了解与认识。之后，麦克斯韦从理论上对电场、磁场、电磁之间的关系进行了总结，建立了经典的电磁理论。同时，电磁感应现象及规律的发现，也奠定了电气化的理论基础，加快了人类进入电气化时代的步伐。

本章主要讲述电磁现象的规律及其应用。

17.1 法拉第电磁感应定律

17.1.1 磁通量

1. 电动势

如图17.1所示。从导线中的电流方向（人们规定为正电荷流动的方向）可以看出，正电荷由电势较高的正极板 A 经导线流向电势较低的负极板 B，在导线中形成电流（实际上是负电荷由 B 板流向 A 板）。而正极板 A 上的正电荷不断地经导线流向负极板 B，这样一来，使得正极板 A 上的电势不断降低，同时，负极板 B 上正负电荷不断中和，使得负极板 B 上的电势不断升高，随着时间延续，正极板 A 与负极板 B 之间的电势差不断地减小，其结果使两极板间的电势差逐渐降低最终为零，电荷的定向流动形成的电流也就逐渐减弱到零。所以这种电路中的电流是不可能持久的。

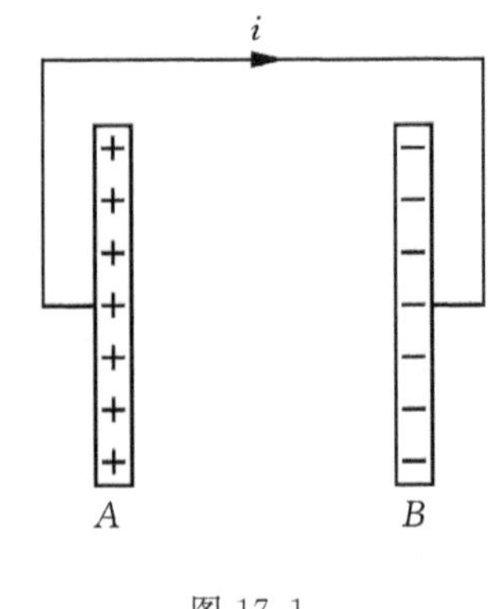

图17.1

由以上分析可知，欲使导线中维持恒定电流，就必须维持导线两端的电势差，即不断地将负极板 B 上的正电荷经 AB 板之间移到正极板 A 上，使得正极板 A 上不断地得到正电荷，继而在正极板 A 与负极板 B 之间建立起静电场。该静电场对 A、B 板之间的正电荷所施加的静电场力是阻碍正电荷移动到正极板 A 上的，由此可见，要依靠 A、B 板之间的静电场力来维持导线两端的电势差是不可能的。那么，必须借助于某种与静电场力不同的非静电场力来完成。凡是能提供非静电场力的装置都称为电源。电源是将其他形式的能量转变为电能的装置。如，干电池、太阳能电池、发电机等。

电动势是表征电源特征的物理量。电动势反映电源把其他形式的能量转换成电能的本领。电动势的大小定义为将单位正电荷由负极经电源内部移动到正极时，非静电场力所做的功。常用$\mathscr{E}$表示，单位为伏(V)。

在电源内部，将正电荷由负极移动到正极的过程中，非静电场力要对正电荷做功，这个做功的物理过程是产生电源电动势的本质。非静电场力所做的功，反映了其他形式的能量有多少转换成了电能。因此在电源内部，非静电场力做功的过程是能量相互转化的过程。

2. 电磁现象的发现历史

1820 年，奥斯特已发现：如果电路中有电流通过，其附近的小磁针会发生偏转。这是电流产生磁场的实验现象，也简称电生磁的实验现象。

1822 年，D. F. J. 阿喇戈和 A. von 洪堡在测量地磁强度时，偶然发现金属对其附近磁针的振荡具有阻尼作用。1824 年，阿喇戈根据该现象做了铜盘实验，发现转动的铜盘会带动自由悬挂在其上方的磁针旋转，但磁针的旋转与铜盘并不同步，稍滞后。电磁驱动和电磁阻尼是最早发现的电磁感应现象，但由于没有直接表现为感应电流，当时未能予以说明。

奥斯特的实验使法拉第得到启发，他认为“假如磁铁固定，载流线圈就可能运动”。根据这种设想，1821 年，法拉第在他的实验装置内观察到只要有电流通过线路，线路就会绕着一块磁铁不停地转动。事实上，法拉第发明的是第一台电动机，是第一台使用电流让物体运动的装置。虽然装置简陋，但它却是电动机的祖先。这是一项重大的突破，但当时除了用简陋的电池还没有其他方法获得电流，从而限制了它的实际用途。

法拉第一直认为，各种自然力都存在密切关系，而且可以相互转化。他坚信磁也一定能生电，并决心用实验来证明它。在近 10 年的时间里，各种努力都失败了。我们知道，静止的磁铁不会使附近的闭合线路产生电流。1831 年，法拉第发现一个静止的、通有稳恒电流的线圈虽然不能在另一个线圈中引起电流，但是当通电线圈的电流刚刚接通或突然中断时，另一个线圈中的电流计指针有微小的偏转。法拉第瞄准这个现象，设计了各种各样的装置，反复实验，证实了这个现象的存在。

为了证实无论采用什么方式产生的电，其本质都是一样的，法拉第仔细研究了电解液中的化学现象，1834 年，他总结出了法拉第电解定律：电解释放出来的物质总量和通过的电流总量成正比，和该种物质的化学当量成正比。该定律将物理学和化学紧密的联系起来，也为发现电子铺平了道路。

法拉第的发现显示了电、磁现象之间的相互联系和转化，拨开了探索电磁本质道路上的阴霾，开通了在电池之外大量产生电流的新思维。电磁感应的发现是一个划时代的伟大科学成就，它使人类获得了打开电能宝库的金钥匙，在征服和利用自然的道路上迈进了一大步。利用这个原理，法拉第创制出了世界上第一台感应发电机的雏型。后来，人们又制成了实用的发电机、电动机、变压器等电力设备，建立起水力和火力发电站，使电力普遍应用于社会的各方面。这一切都和法拉第的伟大贡献分不开。

法拉第为了探讨电磁和光的关系，在光学玻璃方面费尽了心血。1845 年，也是在经历了无数次失败之后，他终于发现了“磁光效应”。他用实验证实了光和磁的相互作用，为电、磁和光的统一理论奠定了基础。

3. 磁通量(磁通)

如图 17.2(a)所示。设在磁感应强度为 $\boldsymbol{B}$ 的匀强磁场中，有一个面积为 S 且与磁场方向垂直的平面，磁感应强度 $\boldsymbol{B}$ 与面积 S 的乘积，称为通过这个平面的磁通量，简称磁通。即

$$\Phi_{\mathrm{m}} = BS$$

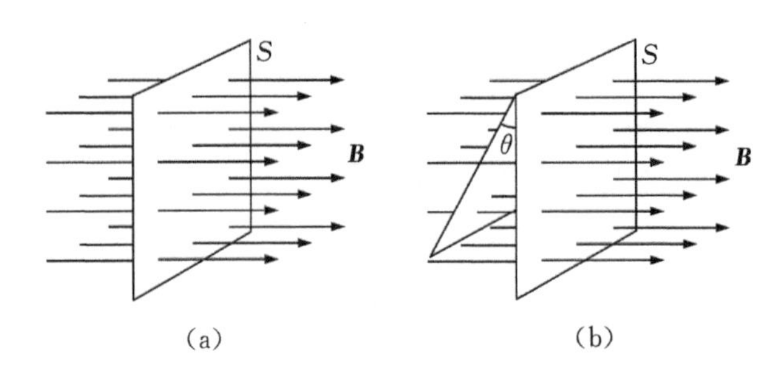

图 17.2

在国际单位制中，磁通量的单位是韦伯，符号为 Wb。

如图 17.2(b)所示。当磁感应强度 **B** 的方向与平面不垂直，我们可以将它投影到与磁感应强度 **B** 垂直的方向，设投影前与投影后两平面之间的夹角为 θ，投影后的平面面积为 $S_{\perp}$，则有

$$S_{\perp} = S\cos\theta$$

则通过该平面的磁通量为

$$\Phi_{\mathrm{m}} = BS_{\perp} = BS\cos\theta \tag{17.1}$$

我们也可以形象地把通过某一平面的磁通量描述为通过该平面的磁力线的条数。

例 17.1 下列是关于磁通量的说法，正确的是（ ）。

A. 通过一个面的磁通量等于磁感应强度和该面面积的乘积

B. 在匀强磁场中，通过某平面的磁通量等于磁感应强度和该面面积的乘积

C. 通过一个面的磁通量等于通过该面磁力线的条数

D. 地磁场通过地球表面的磁通量为零

解 由磁通量的计算公式

$$\Phi_{\mathrm{m}} = BS_{\perp} = BS\cos\theta$$

可知，通过一个面的磁通量与磁场的磁感应强度大小 B、该面的面积 S、磁感应强度的方向与该面之间的夹角有关。所以，A、B 的说法都是错误的。地球的表面是一个闭合曲面，地球外部的磁力线起于地球的南极，终于地球的北极，而地球内部的磁力线起于北极，终于南极。所以，地磁场通过地球表面的磁通量为零，因此，C、D 的说法是正确的。

17.1.2 法拉第电磁感应定律

1. 法拉第电磁感应实验

1831 年 8 月，法拉第在软铁环两侧分别绕两个线圈，如图 17.3(a)所示。其中一线圈串接一检流计，另一线圈与电池组相连，接通开关，形成有电源的闭合回路，如图 17.3(b)所示。实验发现，合上开关的瞬间，检流计指针偏转；切断开关的瞬间，检流计指针反向偏转。这表明在无电池组的线圈中出现了电流。法拉第立即意识到，这是一种非恒定的暂态效应。紧接着他又做了几十个实验，把产生电流的情形概括为五类：变化的电流、变化的磁场、运动的恒定电流、运动的磁铁、在磁场中运动的导体，并将这些现象正式定名为电磁感应，将产生的电流称为感应电流。继而，法拉第还发现，在相同条件下，不同金属导体回路中产生的感应电流与导体的导电能力成正比，他由此认识到，感应电流是由与导体性质无关的感应电动势产生的，即使没有回路，没有感应电流，但感应电动势仍然存在。

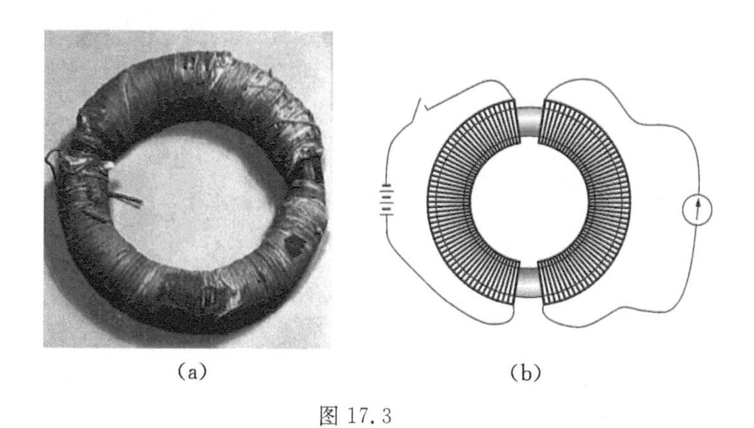

(a)　　(b)

图 17.3

2. 法拉第电磁感应定律

法拉第实验表明，无论采用什么方法，只要通过闭合电路包围面积的磁通量发生变化，闭合电路中就有电流产生，这种现象称为电磁感应现象，所产生的电流称为感应电流。如图17.4所示。

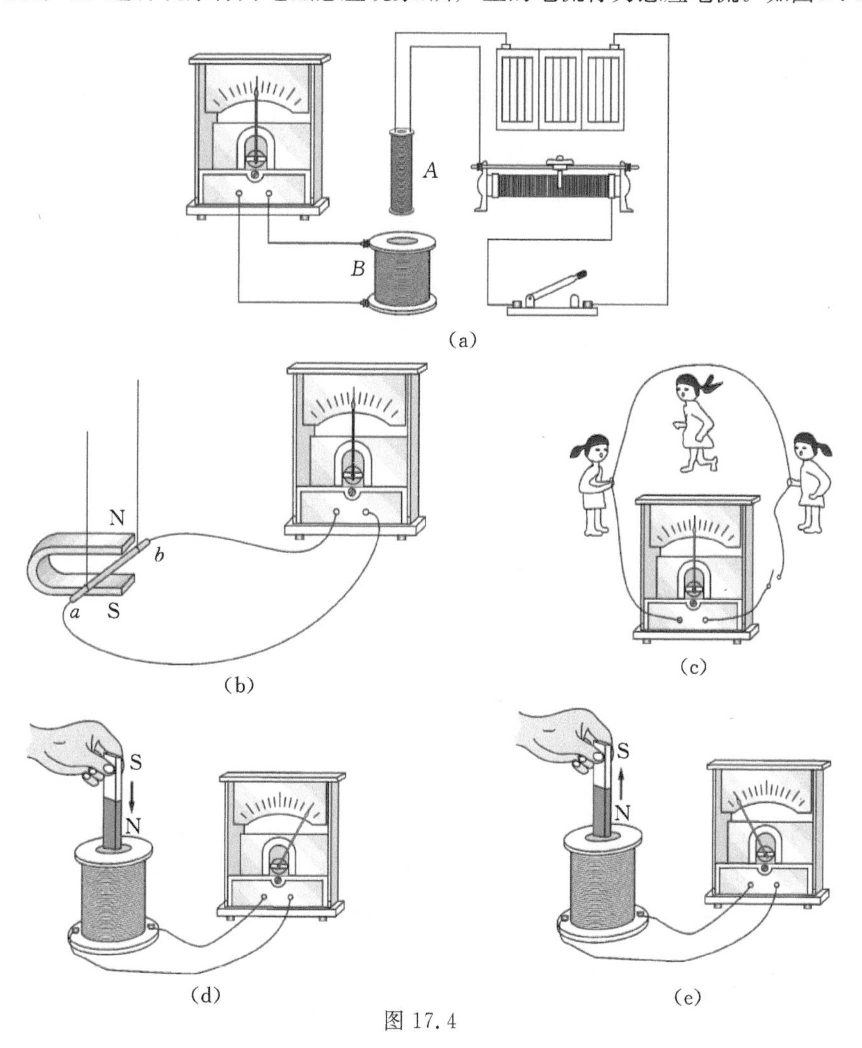

(a)

(b)　　(c)

(d)　　(e)

图 17.4

法拉第根据大量实验事实总结出了如下定律：电路中感应电动势的大小，与通过闭合回路包围面积中磁通量的变化率成正比。即

$$\mathscr{E} = k\frac{\Delta\Phi}{\Delta t}$$

其中 k 为比例系数，在国际单位中，$k=1$。$\mathscr{E}$ 表示感应电动势，其单位为伏（V）。设 t_1、t_2 时刻闭合回路包围面积的磁通量分别为 Φ_1 和 Φ_2，则在 $t_1 \sim t_2$ 时间内闭合回路包围面积中磁通量的变化量为 $\Delta\Phi=\Phi_2-\Phi_1$。因此，有

$$\mathscr{E} = \frac{\Delta\Phi}{\Delta t}$$

通常，闭合回路为密绕多匝线圈，设匝数为 N，因为通过每匝线圈的磁通量是相等的，因此，我们可以将它们看作是 N 个线圈相互串联而成，所以，N 匝线圈的电动势为单匝线圈电动势的 N 倍，即

$$\mathscr{E} = N\frac{\Delta\Phi}{\Delta t} \tag{17.2}$$

例 17.2 如图 17.5 所示。一个矩形线圈与通有相等电流的两平行长直导线共面，且矩形线圈位于两导线中央，试分析两电流同向或反向时，通过线圈的磁通量。

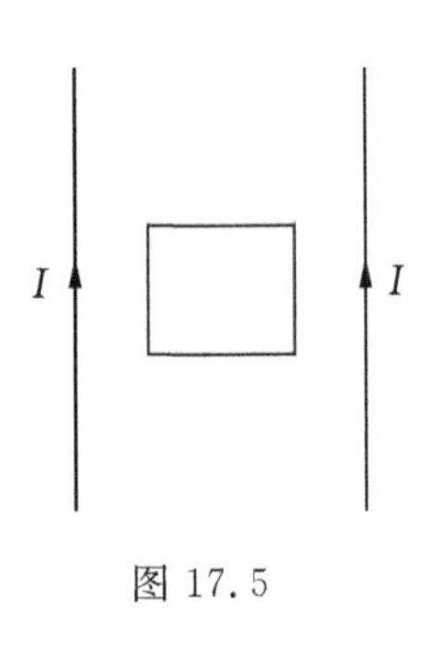

图 17.5

解 长直导线在其周围产生非均匀磁场，随着离开导线距离的增加，磁场逐渐减弱，但距导线距离相同处，磁感应强度的大小是相等的。设通过矩形线圈左半块面积的磁通量大小为 $\Phi_{左}$，通过矩形线圈右边半块面积的磁通量大小为 $\Phi_{右}$，由于平行直导线通有相等电流、且矩形线圈位于两导线中央，所以 $|\Phi_{左}|=|\Phi_{右}|$。当长直导线通有同向电流时，$\Phi_{左}$、$\Phi_{右}$ 符号相反，所以 $\Phi_{左}+\Phi_{右}=0$；反之，当长直导线通有反向电流时，$\Phi_{左}$、$\Phi_{右}$ 符号相同，所以 $\Phi_{左}+\Phi_{右}\neq0$。

例 17.3 如图 17.6 所示。闭合电路在纸面内，且闭合回路的一部分导线 ab 处于匀强磁场中，导线均在纸面内运动。试分析图 17.6(a)、(b)、(c)、(d)所示的闭合回路中是否产生感应电流。

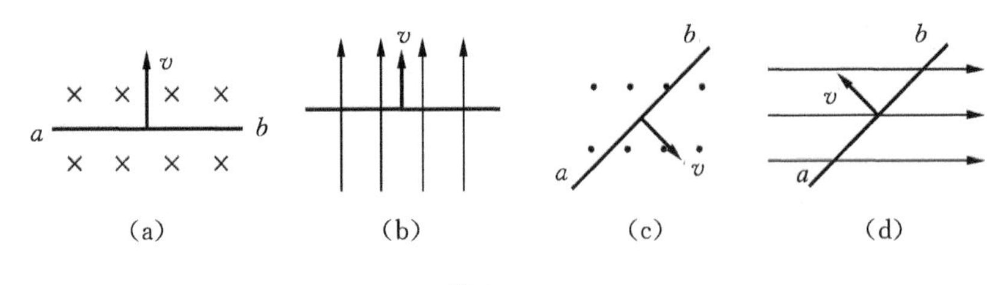

图 17.6

解 由于闭合回路在纸面内，由图示的磁场方向可知，(b)、(d)两图中原本就没有磁力线通过闭合回路，即磁通量为零，所以(b)、(d)闭合电路不会产生感应电流。(a)、(c)图中有磁通量通过闭合回路，且当导体 ab 运动时，闭合回路中的磁通量是变化的，所以(a)、(c)闭合回路会产生感应电流。

例 17.4 如图 17.7 所示。两个同心放置的共面金属圆环 a、b，一条形磁铁通过圆心且与

环面垂直，试判断通过两环的磁通量 Φ_a、Φ_b 的大小关系。

解 磁力线为闭合曲线，磁铁内部的磁力线条数与磁铁外部的磁力线条数相等，但方向相反。磁铁内部的磁力线全部通过两环，设为 Φ_0。

设磁铁外部的磁力线通过线圈 a、b 的条数分别为 Φ'_a、Φ'_b，且 $\Phi'_a<\Phi'_b$。则磁铁通过线圈 b 的磁力线总条数为 $\Phi_b=|\Phi_0-\Phi_b|$，磁铁通过线圈 a 的磁力线总条数为 $\Phi_a=|\Phi_0-\Phi_a|$，所以 $\Phi_a>\Phi_b$。

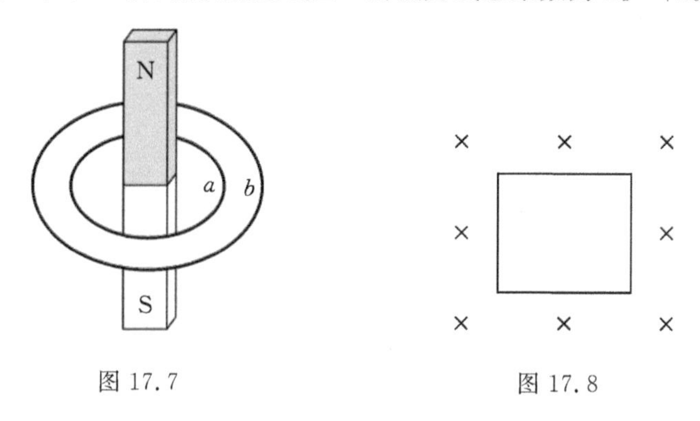

图 17.7　　　　图 17.8

例 17.5 如图 17.8 所示。一矩形线框放置于匀强磁场中，线框平面与磁场方向垂直。开始时，首先保持线框面积不变，将磁感应强度在 1 s 时间内均匀地增大为原来的两倍；之后，保持磁感应强度不变，在 1 s 时间内将线框面积均匀地减小为原来的一半，试计算两种情况下，线框中感应电动势大小的比值。

解 设原线框面积为 S，原磁感应强度为 B，第一种情况下，线框中产生的感应电动势大小为 $\mathscr{E}_1$，在 1 s 内矩形线框的磁通量增量为

$$\Delta\Phi_1 = 2BS - BS = BS$$

线框中产生的感应电动势为

$$\mathscr{E}_1 = \frac{\Delta\Phi_1}{\Delta t} = \frac{BS}{1} = BS$$

第二种情况下，线框中产生的感应电动势为 $\mathscr{E}_2$，在 1 s 内矩形线框的磁通量增量为

$$\Delta\Phi_2 = 2B \cdot \frac{S}{2} - 2BS = -BS$$

线框中产生的感应电动势为

$$\mathscr{E}_2 = \frac{\Delta\Phi_2}{\Delta t} = \frac{-BS}{1} = -BS$$

则两种情况下，线框中感应电动势大小的比值 $\left|\frac{\mathscr{E}_1}{\mathscr{E}_2}\right|=1$

17.1.3 楞次定律

从如图 17.4(d)、(e)所示的实验中，我们可以观察到，条形磁铁靠近或远离闭合回路中的线圈时，回路中检流计指针的摆动方向相反。这说明感应电流的方向与闭合回路中磁通量的变化方向有关。

在图 17.4(d)中，通过线圈的磁场方向是向下的，且磁通量随时间是增加的，而线圈中感应电流产生的磁场方向是向上的，即线圈中感应电流产生的磁场阻碍线圈中磁通量的增加；在

图 17.4(e)中，通过线圈的磁场方向仍然是向下的，但磁通量随时间是减少的，而线圈中感应电流产生的磁场方向是向下的，即线圈中感应电流产生的磁场阻碍线圈中磁通量的减少。

1833 年，楞次在概括了大量实验事实的基础上，总结出一条判断感应电流方向的规律，其内容为：闭合回路中感应电流的方向，总是使它所激发的磁场阻碍引起感应电流的磁通量的变化，称为楞次定律。可简练地表述为：感应电流的效果，总是阻碍引起感应电流的原因。

例 17.6 带负电的圆环绕圆心旋转，在环的圆心处有一闭合小线圈，小线圈与圆环共面，以下说法正确的是（ ）。

A. 只要圆环旋转，小线圈里一定有感应电流产生

B. 圆环不管怎样旋转，小线圈里都没有感应电流产生

C. 圆环做变速旋转时，小线圈里一定有感应电流产生

D. 圆环做匀速旋转时，小线圈里没有感应电流产生

解 带负电的圆环绕圆心旋转时，其产生的磁场相当于一个通有电流的圆环所产生的磁场，其电流的大小取决于圆环绕圆心旋转的快慢。如果圆环做匀速旋转，则产生的磁场是恒定磁场，于是，小圆环中的磁通量就始终保持恒定，则小圆环中无感应电动势，当然也就没有感应电流了。反之，如果圆环做变速旋转，则产生的磁场是变化磁场，于是，小圆环中的磁通量也是变化的，小圆环中就产生了感应电动势，当然，小圆环中就有感应电流了。所以，正确的说法是 C、D。

例 17.7 如图 17.9(a)所示。矩形导线框 $abcd$ 固定在匀强磁场中，磁场方向垂直于纸面向里，并规定磁场向里的方向为正方向，磁感应强度 B 随时间的变化规律如图所示。如果规定顺时针为感应电流 I 的正方向，试作图表示感应电流 I 随时间 t 的变化规律。

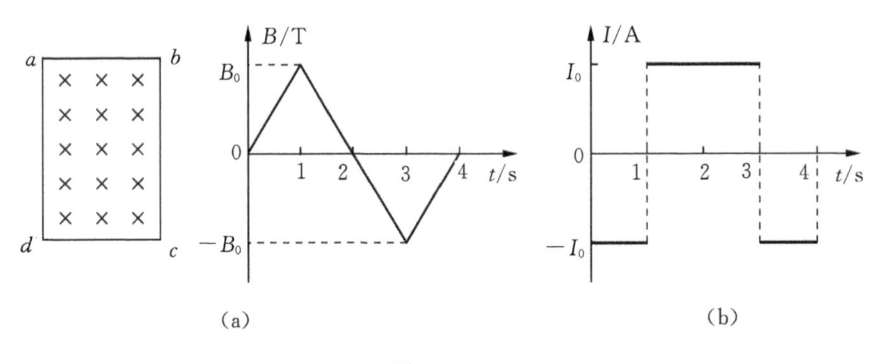

图 17.9

解 方法一 由磁感应强度 B 随时间的变化曲线可以得到磁感应强度 B 与时间 t 的函数关系为

$$B_1 = B_0 t, \quad 0 \sim 1\ \text{s}$$

$$B_2 = -B_0 t + 2B_0, \quad 1 \sim 3\ \text{s}$$

$$B_3 = B_0 t - 4B_0, \quad 3 \sim 4\ \text{s}$$

设矩形导线框 $abcd$ 的面积为 S，各时间间隔内磁通量变化量的大小为

$$\Delta\Phi_1 = B_0 S, \quad 0 \sim 1\ \text{s}$$

$$\Delta\Phi_1 = 2B_0 S, \quad 1 \sim 3\ \text{s}$$

$$\Delta\Phi_1 = B_0 S, \quad 3 \sim 4\ \text{s}$$

在各个时间间隔内，由于磁感应强度 B 匀速变化，所以感应电动势的大小恒定不变。

$$\mathscr{E}_1 = B_0 S,\quad 0 \sim 1\ \text{s}$$
$$\mathscr{E}_2 = B_0 S,\quad 1 \sim 3\ \text{s}$$
$$\mathscr{E}_3 = B_0 S,\quad 3 \sim 4\ \text{s}$$

由此可知，在各时间间隔内，感应电流的大小也恒定不变。0～1 s 内，由于通过矩形导线框 $abcd$ 中的磁通量线性增加，由楞次定律可知，感应电流产生的磁场是阻碍通过矩形导线框 $abcd$ 磁通量的增加，所以，感应电流产生的磁场垂直于纸面向外，由右手螺旋法则可知，矩形导线框 $abcd$ 中感应电流的方向为逆时针，按照题中电流符号的规定，此时感应电流的方向为负。

按照以上分析方法，对各时间间隔内的感应电流方向逐一判别，即可得到感应电流 I 随时间 t 的变化规律如图 17.9(b)所示。

方法二 矩形导线框 $abcd$ 固定不动，其面积始终不变化。由磁感应强度 B 随时间 t 的变化曲线可知磁感应强度 B 随时间 t 线性变化，并且变化速率相同，所以，磁通量 Φ 随时间 t 的变化率相等，即感应电动势的大小相等，当然感应电流的大小也相等。方向判断方法同上。

例 17.8 如图 17.10 所示。平行金属导轨的左端连接有电阻 R，金属导线框 $ABCD$ 的两端通过金属棒跨在导轨上，该装置与纸面共面，并放置于垂直于纸面向里的匀强磁场中。试问，当线框 $ABCD$ 沿着导轨向右运动时，线框 $ABCD$ 中是否有闭合电流，电阻 R 上是否有电流通过。

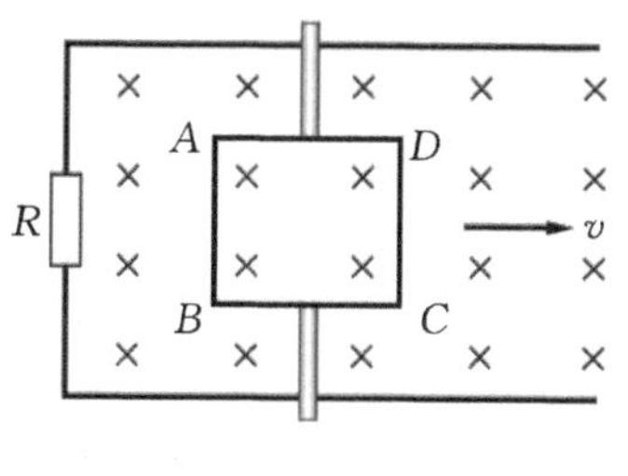

图 17.10

解 当线框 $ABCD$ 沿着导轨向右运动时，线框 $ABCD$ 中的磁通量始终恒定不变，由法拉第电磁感应定律可知，线框 $ABCD$ 中没有感应电动势，所以线框 $ABCD$ 中没有闭合电流。

当线框 $ABCD$ 沿着导轨向右运动时，线框、金属棒、电阻和中间连线构成的闭合电路中的磁通量增加，由法拉第电磁感应定律可知，该回路中有感应电动势，当然就有感应电流通过电阻 R。

该题需要注意的是，线框 $ABCD$ 中没有闭合电流，但有电流，因为导线 AB 中的电流方向为 $B \to A$，导线 CD 中的电流方向为 $C \to D$。

17.2 动生电动势 感生电动势

法拉第电磁感应定律表明，当通过导体回路的磁通量发生变化时，就有感应电动势产生。由磁通量定义 $\Phi = BS$ 可知，磁通量的变化分为两类，一类为磁场不变，导体回路或回路中部分导体在磁场中运动；二是导体回路不变，磁场变化。习惯上，将前一种情况产生的电动势称为动生电动势，后一种情况产生的电动势称为感生电动势。

17.2.1 动生电动势

1. 动生电动势

在垂直于纸面向里、磁感应强度为 B 的匀强磁场中，放置与纸面共面的矩形线框，在线框

上放置一长度为 l 的导体棒 ab，其沿垂直于矩形边框方向放置，且可以自由移动，如图 17.11 所示。今使导体棒以速度 v 向右匀速运动，如果在 Δt 时间内，导体棒 ab 运动到虚线位置，则在该过程中，矩形线框面积的变化为

$$\Delta S = lv\Delta t$$

闭合线框磁通量的变化量为

$$\Delta \Phi = B\Delta S = Blv\Delta t$$

由法拉第电磁感应定律可得，矩形线框中感应电动势的大小为

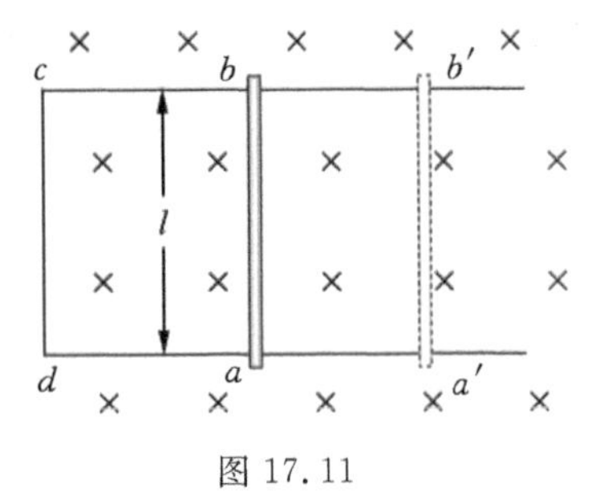

图 17.11

$$\mathscr{E} = \frac{\Delta \Phi}{\Delta t} = \frac{Blv\Delta t}{\Delta t} = Blv \tag{17.3}$$

当导体棒做切割磁力线运动时，产生的电动势称为动生电动势，也可以认为由于导体在磁场中运动，使回路中磁通量发生变化而产生的感应电动势。

2. 动生电动势产生的原因

如图 17.12 所示。当金属棒 ab 以速度 v 向右运动时，棒内每一个自由电子都获得了一个向右移动的定向速度 v；由此判定电子在图示匀强磁场中所受洛伦兹力的大小为 $f_m = evB$，方向向下。在 f_m 的作用下，导体棒 a 端将累积负电荷，而 b 端将累积正电荷。这样就在 ab 两端建立起了静电场，该静电场施加给电子的静电场力大小为 $f_e = eE$，方向向上，即静电场力阻碍电子继续向 a 端运动。此时，运动在 ab 之间的电子同时受到方向相反的两种力。当 ab 两端电荷累积到一定程度，满足 $f_e = f_m$ 时，即达到了平衡。此时 ab 两端具有稳定的电势差，就相当于一个电源。

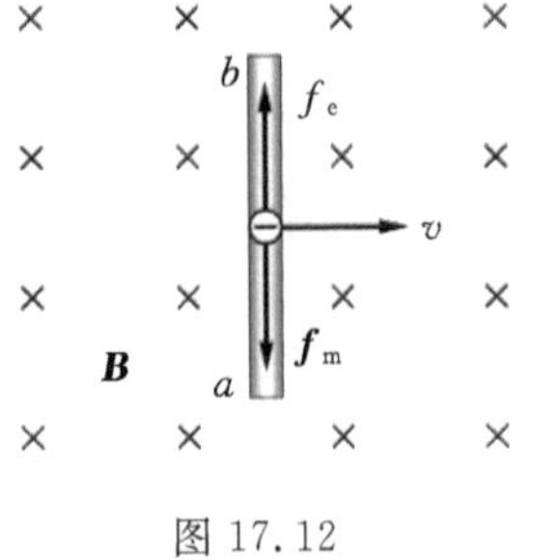

图 17.12

如果只有 ab 棒在磁场中运动，由于未形成回路，棒中不会有电流产生。如图 17.13 所示，形成 $a \to b \to c \to d \to a$ 的闭合回路时，回路中就有了电流。在外电路中，电流由电势高的 b 端流向电势低的 a 端，在内电路（棒内）中，电流由 a 端流向 b 端，因此，我们通常定义电动势的方向为内电路的电流方向。由以上分析可知，产生动生电动势的非静电场力为洛仑兹力。

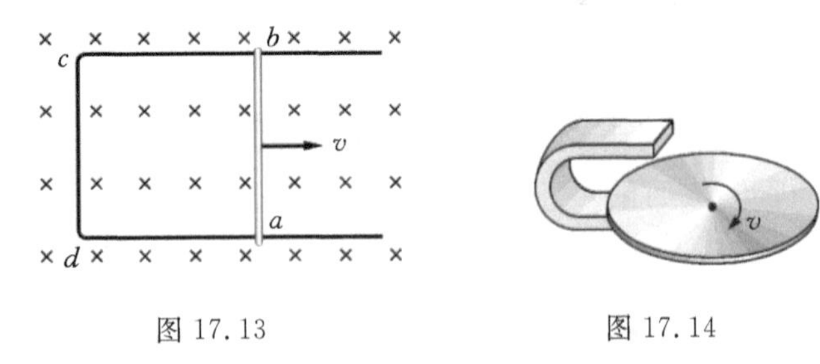

图 17.13　　图 17.14

问题　如图 17.14 所示，将旋转的铜盘置于 U 形磁铁两极之间，试分析铜盘的运动，并说明该装置的用途。

例 17.9　如图 17.15 所示。在垂直于纸面向里、磁感应强度为 B 的匀强磁场中,放置与纸面共面的矩形线框,在线框上放置一长为 l 的导体棒 ab,且垂直线框两长边跨在框上。在 Δt 时间内,导体棒 ab 向右匀速滑过的距离为 d,试求导体棒 ab 上的动生电动势大小及感应电流的方向。

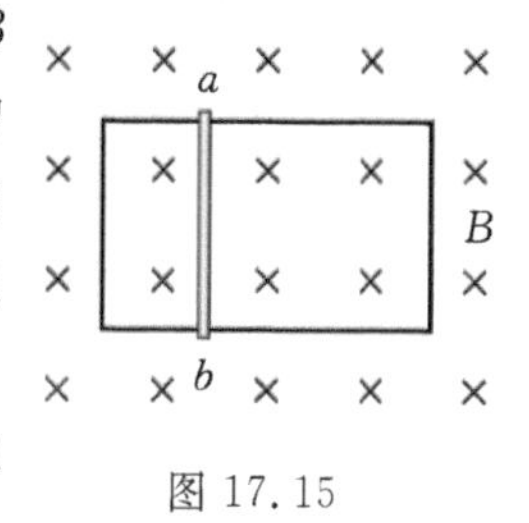

图 17.15

解　从左边的闭合回路来看,在 Δt 时间内,面积增加了 ld,左边回路磁通量增加了 $\Delta\Phi=Bld$,由法拉第电磁感应定律可得

$$\mathscr{E}=\frac{\Delta\Phi}{\Delta t}=\frac{Bld}{\Delta t}$$

在 Δt 时间内,左边闭合回路的磁通量增加了,那么导体棒 ab 中感应电流产生的磁场要阻碍左边闭合回路磁通量的增加,所以,导体棒 ab 中感应电流的方向由 $b\to a$。

由右边的闭合回路来看,在 Δt 时间内,右边回路磁通量减少了 $\Delta\Phi=Bld$,由法拉第电磁感应定律可得

$$\mathscr{E}=\frac{\Delta\Phi}{\Delta t}=\frac{Bld}{\Delta t}$$

在 Δt 时间内,右边闭合回路的磁通量减少了,那么导体棒 ab 中感应电流产生的磁场要阻碍右边闭合回路磁通量的减少,所以,导体棒 ab 中感应电流的方向由 $b\to a$。

我们也可以从电路角度来分析,导体棒 ab 在回路中是作为电源的,导体棒 ab 左边的线框和右边的线框均是作为外电路的,且它们两个是并联的。

例 17.10　如图 17.16 所示。在垂直于纸面向里、磁感应强度为 B 的匀强磁场中,放入矩形线框 $abcd$,其 ab 边长为 l_1,bc 边长为 l_2,线框平面与磁场垂直,其电阻为 R。若 ab 边位于磁场边缘时,将矩形线框沿 $\boldsymbol{v}$ 的方向匀速拉出磁场所用的时间为 Δt,试求通过线框导线截面的电量。

解　在 Δt 时间内,矩形线框磁通量的变化为

$$\Delta\Phi=B\Delta S=Bl_1l_2$$

在 Δt 时间内,矩形线框内的电流为

$$I=\frac{\mathscr{E}}{R}=\frac{Bl_1l_2}{\Delta tR}$$

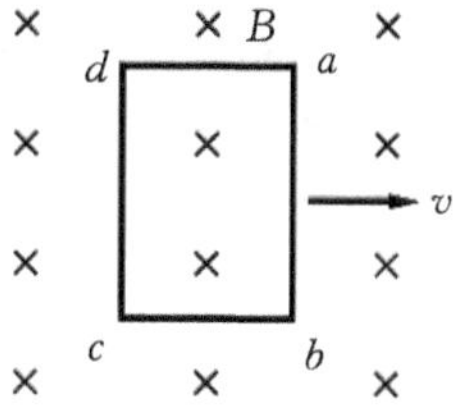

设 Δt 时间内,通过矩形线圈的电量为 q,由电流的定义 $I=\dfrac{q}{\Delta t}$,有

$$q=I\Delta t=\frac{Bl_1l_2}{\Delta tR}\cdot\Delta t=\frac{Bl_1l_2}{R}$$

图 17.16

例 17.11　电磁流量计被广泛地应用于测量可导电流体(如污水)在管道中的流量(单位时间内通过管道内横截面流体的体积),图 17.17(d)所示为电磁流量计的工作状态。为了计算简单,假设流量计为如图 17.17(a)中的一段长方体管道,流量计的两端与输送流体的管道相连接(图中虚线)。流量计的上下表面为绝缘材料,前后表面为金属材料。现在流量计所在处加以磁感应强度为 B 的匀强磁场,磁场方向垂直于流量计的上下表面。当导电流体稳定地流过流量计时,在管外将流量计前、后表面分别与串接了电阻 R 的电流表的两端连接,I 为所测得的电流值。已知流体的电阻率为 ρ,不记电流表的内阻,试求管道中流量的大小。

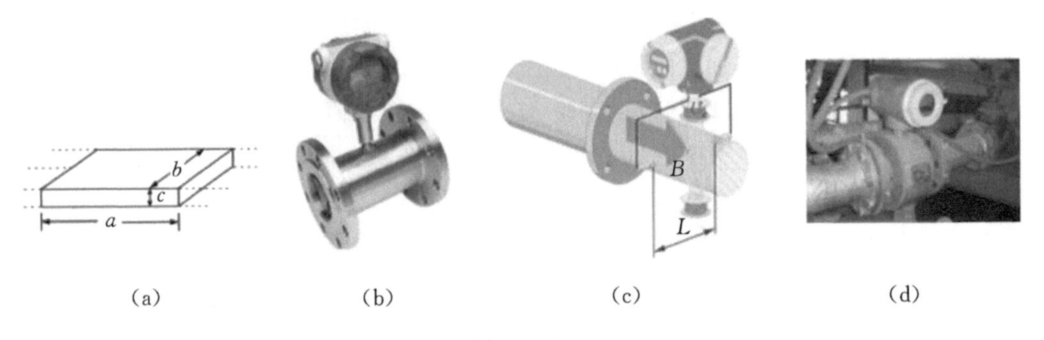

(a) (b) (c) (d)

图 17.17

解 图 17.17(b)为电磁流量计实物。电磁流量计的工作原理是依据法拉第电磁感应定律，如图 17.17(c)所示。在电磁流量计中，管内的导电流体相当于法拉第实验中的导电金属杆，上下两端的两个电磁线圈产生恒定磁场。当导电流体流过该磁场时，就相当于导体切割磁力线，于是，在与流体的流动方向和匀强磁场方向垂直的方向上产生感应电动势。

本题中，导电流体沿垂直于磁场的测量管流动（水平方向），匀强磁场是垂直于上下表面的，因此，在与流体流动方向和磁场方向都垂直的方向（前后表面）产生感应电动势。

设导电流体流动的平均速度大小为 v，其电阻为 r，管道中流量的大小为 Q，前后表面产生的感应电动势为 $\mathscr{E}$。由闭合电路可得

$$\mathscr{E} - IR - Ir = 0 \qquad ①$$

由电阻率的定义可得流体的电阻为

$$r = \frac{\rho b}{ac} \qquad ②$$

由法拉第电磁感应定律可得，前后表面产生的感应电动势为

$$\mathscr{E} = Bbv \qquad ③$$

由流量的定义可知，管道中流量的大小与流体平均速度的关系为

$$Q = vbc \qquad ④$$

由③、④可得

$$\mathscr{E} = Bb\frac{Q}{bc} = B\frac{Q}{c} \qquad ⑤$$

将②、⑤代入①，可解得管道中流量的大小为

$$Q = \frac{I}{B}\left(Rc + \rho\frac{b}{a}\right)$$

例 17.12 磁流体发电是一种新型的发电方式。图 17.18 是其工作原理图。在图 17.18(a)中，长方体是发电管，中空部分的长、宽、高分别为 l、b、a，前后两面是绝缘的，上下两面是电阻可以忽略的导体电极，这两电极与负载电阻 R_1 相连接，整个发电管处于图 17.18(b)所示的匀强磁场（由图中的线圈产生）中。该磁场磁感应强度为 B，方向垂直纸面向外。发电管内由左向右通有电阻率为 ρ 的高温、高速的电离气体，并通过专用管道导出。由于运动的电离气体受到匀强磁场的作用发生偏转，产生正负电荷的分离，它们分别被上下电极收集，这样在上下电极之间就产生了电压。发电管内电离气体的流动速度随外磁场变化，设发电管电离气体的流动速度处处相等，且无磁场时电离气体流动速度为 v_0，电离气体受到的摩擦阻力与流速成正

比，发电管两端电离气体的压强差 Δp 维持恒定。试求：

(1)不存在磁场时，电离气体所受的摩擦阻力 f_0 的大小；

(2)磁流体发电产生的电压大小；

(3)磁流体发电机发电导管的输入功率。

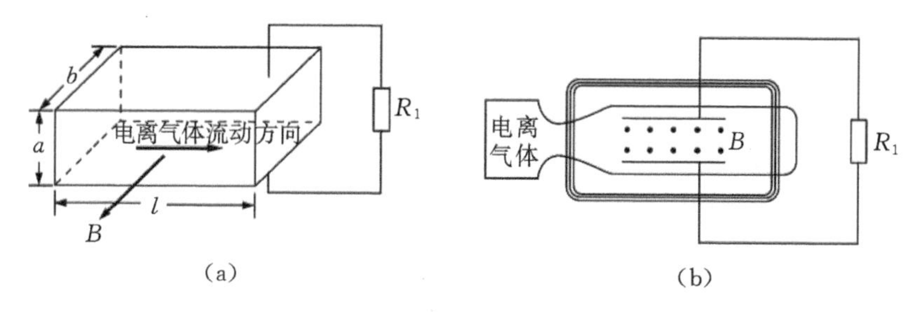

图 17.18

解 (1)以导电管内的电离气体为研究对象。电离气体在导电管中沿着水平方向的受力为：两个端面的作用力 F_1，F_2，导电气体受到的摩擦阻力 f_0。由题意可知，发电管两端的电离气体压强差 Δp 维持恒定，则两个端面作用的合力为

$$|F_1 - F_2| = ab \cdot \Delta p = ab\Delta p$$

由于发电导管电离气体的流动速度处处相等，且保持恒定，所以电离气体所受的合力为零，因此，不存在磁场时，电离气体所受的摩擦阻力的大小为

$$f_0 = ab\Delta p$$

(2)以导电管内的电离气体为研究对象，导电管内的电离气体相当于一根长为 a、截面积为 bl 的导体棒切割磁力线。设流体在磁感应强度为 B 的磁场中所受的安培力为 $F_{安}$，受到的摩擦力为 f，摩擦系数为 μ，气体流速为 v，则上下电极之间的电压为

$$\mathscr{E} = Bav$$

此时，回路中的电流为

$$I = \frac{Bav}{R_1 + \frac{\rho a}{bl}}$$

电流 I 受到的安培力

$$F_{安} = BIa = \frac{B^2a^2v}{R_1 + \frac{\rho a}{bl}}$$

依题意电离气体受到的摩擦阻力与流速成正比，有

$$\frac{f}{f_0} = \frac{v}{v_0}$$

存在磁场时，由力的平衡，有

$$ab\Delta p = F_{安} + f = F_{安} + f_0\frac{v}{v_0}$$

即

$$ab\Delta p = \frac{B^2a^2v}{R_1 + \frac{\rho a}{bl}} + ab\Delta p\frac{v}{v_0}$$

解得气体流速为

$$v=\frac{v_0}{1+\dfrac{B^2av_0}{b\Delta p\left(R_1+\dfrac{\rho a}{bl}\right)}}$$

磁流体发电产生的电压大小为

$$\mathscr{E}=Bav=\frac{Bav_0}{1+\dfrac{B^2av_0}{b\Delta p\left(R_1+\dfrac{\rho a}{bl}\right)}}$$

(3)磁流体发电机发电导管的输入功率为

$$P=\Delta p\cdot abv$$

将速度 v 代入，有

$$P=\frac{abv_0\Delta p}{1+\dfrac{B^2av_0}{b\Delta p\left(R_1+\dfrac{\rho a}{bl}\right)}}$$

磁流体发电技术，也称为“等离子体发电技术”，是将燃料（石油、天然气、燃煤、核能等）直接加热成易于电离的气体，并使之在 2000 ℃的高温下电离成导电的离子流，然后使其在磁场中高速流动，切割磁力线，产生感应电动势，在磁流体流经的通道上安装电极，并与外部负载连接，即可发电。它把热能直接转换成电流，由于无需经过机械转换环节，所以称为“直接发电”。

燃煤磁流体发电技术是磁流体发电的典型应用。燃烧煤而得到的高温（2.6×10^6 ℃以上）等离子气体以高速流过强磁场时，气体中的电子受磁力作用，沿着与磁力线、流体流动方向均垂直的方向流向电极，产生直流电，再经直流逆变为交流送入交流电网。

磁流体发电本身的效率仅 20%左右，但由于其排烟温度很高，从磁流体排出的气体可送往一般锅炉继续燃烧成蒸气，驱动汽轮机发电，组成高效的联合循环发电，总的热效率可达 50%～60%，是目前正在开发中的高效发电技术中效率最高的。同样，它可有效地脱硫，有效地控制一氧化碳的产生，也是一种低污染的煤气化联合循环发电技术。

17.2.2 感生电动势

1. 感生电场

如图 17.4(d)所示。当闭合回路静止在变化磁场中时，由于磁场变化，通过该回路的磁通量发生变化。根据法拉第电磁感应定律，回路中将产生感应电动势。这种由磁场变化而产生的电动势称为感生电动势。

在产生感生电动势过程中，是什么力充当了非静电场力使得自由电荷发生定向运动呢？英国物理学家麦克斯韦认为，磁场变化时在其周围空间激发出了一种电场，这种电场对自由电荷产生了力的作用，使自由电荷运动起来，形成了电流，或者说产生了电动势。这种电场称为感生电场，所产生的电动势称为感生电动势。正是这种感生电场对电荷的作用力，提供了产生感生电动势的非静电场力。

2. 电子感应加速器

电子感应加速器是利用感生电场来加速电子的一种装置。结构示意图如图 17.19 所示。

磁轭(通常指本身不产生磁场、仅在磁路中传输磁力线的软磁材料。磁轭普遍采用导磁率比较高的软铁、A3 钢以及软磁合金来制造,在某些特殊场合,磁轭使用铁氧体材料来制造)和磁极均用硅钢片制成。在上下圆形磁极间的气隙中放置用优质玻璃或陶瓷材料做成的环形真空盒。在真空盒内,需要保持一定的真空度。当绕组(线圈)通有交变电流时,随之产生了交变磁场,使得真空盒所包围区域内的磁通量随时间变化,则在真空盒内产生了感生电场。因磁场分布是轴对称的,所以感生电场的电力线是闭合的同心圆簇。这时,如果用电子枪将电子沿切线方向射入环形真空室,电子将受到环形真空室中的感生电场的作用而被加速,同时,电子还受到真空室所在处磁场的洛仑兹力的作用,使电子在一定半径的圆形轨道上运动。

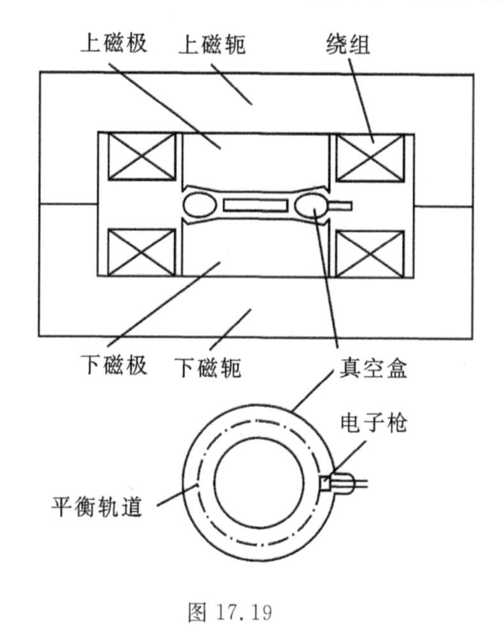

图 17.19

在磁场由弱变强的增加过程中,电子在真空盒内回转几兆圈,并被加速而获得几兆电子伏甚至上百兆电子伏的能量。磁场增长到最大值后下降,由强变弱恢复到初始值;这段时间内它所产生的感生电场方向与电子运动方向相反。因此,应在电场改变方向之前将电子引出来;或使高能电子打在钨、铂等金属靶上。可见,电子感应加速器的射线输出是脉冲式的,每秒钟的脉冲数就等于交变磁场的频率。一个 100 MeV 的电子感应加速器,能使电子速度加速到 $0.999986c$。c 为光在真空中的速度。

例 17.13 如图 17.20 所示。甲、乙两个同心闭合金属圆环位于同一平面内,甲环中通有顺时针方向的电流 I,试分析当甲环中电流逐渐增大时,乙环中每段导线所受磁场力的方向。

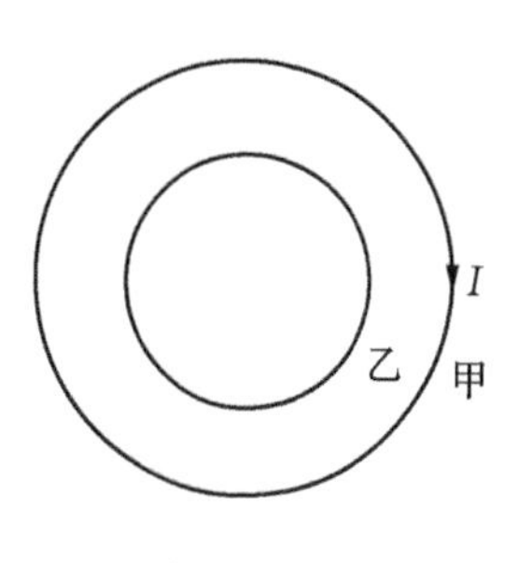

图 17.20

解 当甲环中的电流 I 逐渐增大时,在甲环周围产生了逐渐增加的磁场。由于乙环位于甲环磁场的区域内,且乙环是闭合金属环,所以乙环中会产生感生电动势及感应电流。由于乙环中感应电流产生的磁场是阻碍乙环区域磁通量增加的,所以乙环中的电流方向是逆时针的。由右手螺旋法则可知,乙环中每段导线所受磁场力的方向均指向圆心。

17.3 自感 互感

17.3.1 自感

1. 自感现象

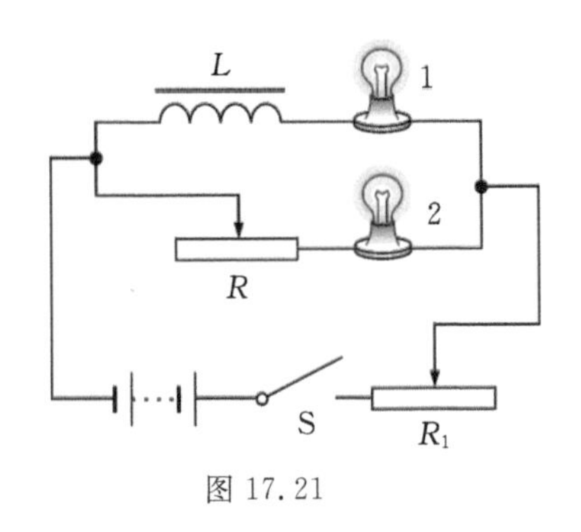

图 17.21

如图 17.21 所示。1 和 2 是两个完全相同的灯泡、L 为线圈、R 为可调变阻器。调节 R 使其值与线圈的直流电阻相等。当开关 S 闭合时，2 立即变亮，而 1 渐渐变亮，经过一段时间后，1 和 2 一样亮。从电路原理分析可知，如果线圈 L 仅是电阻用电器的话，当开关 S 闭合时，1、2 应该立即同时变亮，然而，实验观察的结果并非如此。

为何有这样的实验结果呢？因为线圈 L 中的电流变化引起自身回路中磁通量的变化而在线圈 L 中产生了感应电动势，由楞次定律可知，该感应电动势总是阻碍原来电流的变化，即阻止原电流增大。

如再将开关 S 拉开，发现两灯泡也不会立即熄灭，而是亮一下再熄灭。这是因为拉开开关 S 后，电源提供的电流减小为零，但线圈 L 中电流的突然改变，使得线圈 L 中产生了阻止电流减小的感应电动势，该感应电动势作为电源给两灯泡提供了能源。

由于导体本身电流的变化而产生的电磁感应现象称为自感现象。即，当导体中的电流发生变化时，它周围的磁场也随着变化，并由此产生了磁通量的变化，因而在导体中就产生了感应电动势，这个电动势总是阻碍导体中原来电流的变化，此电动势称为自感电动势。

2. 自感系数

由上述的实验可知，自感现象仍然属于电磁感应现象，同样遵循法拉第电磁感应定律，即自感电动势为

$$\mathscr{E} = \frac{\Delta \Phi}{\Delta t}$$

实验表明，线圈中的电流在其周围产生磁场的强弱正比于电流 I，即，$B \propto I$，而磁通量正比于磁感应强度 B，即，$\Phi \propto B$。所以，通过线圈自身的磁通量正比于电流强度 I，即 $\Phi \propto I$，写为

$$\Phi = LI \tag{17.4}$$

其中 L 为比例系数，称为自感系数，简称自感。如果回路周围不存在强磁性物质，则 L 的大小仅与线圈的形状、大小、匝数、周围的磁介质有关。当决定 L 的物理量都保持不变时，L 为常量。此时，有

$$\mathscr{E} = \frac{\Delta \Phi}{\Delta t} = L\frac{\Delta I}{\Delta t} \tag{17.5}$$

自感的单位为亨利，简称亨，符号为 H。对于相同的电流变化率，L 越大，自感电动势越大，即自感作用越强，电流越不容易变化。如果通过线圈的电流在 1 秒内改变 1 安，线圈产生的自感电动势为 1 伏，则该线圈的自感系数即为 1 亨。自感的单位还有毫亨(mH)和微亨(μH)等。自感系数的计算比较复杂，常用实验方法测定，简单情形可以通过计算获得。

例 17.14 线圈中电流随时间的变化规律如图 17.22 所示。线圈的自感系数为 100 mH，试求 0～2 s，2～4 s，4～5 s 时间内自感电动势的大小。

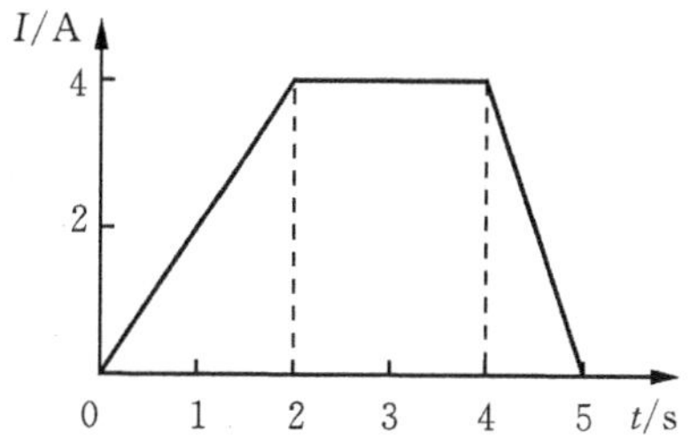

图 17.22

解 自感电动势为

$$\mathscr{E} = L\frac{\Delta I}{\Delta t}$$

0～2 s，2～4 s，4～5 s 时间内电流 I 随时间 t 的变化率大小分别为

$$\frac{\Delta I_1}{\Delta t} = 2,\quad \frac{\Delta I_2}{\Delta t} = 0,\quad \frac{\Delta I_3}{\Delta t} = 4$$

所以 0～2 s，2～4 s，4～5 s 时间内自感电动势的大小为

$$\mathscr{E}_1 = L\frac{\Delta I_1}{\Delta t} = 100 \times 10^{-3} \times 2 = 0.2\ \text{V}$$

$$\mathscr{E}_2 = 0$$

$$\mathscr{E}_3 = L\frac{\Delta I_3}{\Delta t} = 100 \times 10^{-3} \times 4 = 0.4\ \text{V}$$

例 17.15 电路如图 17.23(a)所示。L 为一纯电感线圈(忽略电阻)，$R_1 > R_2$，电键 S 开始处于闭合，流过 R_1、R_2 的电流分别为 I_1、I_2。若在 t_1 时刻突然断开电键，试判断 t_1 时刻前后通过电阻 R_1 的电流情况符合图 17.23(b)中哪个图像。

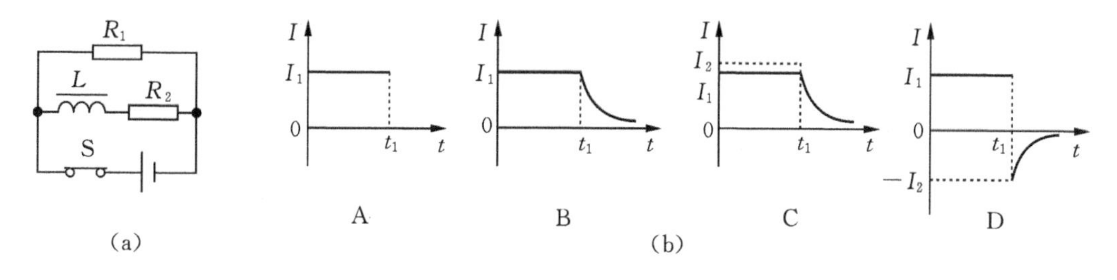

图 17.23

解 当电键 S 处于闭合时，通过 R_1 上电流 I_1 的方向由左向右，如果规定该方向为正，则在 t_1 时刻之前，通过 R_1 上电流 I_1 的大小和方向均不变，通过 R_2 上的电流 I_2 的方向也是由左向右，由于 $R_1 > R_2$，所以 $I_1 < I_2$。当电键 S 断开瞬间，线圈 L 中自感电动势产生的电流方向是阻碍原来电流减少的，因此，自感电动势产生的电流方向由左向右，即通过 R_2 上的电流 I_2 的方向仍然由左向右，但此时，由线圈 L、电阻 R_1 和 R_2 构成一个串联回路，所以通过 R_1 的电流方向则变为由右向左，随着时间延长，电流 I_2 逐渐变为零。正确答案为 D。

17.3.2 互感

1. 互感现象

如图 17.24 所示，两个并未连接、邻近放置的导体线圈 Ⅰ 和 Ⅱ，线圈 Ⅰ 通有电流 I_1，由 I_1 产生的磁场通过线圈 Ⅱ 回路的磁通量为 Φ_{21}。当 I_1 发生变化时，Φ_{21} 也变化，由法拉第电磁感应定律可知，在线圈 Ⅱ 中产生感应电动势。同理，线圈 Ⅱ 通有电流 I_2，I_2 产生的磁场通过线圈

Ⅰ回路的磁通量为Φ_{12}。当I_2发生变化时，Φ_{12}也变化，因而在线圈Ⅰ中产生感应电动势。一个导体线圈中电流的变化，在邻近线圈回路中产生感应电动势的现象称为互感现象。互感现象产生的感应电动势称为互感电动势。

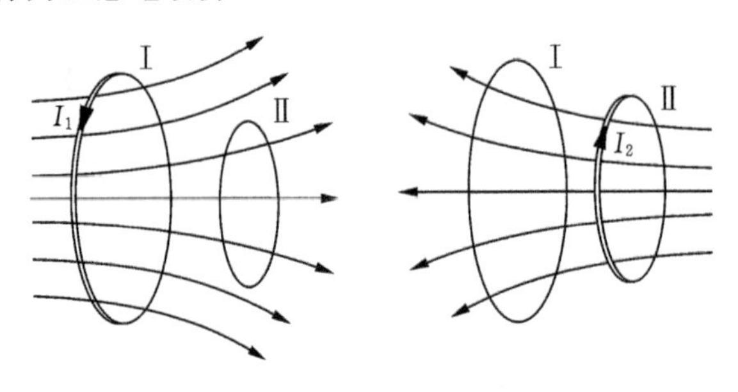

图 17.24

2. 互感系数

由上述的现象可知，互感现象仍然属于电磁感应现象，同样遵循法拉第电磁感应定律，即互感电动势为

$$\mathscr{E}_{12} = \frac{\Delta \Phi_{12}}{\Delta t}$$

$$\mathscr{E}_{21} = \frac{\Delta \Phi_{21}}{\Delta t}$$

实验表明，电流I_1在其周围产生磁场的强弱正比于电流I_1，即，$B_1 \propto I_1$，而磁通量Φ_{21}正比于磁感应强度B_1，即，$\Phi_{21} \propto B_1$。所以，磁通量Φ_{21}正比于电流强度I_1，即，$\Phi_{21} \propto I_1$，写为

$$\Phi_{21} = M_{21} I_1 \tag{17.6}$$

其中M_{21}为比例系数，称为互感系数，简称互感。M_{21}的大小仅与线圈的形状、大小、匝数、两线圈的相对位置、周围的磁介质有关。当决定M_{21}的物理量保持不变时，M_{21}为不变的常量。此时，有

$$\mathscr{E}_{21} = M_{21} \frac{\Delta I_{21}}{\Delta t} \tag{17.7}$$

同理，有

$$\Phi_{12} = M_{12} I_2 \tag{17.8}$$

$$\mathscr{E}_{12} = M_{12} \frac{\Delta I_{12}}{\Delta t} \tag{17.9}$$

互感的单位为亨利，简称亨，符号为 H。对于相同的电流变化率，M_{21}越大，互感电动势越大，即互感作用越强。如果通过线圈Ⅰ中电流在 1 秒内改变 1 安，线圈Ⅱ产生的互感电动势为 1 伏，则线圈Ⅱ的互感系数即为 1 亨。互感系数的计算比较复杂，常用实验方法测定，简单情形可以通过计算获得。

理论和实验都证明

$$M_{21} = M_{12} = M \tag{17.10}$$

并且两个线圈之间的互感系数与其各自的自感系数有一定的联系。当两个线圈密排并缠在一起时，两个线圈中每一个线圈所产生的磁力线对每一匝而言都相等，并且全部通过另一个线圈

的每一匝，这种情况称为无漏磁。在此情况下，互感系数与各自的自感系数之间的关系比较简单，即

$$M = L_1 L_2$$

互感现象在电子技术中应用很广，通过互感线圈可以使能量或信号由一个线圈很方便的传递到另外一个线圈。利用互感原理我们可以制成变压器、感应圈等。但是互感在某些情况下也会带来不利的影响，这种情况下应该设法减少互感的影响。

17.4 电磁感应的应用

1. 变压器

变压器是一种利用电磁感应原理来改变交流电压的装置。两个(或多个)相关的静止线圈的组合称为变压器。变压器通常这样使用：一个线圈接交变电源，另一线圈接负载，通过交变磁场把电源输出的能量传送到负载中。接电源的线圈称为原线圈(初级线圈)，接负载的线圈称为副线圈(次级线圈)。原、副线圈所在的电路分别称为原电路(原边)及副电路(副边)。如图 17.25(a)所示为变压器的结构。其由铁芯(或磁芯)和线圈组成，其中原线圈匝数为 N_1，副线圈匝数为 N_2，当原线圈外加电压为 u_1 的交流电源、副线圈接负载时，原线圈将流过交变电流 i_1，并在铁芯中产生变化的磁场，当然也就在铁芯中产生了变化的磁通量 $\Delta\Phi$，该磁通量同时通过原线圈和副线圈，并在原线圈中产生自感电动势 $\mathscr{E}_1$，在副线圈中产生互感电动势 $\mathscr{E}_2$，于是，就在副线圈两端产生电压 u_2，当副线圈接负载时，就在副线圈中产生电流 i_2。如图 17.25(b)所示。

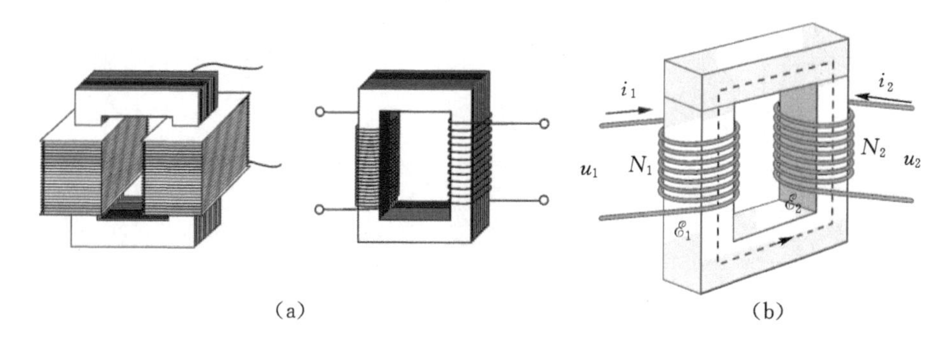

图 17.25

当原线圈外加电压为 u_1 的交流电源时，在原线圈中产生的自感电动势为

$$\mathscr{E}_1 = N_1 \frac{\Delta\Phi}{\Delta t}$$

实际上，变压器的原、副线圈都是用漆包线绕制的，其电阻很小，故可略去由于线圈电阻而引起的电压降。这样线圈两端的电压在数值上就等于线圈中的感应电动势。如果也不计原线圈、副线圈的漏磁通、铁芯损耗，即当作理想变压器来处理，则在副线圈中产生的互感电动势为

$$\mathscr{E}_2 = N_2 \frac{\Delta\Phi}{\Delta t}$$

忽略原副线圈的内阻，有 $u_1 = \mathscr{E}_1$，$u_2 = \mathscr{E}_2$，有

$$\frac{u_1}{u_2}=\frac{N_1}{N_2} \tag{17.11}$$

由此可见，当 $N_1>N_2$ 时，$u_1>u_2$，变压器起到降压的作用；当 $N_1<N_2$ 时，$u_1<u_2$，变压器起到升压的作用，这就是该装置称为变压器的原因了。

设忽略线圈、铁芯的能量损失，则有

$$P_1=P_2$$

P_1、P_2 分别为原、副线圈输出的功率。也可以写作

$$I_1u_1=I_2u_2$$

有

$$\frac{I_1}{I_2}=\frac{u_2}{u_1} \tag{17.12}$$

由此可见，变压器在改变电压的同时，也改变了电流。在变压器空载时，副线圈中只有感应电动势，没有电流。从能量守恒定律来说，变压器的输入功率应等于输出功率。即电压升高，电流必然以相应的比例减小。通常所说"高压小电流，低压大电流"就是这个道理。

2. 涡流

当大块导体放在变化着的磁场中或相对于磁场运动时，在导体中会出现感应电流。由于导体内部处处可以构成回路，任意回路所包围面积的磁通量都在变化，因此，这种电流在导体内自行闭合，形成涡旋状，看起来就像水中的旋涡，因此称为"涡电流"，如图 17.26 所示。

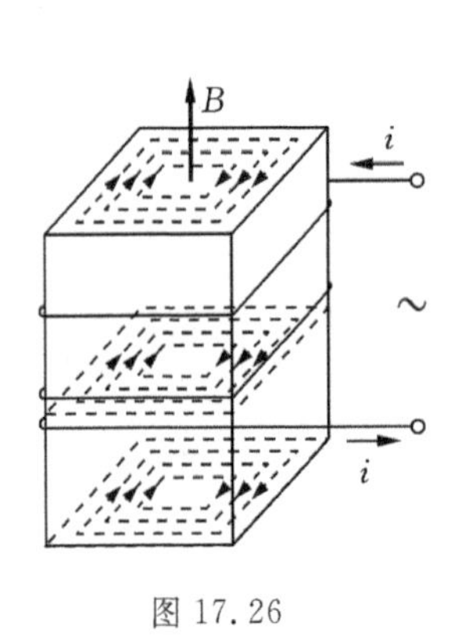

图 17.26

图 17.27

涡电流在大块金属内流动时，释放出大量的焦耳热。用交流线圈激发交变磁场，使放置在交变磁场中的大块金属内产生涡电流而被加热，称为感应加热，感应电炉就是根据感应加热原理而制造的，其用于加热、熔化及冶炼金属。如图 17.27 所示。感应加热的优点是无接触，可在真空容器内加热，因而可用于提纯半导体材料等工艺中。

电动机、变压器的线圈都绕在铁芯上，当线圈中流过变化的电流时，铁芯中产生的涡流会使铁芯发热，浪费能量，还可能损坏电器。因此，要采取措施减小涡流。措施之一就是增大铁芯材料的电阻率，常用的铁芯材料是硅钢，同时还将铁芯做成许多薄的硅钢片叠合而成。

(1)电磁炉的工作原理。

如图 17.28(a)所示为电磁炉内部的励磁线圈（产生磁场的过程称为励磁）。图 17.28(b)为电磁炉的工作原理示意图。高频电流通过励磁线圈，产生交变磁场，在铁质锅底会产生无数

的涡电流，使锅底自行发热，加热锅内的食物。

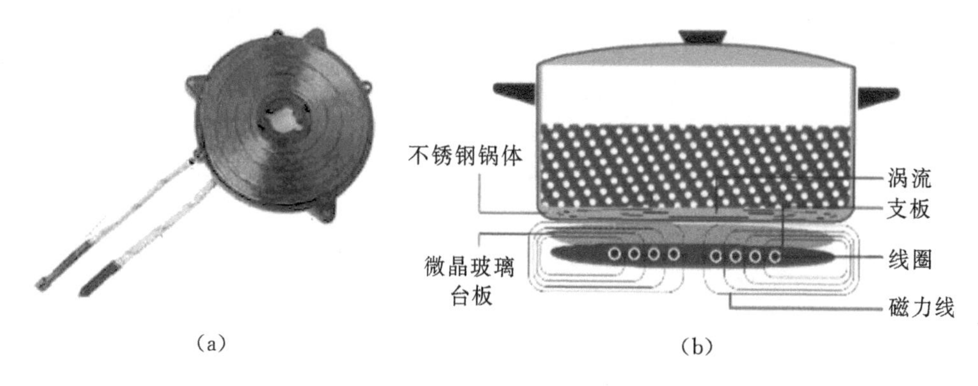

图 17.28

例 17.16 如图 17.29 所示为高频焊接原理示意图。线圈中通有高频变化的电流时，待焊接的金属工件中就产生感应电流，感应电流通过焊接缝产生大量热，将金属融化，使工件焊接在一起，而工件其他部分发热很少。以下说法正确的是（ ）。

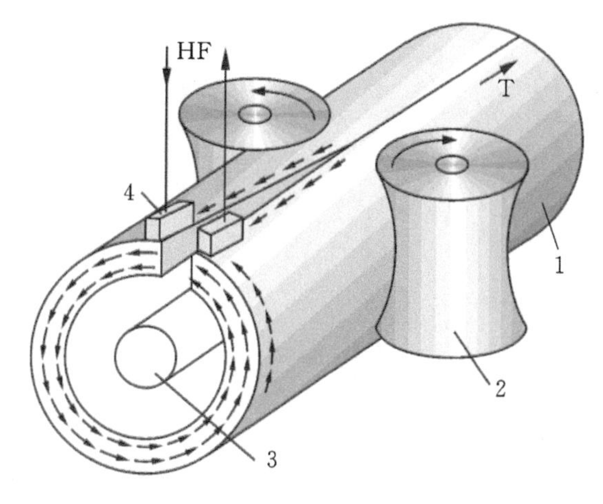

图 17.29

HF—高频电源；T—管坯运动方向；1—焊件；2—挤压辊轮；3—阻抗器；
4—触头接触位置

A. 电流变化的频率越高，焊接缝处的温度升高的越快

B. 电流变化的频率越低，焊接缝处的温度升高的越快

C. 工件上只有焊接缝处温度升高的很快，因为焊接缝处电阻小

D. 工件上只有焊接缝处温度升高的很快，因为焊接缝处电阻大

解 线圈中通有高频变化电流时，待焊接的金属工件中就产生感应电流，感应电流的大小与感应电动势有关，电流变化的频率越高，磁场变化的就越快，感应电动势就越大。工件上焊缝处的电阻大，电流产生的热量就多，所以 AD 正确。

(2)涡流检测。

涡电流检测法适用于检测金属导体。如图 17.30 所示，将载有交变电流的线圈或者探测

器接近金属时，原线圈产生的磁场在金属表面感应产生涡流，当线圈或者探测器扫过金属材料表面时，材料的几何形状、尺寸、温度、电导率、磁导率、裂纹等都会影响涡电流的流动，这些变化会反馈到线圈或者探测器上。如果对涡电流的电压进行监控，就可以通过电压的大小和相位变化显示出金属材料特性的变化，从而可以得知，金属材料（或检测零件）的几何尺寸、材料电导率、磁导率、裂纹等有关的参量。

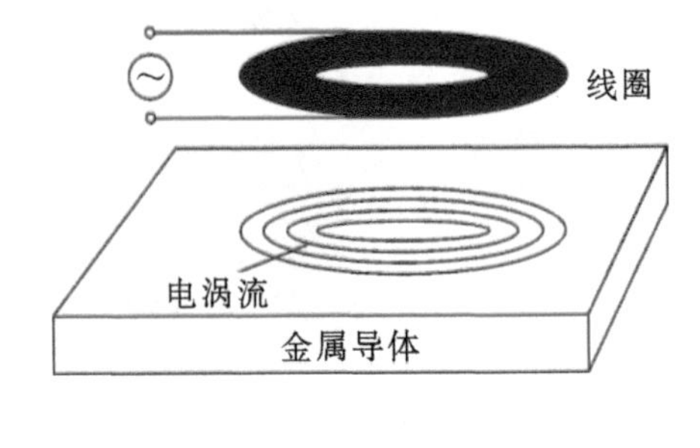

图 17.30

涡电流主要用于以下检测：探伤，金属表面的瑕疵；金属材料的某些性质，如电导率、磁导率；测量尺寸及定位，金属薄片及金属薄管管壁的厚度，涂层薄厚，微小的尺寸变化等。

(3)涡电流传感器。

根据涡电流效应制成的传感器称为涡电流传感器。它将各种非电量转换为电阻抗的变化。如图 17.31(a)所示为涡电流传感器的外形，如图 17.31(b)所示为涡电流传感器探头的放大图。

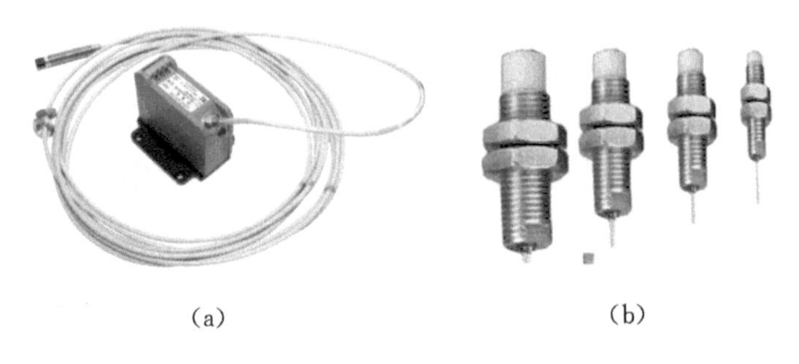
(a)　　(b)

图 17.31

涡电流传感器的工作原理：传感器线圈由高频信号激励，使它产生一个高频交变磁场，当被测导体靠近线圈时，在磁场作用范围的导体表层产生涡电流，而此涡电流又将产生一交变磁场阻碍外磁场的变化，从而使传感器的 Q 值（Q 值是指传感器在某一频率的交流电压下工作时，所呈现的感抗与其等效损耗电阻之比，电感器的 Q 值越高，其损耗越小，效率越高）和等效阻抗 Z 降低，因此当传感器线圈和被测导体的一些特性参数改变时，传感器的 Q 值和等效阻抗 Z、电感 L 均发生变化，于是就把相关的量转换成了电量。

涡电流探头线圈的阻抗受诸多因素的影响，如金属材料的厚度、尺寸、形状、电导率、磁导率、表面因素、距离等。只要固定其他因素参数就可以利用涡电流传感器来测量剩余的一个因素参数。但也同时带来许多不确定的因素，有时，一个或几个因素的微小变化就足以影响测量结果了，所以涡电流传感器多用于定性测量。即使作为定量测量，也必须采用逐点标定、计算机线性校正、温度补偿等措施，以提高测量的准确性。

如图 17.32(a)、(b)所示分别为涡电流传感器检测转轴偏心和齿轮转速的现场使用情况。

(4)涡电流式通道安全检查门。

安检门的内部设置有发射线圈和接收线圈。当有金属物体通过时，交变磁场就在该金属导体的表面产生涡电流，在接收线圈中感应出感应电动势。计算机根据感应电动势的大小、相位来判别金属物体的大小。在安检门的侧面还可以安装一台“软X光”扫描仪(软X光:40 kV以下管电压产生的X线，波长较长、能量较低、穿透能力较弱)，它对人体和胶卷无害，使用软件处理的方法，可合成完整的光学图像。如图17.33所示为涡电流安检门的使用情况。

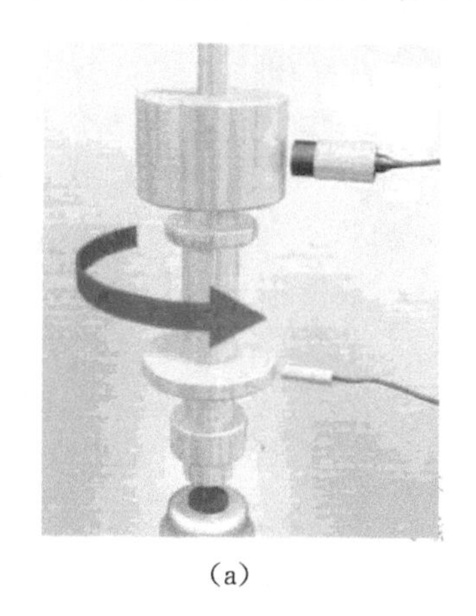

(a)

(b)

图17.32

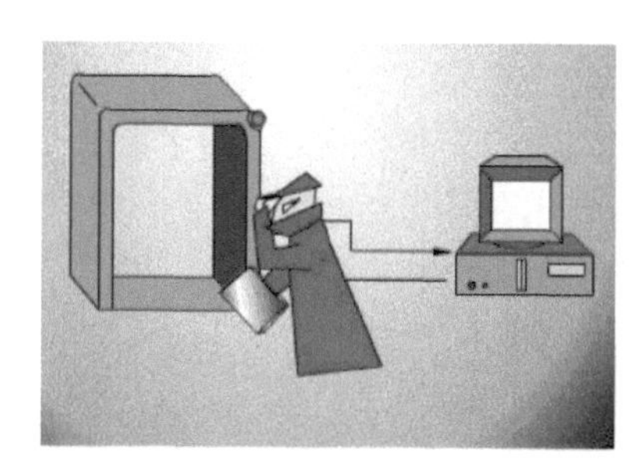

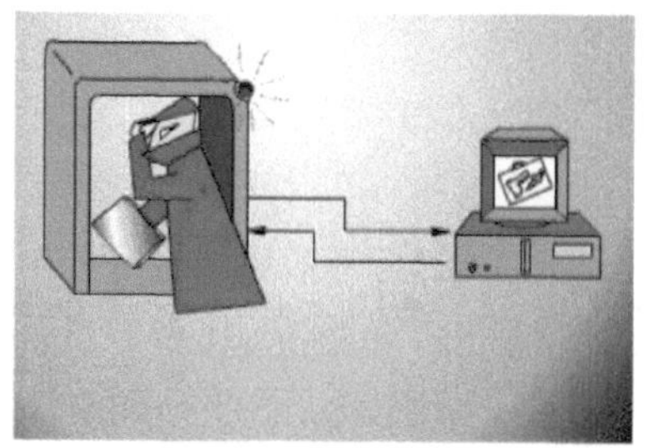

图17.33

(5)涡流探雷。

探雷器是以非接触方式发现地雷和地雷场的探测仪器。探雷器辐射的电磁场与附近的导体(主要是金属)或磁介质发生相互作用，使探雷器发射系统表征工作状态的参数(频率、振幅、相位等)或者电磁场的空间分布发生变化，并由接收系统检测出来，经过信号处理后，予以报警。这一类探雷器通过发现金属部件来探测地雷，是一种适合军队广泛应用的金属探测器。其特点是具有较高的灵敏度，能可靠地探测含金属量很少的塑料地雷及其他爆炸物。如图17.34所示为探雷器的现场使用情况。

3. 电磁阻尼

当导体在磁场中运动时，由于电磁感应而产生的感应电流使导体受到安培力，该安培力的方向总是阻碍导体的运动，这种现象称为电磁阻尼。

当闭合导体在磁场中运动时，由于通过闭合导体的磁通量发生变化，闭合导体产生感应电流，感应电流所产生的磁场会阻碍两者之间的相对运动。电磁阻尼现象广泛应用于需要稳定摩擦力以及制动力的场合，例如，电表、电磁制动机械等。

图 17.34

如图 17.35 所示为电磁式电表的内部结构。电磁式电表(实验常用的电表都是该类型)的表针与线圈一起固定在铝框上,当绕在铝框上的线圈通有电流受力转动时,铝框也随着转动,并切割磁力线产生感应电流,感应电流在磁场中受力的方向总是与铝框运动方向相反,因而阻碍表针的运动,使表针很快稳定下来。

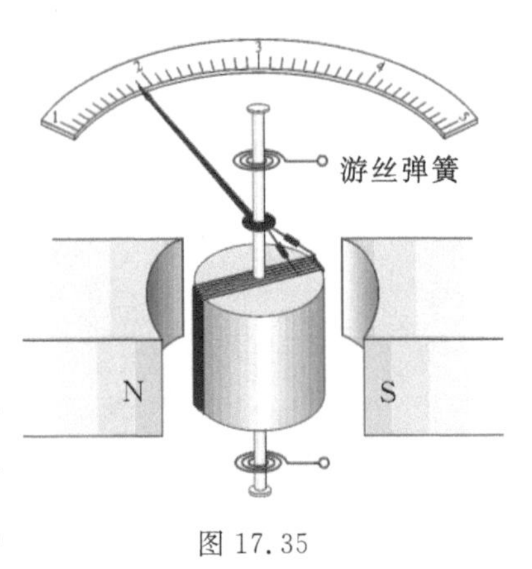

图 17.35

4. 电磁驱动

如图 17.36 所示为演示电磁驱动的实验装置和结构示意图。接通电源,电动机开始旋转,带动永久磁铁绕着水平轴旋转,继而在竖直平面内产生旋转磁场,这一变化的磁场在铝圆盘中产生涡电流,使得铝圆盘跟着同方向旋转起来。

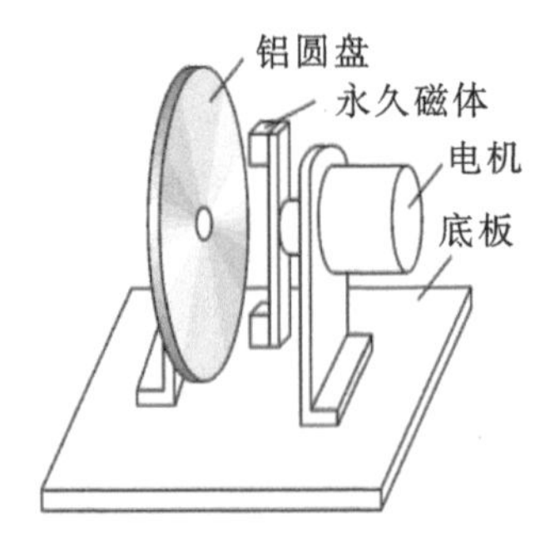

图 17.36

由以上实验可知,如果磁场相对于导体运动,在导体中会产生感应电流,感应电流使导体受到安培力的作用,安培力使导体运动起来,这种作用称为电磁驱动。

如果铝圆盘的转速达到与磁场转速相同时,两者的相对速度为零,便不会产生感应电流,电磁驱动力消失。所以欲产生电磁驱动,则铝圆盘的转速总要比磁场的转速小,或者说两者的转速总是异步的。

17.5 磁场能量

在如图 17.37 所示的实验中，开始开关 S 处于闭合状态，现将开关 S 拉开，发现两灯泡不会立即熄灭，而是亮一下再熄灭。此时，回路中已经没有了电源，但灯泡仍然不会立刻熄灭，而是维持了一瞬间。该现象只能说明这一瞬间回路中仍然有能量，那么，能量从何而来呢？

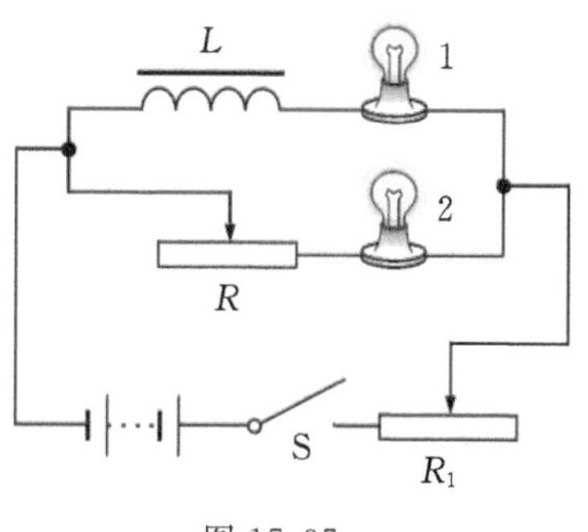

图 17.37

由法拉第电磁感应定律可知，在开关拉开瞬间，线圈产生的自感电动势作为电源给回路提供了能量。由能量守恒定律，有

$$\mathscr{E}i + R'i^2 = 0$$

R'为此时回路中的电阻，$\mathscr{E}$ 为自感电动势，i 为此时的电流。

在上述实验中，当开关 S 闭合瞬间，灯泡 2 立即变亮，而灯泡 1 渐渐变亮，经过一段时间后，灯泡 1 和灯泡 2 一样亮。这是由于开关 S 闭合的瞬间，线圈产生自感电动势，阻碍回路中电流的增加，因此，灯泡 1 渐渐变亮的过程中，电源除了要提供电路中消耗的焦耳热外，还要提供能量用于反抗自感电动势做功，后者将转化为线圈中的磁场能储藏起来，这部分能量称为磁场能量，简称磁能。

由电路知识可知，在 Δt 时间内，电源反抗自感电动势做的功为

$$\Delta A = \mathscr{E}i\Delta t$$

i 为 t 时刻回路中的电流。

自感电动势为 $\mathscr{E}=L\dfrac{\Delta i}{\Delta t}$，将其代入上式，有

$$\Delta A = Li\Delta i$$

在电流由 0 增大到稳定值 I 的过程中，电源反抗自感电动势所做的功为

$$A = \int_0^I Li\,\mathrm{d}i = \frac{1}{2}LI^2$$

当将开关 S 拉开时，线圈中的电流由 I 逐渐减少为 0，在此过程中，自感电动势所做的功为

$$A = \int_I^0 -Li\,\mathrm{d}i = \frac{1}{2}LI^2 \tag{17.13}$$

由以上分析可见，自感电动势做功的大小恰好等于闭合开关 S 建立回路稳定电流过程中储藏在线圈中的能量，也就是贮藏在线圈磁场中的能量。

17.6 交变电流

之前，我们学过了恒定电流。即大小、方向都不随时间变化的电流。在恒定电流的电路中，电源电动势不随时间而变化，因此，电路中的电流、电压也不随时间而变化。方向不随时间变化的电流称为直流电。直流电源有化学电池、燃料电池、温差电池、太阳能电池、直流发电机等。

17.6.1 交变电流的产生及描述

交变电流简称交流，是尼古拉·特斯拉(Nikola Tesla，1856—1943)发明的，一般指大小和方向随时间作周期性变化的电压或电流。我国交流电供电的标准频率规定为 50 赫兹，日本等国家为 60 赫兹。如图 17.38 所示为常见的交变电流波形。

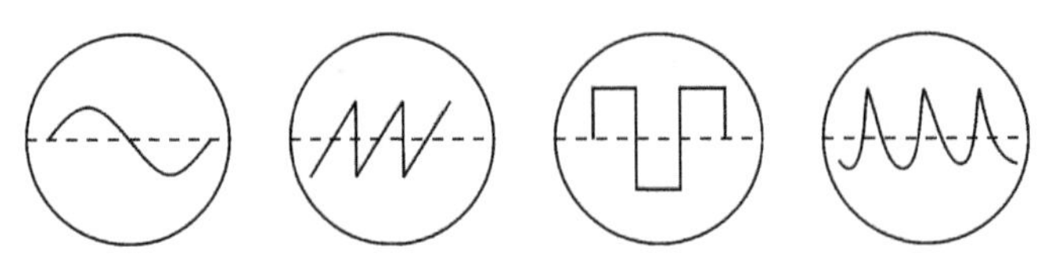

图 17.38

交流电在日常生活和生产中得以广泛的使用，是因为其与直流电相比较，具有很多的优点。例如：交流电可以使用变压器升高或者降低电压；交流电可以驱动结构简单、运行可靠的交流感应电动机；交流电是廉价的动力或者能量来源等。

1. 交流电的产生

如图 17.39 所示。在磁感应强度为 B 的匀强磁场中，放置一个面积为 S、匝数为 N 的金属矩形线圈 $abcd$。线圈放置在 ab、cd 边始终垂直于磁力线的位置。线圈绕在线圈平面内，过 ab、cd 边的对称轴逆时针方向匀速转动，转动的角速度为 ω。在线圈转动的过程中，bc、da 边始终与磁力线方向平行，不切割磁力线，因而不产生感应电动势，只起导线作用。

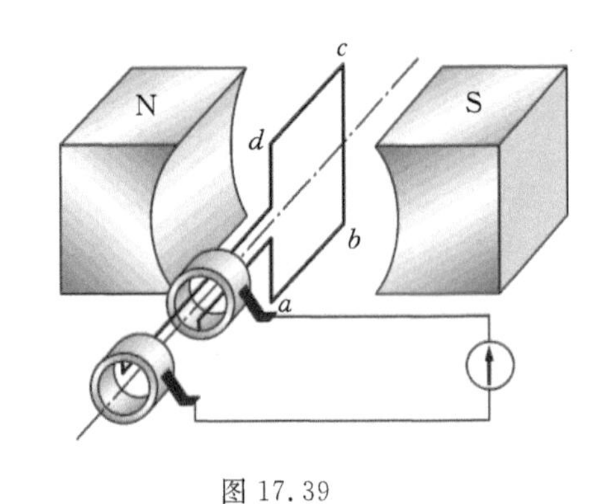

图 17.39

当 $t=0$ 时，线圈位于图 17.39 所示位置。此时 ab、cd 边的速度方向与磁力线方向平行，不切割磁力线，所以线圈位于该位置时，线圈中没有感应电动势，也没有感应电流。将此时线圈平面所处的位置称为中性面。由此可见中性面的特点为：线圈平面与磁力线垂直，磁通量最大，感应电动势为零，感应电流也为零。

任意时刻 t，线圈位于图 17.40 所示位置。此时，通过线圈 $abcd$ 的磁通量为

$$\Phi = BS\cos\omega t$$

由法拉第电磁感应定律可得，线圈在任意时刻 t 的感应电动势为

$$\mathscr{E} = N\frac{\mathrm{d}\Phi}{\mathrm{d}t} = N\frac{\mathrm{d}(BS\cos\omega t)}{\mathrm{d}t} = -NBS\omega\sin\omega t \tag{17.14}$$

由上式可见，在匀强磁场中，匀速转动线圈中产生的感应电动势按正弦规律变化。

当线圈与电阻为 R 的外电路构成闭合回路时，通过回路的电流为

$$i = \frac{\mathscr{E}}{R} = -\frac{NBS\omega\sin\omega t}{R} \tag{17.15}$$

由上式可见，在匀强磁场中，匀速转动线圈中产生的感应电流 i 随时间 t 按正弦规律变化。

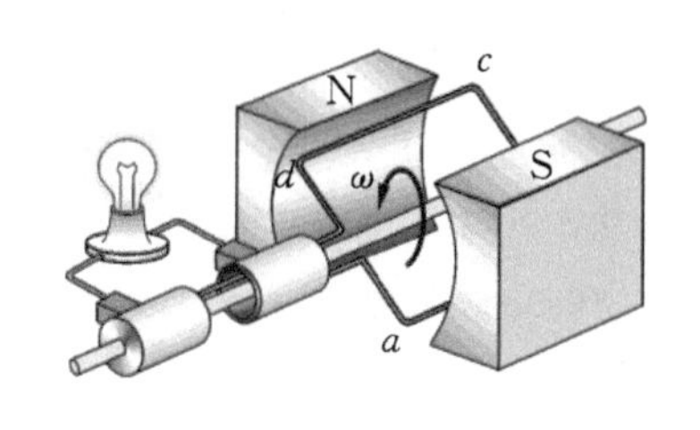

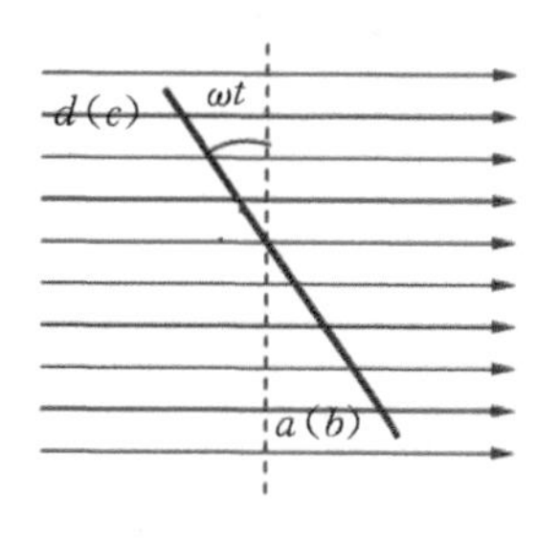

图 17.40

2. 描述正弦交流电的特征物理量

在机械振动中,我们学过了振动的定义,电压、电流随时间的周期性变化也可视为一种振动。由傅里叶级数可知,任何周期函数都可以展开为以正弦函数(余弦函数)组成的无穷级数,任何非简谐的交流电都可以分解为一系列简谐正弦交流电的合成,所以,简谐正弦交流电是交流电最基本的形式。

正弦交流电电流的表达式为

$$i = i_{\mathrm{m}}\sin(2\pi\nu t + \varphi) = i_{\mathrm{m}}\sin(\omega t + \varphi)$$

由此可看出:正弦交流电的特征物理量为峰值、频率和相位。

交流电的频率为其单位时间内变化的次数,与周期成倒数关系,单位为赫兹(Hz)。日常生活中的交流电的频率一般为 50 赫兹,而无线电技术中涉及的交流电频率一般较大,达到千赫兹(kHz)甚至兆赫兹(MHz)。

正弦交流电电流的峰值 i_{m} 是交流电电流能达到的最大数值。而有效值 $\bar{i}$ 的大小则由相同时间内产生相当焦耳热的直流电的大小来等效表示。即,在交流电变化的一个周期内,交流电流在电阻 R 上产生的热量相当于多大数值的直流电流在该电阻上所产生的热量,此直流电流的数值就是该交流电流的有效值。正弦交流电的峰值与有效值的关系为

$$\bar{i} = \frac{\sqrt{2}}{2}i_{\mathrm{m}}, \quad \bar{U} = \frac{\sqrt{2}}{2}U_{\mathrm{m}}$$

可见正弦交流电的有效值等于峰值的 0.707 倍。通常,交流电表都是按有效值来刻度的。一般不作特别说明时,交流电的大小均指有效值。例如市电 220 伏特,就是指其有效值为 220 伏特,而其峰值约为 311 伏特。

正弦交流电电流 $i=i_{\mathrm{m}}\sin(\omega t+\varphi)$ 中的 $(\omega t+\varphi)$ 称为相位。它表示正弦交流电在变化过程中的某一时刻所达到的状态。φ 为 $t=0$ 时的相位,称为初相位。

交流电所要讨论的基本问题是电路中的电流、电压以及功率(或能量)的分配问题。由于交流电具有随时间变化的特点,因此产生了一系列区别于直流电路的特性。在交流电路中使用的元件不仅有电阻,而且有电容和电感,使用的元件多了,现象和规律就复杂了。

17.6.2 电感和电容对交流电的影响

1. 电感对交流电的影响

在直流电路中,电压、电流和电阻遵守欧姆定律,在交流电路中,如果只有电阻,如白炽灯、

电炉等，实验和理论分析都表明，欧姆定律仍然适用。但如果电路中包括电感、电容时，情况就复杂了。以下我们分别进行讨论。

如图 17.41 所示。上端与下端的电源具有相同的参数。将带铁芯的线圈 L 与灯泡串联，当开关接于上端时，构成直流电路，观察灯泡的亮度。当开关接于下端时，构成交流电路，观察灯泡的亮度。实验结果为：接通直流电路时，灯泡亮一些；接通交流电路时，灯泡暗一些。由于在交流电路中，变化的电流通过电感线圈时发生自感现象，产生阻碍电流变化的自感电动势，使得电路中的电流变得小而平缓。这表明电感对交变电流有阻碍作用，描述电感对交流电阻碍作用大小的物理量称为感抗，表示为 X_L。

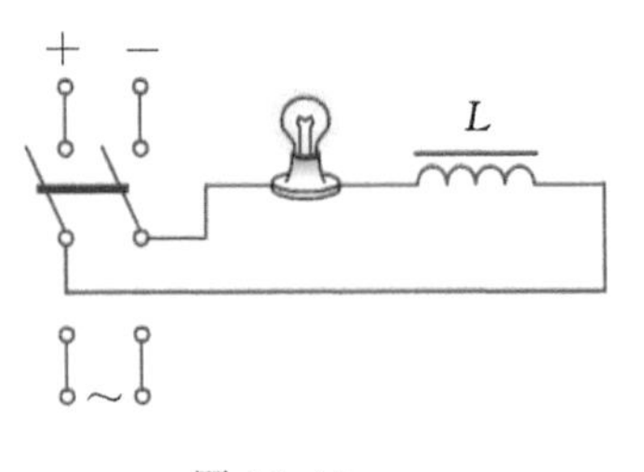

图 17.41

上述电路中，分别改变线圈的自感系数 L 与交流电的频率 f，实验发现，线圈的自感系数 L 越大，交流电的频率 f 越高，电感对交流电的阻碍作用就越大，即线圈的感抗越大。满足的关系式为

$$X_L = 2\pi fL$$

2. 扼流圈

扼流圈工作原理：当电流通过线圈时，线圈产生的磁场阻碍原电流产生的磁场，从而使电流延迟通过。如图 17.42 所示。利用线圈感抗与频率成正比关系的性质，可制作扼流圈扼制高频交流电流，让低频和直流通过。

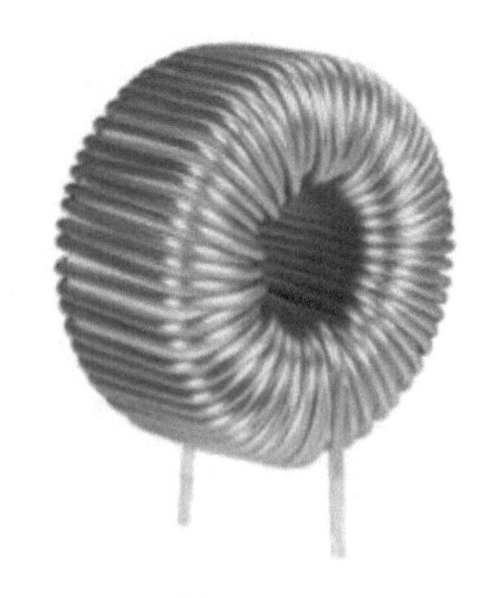
图 17.42

低频扼流线圈是将线圈绕制在有空气隙的铁芯上，匝数为几千甚至上万，其自感系数 L 很大，可达几亨至几十亨，因而对于交变电流具有很大的阻抗，其作用为“通直流阻交流”。

高频扼流圈是将线圈有的绕在铁氧体芯上，有的是空心，匝数为几百或几十，自感系数 L 为几毫亨。这种扼流圈只对高频交变电流有较大的阻碍作用，对低频交变电流的阻碍作用很小，对直流的阻碍作用更小，因此可以用来“通直流，阻交流，通低频，阻高频”。

3. 电容对交流电的影响

如图 17.43(a)所示。当开关接于上端时，构成直流电路，观察灯泡不亮，因为电容器的两极板被绝缘，所以电容器隔直流。当开关接于下端时，构成交流电路，观察到灯泡亮了。实验的结果表明，电容器具有通交流隔直流的性质。其实，交流电并没有通过两极板的绝缘介质，而是由于加在两极板上电压的大小和方向在不断地变化，使得电容器在交替地经历着充放电的过程，这样在电路中就有电流通过了。

如图 17.43(b)所示。将图 17.43(a)中的电容去掉，观察到灯泡立刻变亮了。这表明电容器对交变电流有阻碍作用，描述电容器对交流电阻碍作用大小的物理量称为容抗，表示为 X_C。

在如图 17.43(a)所示的电路中，分别改变电容器的电容 C 与交流电的频率 f，实验发现，电容器的电容 C 越大，交流电的频率 f 越高，电容器对交流电的阻碍作用就越小，即电容器的

容抗越小。满足的关系式为

$$X_C=\frac{1}{2\pi fC}$$

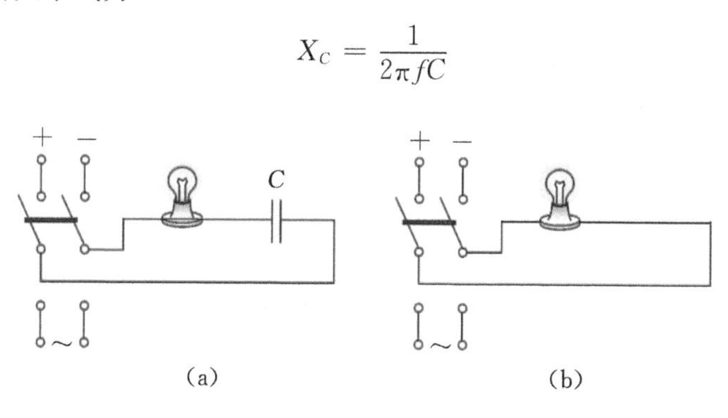

图 17.43

表 17.1 为电阻、电感、电容对电流影响的比较。

表 17.1　电阻、电感、电容对电流影响

	电阻	感抗	容抗
产生的原因	定向运动的电子与不动的离子之间的碰撞	电感线圈的自感现象	极板上所带电荷对定向移动电荷的阻碍
阻碍的特点	对直流和交流都有阻碍作用	通直流、阻交流；通低频、阻高频	通交流、阻直流；通高频、阻低频
相关因素	由导体本身决定	由线圈本身的自感系数和交变电的频率决定	由电容的大小和交流电的频率决定

例 17.17　三只完全相同的灯泡置于如图 17.44 所示的电路中，如果交流电的频率增大，三只灯泡的亮度如何改变？为什么？

解　三支路并联，电压的变化是相同的。灯 L_1 与电感相串联，随着交流电频率的增大，感抗增大，因此，灯 L_1 变暗。灯 L_2 与电容相串联，随着交流电频率的增大，容抗减小，所以，灯 L_2 变亮。灯 L_3 与电阻相串联，随着交流电频率的增大，电阻不变，则灯 L_3 亮度不变。

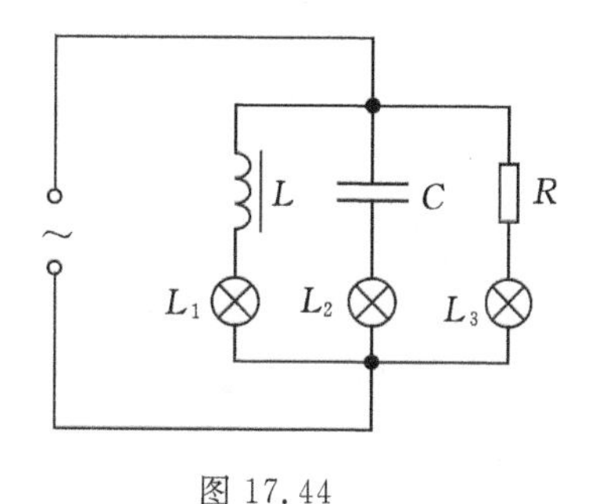

图 17.44

实践　(1)根据所学知识，设计一个将交流电转换为恒定电流的充电器。

(2)打开半导体的后盖，观察哪些是电感，哪些是电容，并说明它们的作用。

习　题

17.1　如图所示，磁带录音机可录音，也可放音，其主要部件为可匀速行进的磁带 a 和绕有线圈的磁头 b。以下说法正确的是(　)。

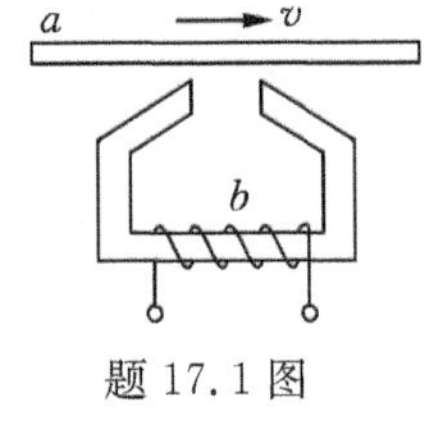

题 17.1 图

A. 放音的主要原理是电磁感应，录音的主要原理是电流的磁效应

B. 录音的主要原理是电磁感应，放音的主要原理是电流的磁效应

C. 放音和录音的主要原理都是磁场对电流的作用

D. 放音和录音的主要原理都是电磁感应

17.2　电磁感应现象揭示了电磁之间的内在联系，根据这一发现，发明了许多电器设备。下列用电器中，利用电磁感应原理的是（　）。

A. 动圈式话筒　　B. 白炽灯泡　　C. 磁带录音机　　D. 日光灯镇流器

17.3　如图所示是一种延时开关。当 S_1 闭合时，电磁铁 F 将衔铁 D 吸下，将 C 线路接通。当 S_1 断开时，由于电磁感应作用，D 将延迟一段时间才被释放。以下说法正确的是（　）。

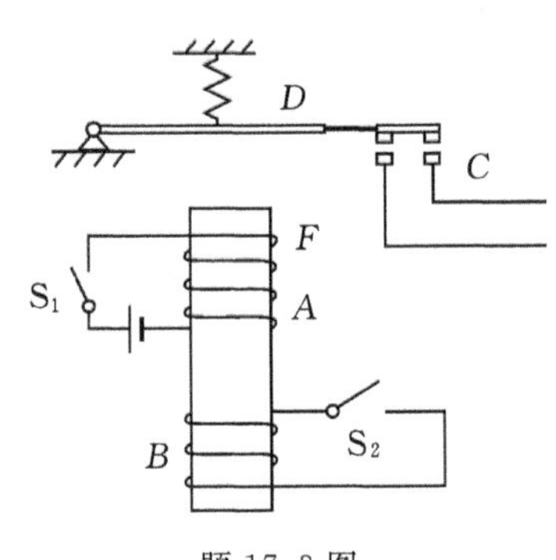

题 17.3 图

A. 由于 A 线圈的电磁感应作用，才产生延时释放 D 的作用

B. 由于 B 线圈的电磁感应作用，才产生延时释放 D 的作用

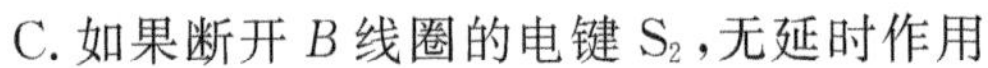

C. 如果断开 B 线圈的电键 S_2，无延时作用

D. 如果断开 B 线圈的电键 S_2，延时将变长

17.4　超导是当今高科技热点，当一块磁体靠近超导体时，超导体会产生超强的电流，对磁体有排斥作用。这种排斥作用可使磁体悬浮空中，磁悬浮列车采用的就是该项技术。

(1)超导体能产生强大的电流，是由于（　）。

A. 超导体中磁通量很大

B. 超导体中磁通量变化率很大

C. 超导体电阻很小

D. 超导体电阻很大

(2)磁体悬浮的原理是（　）。

A. 超导体电流的磁场方向与磁体相同

B. 超导体电流的磁场方向与磁体相反

C. 超导体处于失重状态

D. 超导体产生的磁力与磁体重力平衡

17.5　如图，虚线右侧加有垂直纸面向里、磁感应强度为 B 的匀强磁场。一导线弯成半径为 r 的半圆形闭合回路，其平面与纸面共面。该闭合回路以速度 v 向右匀速进入磁场，直径 CD 始终与虚线垂直。从 D 点到达虚线开始直到 C 点进入磁场为止。以下说法正确的是（　）。

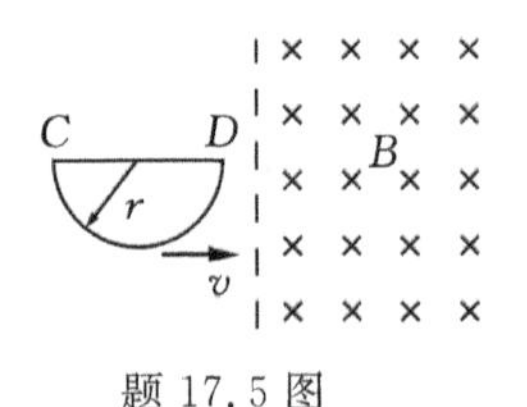

题 17.5 图

A. 感应电流方向不变

B. CD 直线始终不受安培力

C. 感应电动势的最大值为 $\mathscr{E}=Brv$

D. 感应电动势的平均值为 $\mathscr{E}=\frac{1}{4}\pi Brv$

17.6 如图，(a)～(d)分别为通过某一闭合回路的磁通量 Φ 随时间 t 变化的图像，以下说法正确的是（ ）。

A. 图(a)表示闭合回路产生的感应电动势恒定不变

B. 图(b)表示闭合回路产生的感应电动势一直在变大

C. 图(c)中表示闭合回路在 $0 \sim t_1$ 时间内产生的感应电动势小于在 $t_1 \sim t_2$ 时间内产生的感应电动势

D. 图(d)中表示闭合回路产生的感应电动势先变小再变大

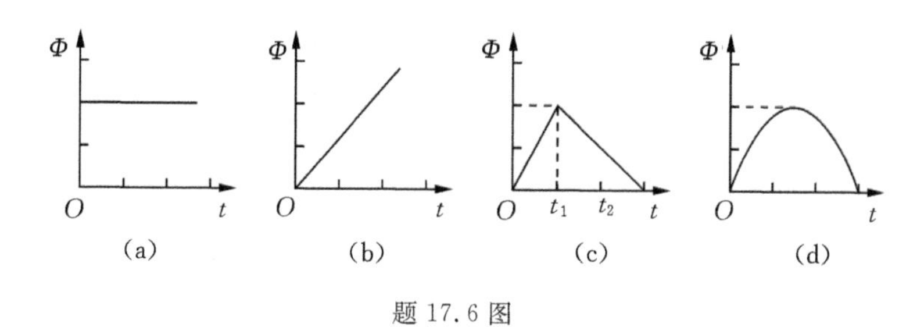

题 17.6 图

17.7 如图，矩形线框 $abcd$ 的一边 ad 恰与长直导线重合(相互绝缘)。今使线框绕不同轴转动，试分析以下哪种情况能使线框中产生感应电流。

A. 以 ad 边为轴转动

B. 以 OO' 为轴转动

C. 以 bc 边为轴转动

D. 以 ab 边为轴转动

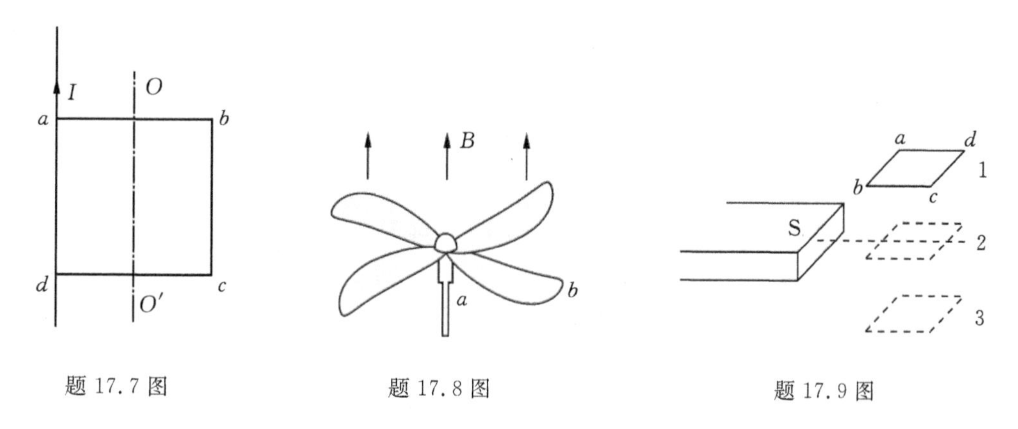

题 17.7 图　　题 17.8 图　　题 17.9 图

17.8 如图，一直升机停在南半球的地磁极上空，该处地磁场的方向竖直向上，磁感应强度为 B。直升机螺旋桨叶片的长度为 l，螺旋桨转动的频率为 f，沿着地磁场的方向观看螺旋桨时，螺旋桨顺时针方向转动。螺旋桨叶片的近轴端为 a，远轴端为 b。如果忽略 a 到转轴中心线的距离，用 $\mathscr{E}$ 表示每个叶片中的感应电动势，试求每个叶片中的感应电动势 $\mathscr{E}$，并比较 a、b 两点的电势。

17.9 如图，水平放置的矩形线圈 $abcd$ 在条形磁铁 S 极附近下落，下落过程中，矩形线圈始终保持水平。位置 1 和位置 3 很靠近位置 2，试分析在线圈由位置 1 下落到位置 2 的过程中，线圈内是否有感应电流？线圈由位置 2 下落到位置 3 的过程中，线圈内是否有感应电流？

17.10　如图，光滑导轨 MN 水平放置，两根导体棒平行放在导轨上，形成闭合回路。试分析条形磁铁由上方下落（未到达导轨平面）的过程中，导体棒 ab、cd 的运动情况。

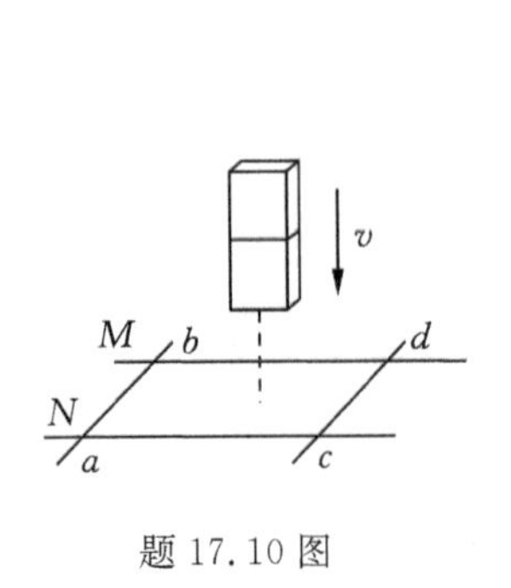

题 17.10 图

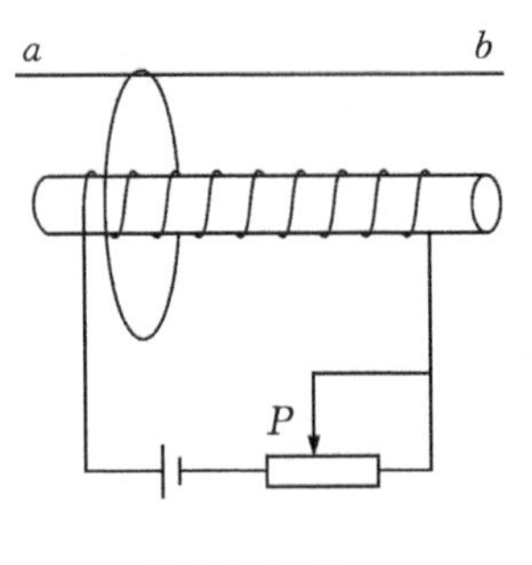

题 17.11 图

17.11　如图，光滑杆 ab 上套一闭合金属环，环中心水平放置一通电螺线管。今将滑线变阻器滑片 P 迅速滑动时，下列说法正确的是（　）。

A. 当 P 向左滑动时，环会向左运动，环的面积有扩张趋势

B. 当 P 向右滑动时，环会向右运动，环的面积有扩张趋势

C. 当 P 向左滑动时，环会向左运动，环的面积有收缩趋势

D. 当 P 向右滑动时，环会向右运动，环的面积有收缩趋势

17.12　如图，两相距 $l_1=0.5$ m 的水平导轨上，放置导体棒 ab，其与导轨左端相距 $l_2=0.8$ m，其右端连接一个等高的滑轮，通过滑轮将金属棒的中点与质量 $m=0.04$ kg 的物体相连接。将该装置放在方向垂直导轨平面、向下的、磁感应强度为 $B=1$ T 的匀强磁场中。导体棒和导轨构成回路的电阻为 $R=0.2\ \Omega$，ab 棒与导轨间的摩擦不计，试求当磁场以 $\frac{\Delta B}{\Delta t}=0.2$ T/s的变化率均匀增加时，需要多长时间，物体刚离开地面。

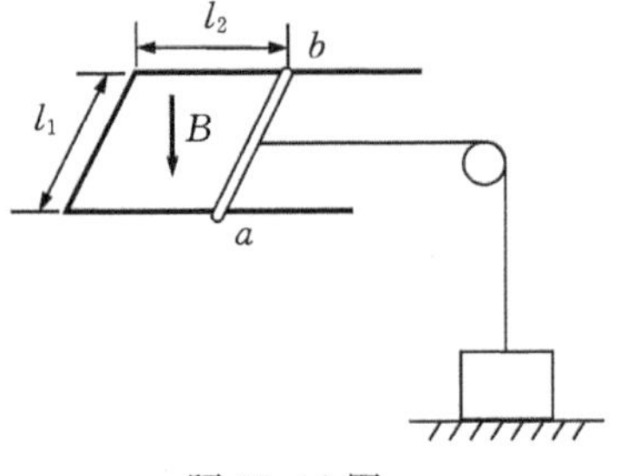

题 17.12 图

17.13　下列关于线圈自感系数大小的说法中，正确的是（　）。

A. 通过线圈的电流越大，自感系数也越大

B. 线圈中的电流变化越快，自感系数越大

C. 插有铁芯时线圈的自感系数会变大

D. 线圈的自感系数与电流大小、电流变化快慢、是否有铁芯等都无关

17.14　一个线圈中的电流均匀增大，这个线圈的（　）。

A. 自感系数匀速增大

B. 磁通量匀速增大

C. 自感系数、自感电动势均匀增大

D. 自感系数、自感电动势、磁通量都不变

17.15 下列关于自感现象和自感系数的说法中,正确的是( )。

A. 若通过某线圈中的电流强度随时间变化的图线如图所示,在 $0\sim t_1$ 这段时间内该线圈中不会产生自感电动势

B. 选项中所述的线圈中会产生自感电动势,且与原电流同向

C. 线圈的自感系数与线圈的形状无关

D. 有铁芯的线圈与无铁芯的线圈自感系数一样大

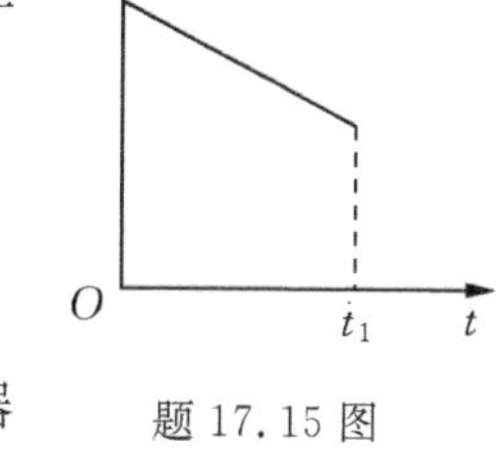

题 17.15 图

17.16 如图,多匝线圈和电池的电阻均忽略不计。两个电阻器的阻值均为 R。电键 S 开始断开,电流为 $I_0=\frac{\mathscr{E}}{2R}$,现合上电键 S 将一个电阻短路,于是线圈中产生自感电动势,该自感电动势( )。

A. 有阻碍电流的作用,最后电流由 I_0 减小为 0

B. 有阻碍电流的作用,最后电流总小于 I_0

C. 有阻碍电流增大的作用,因而电流保持 I_0 不变

D. 有阻碍电流增大的作用,但电流最终增大为 $2I_0$

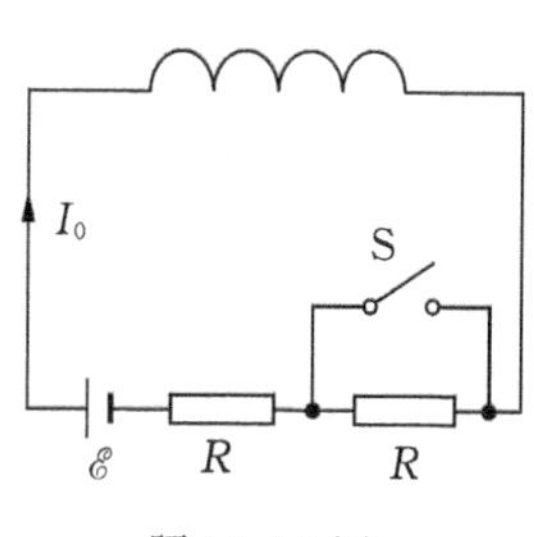

题 17.16 图

17.17 如图所示的电路中,L 为一带有铁芯的线圈,A 为灯泡,电键 K 处于闭合状态。现将电键 S 打开,在电路断开的瞬间,试分析通过灯泡 A 的电流方向,该实验用于演示哪种现象的。

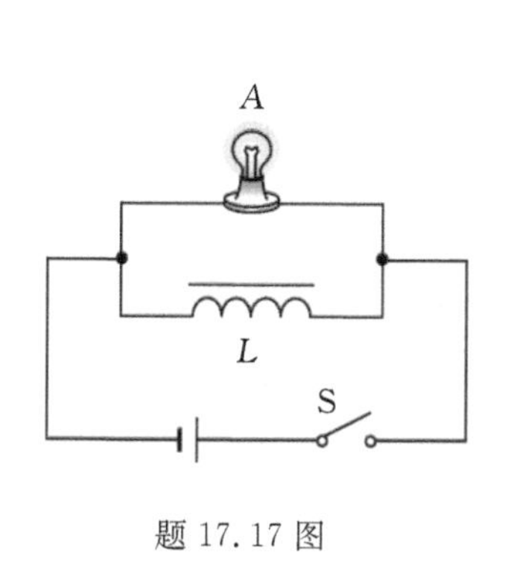

题 17.17 图

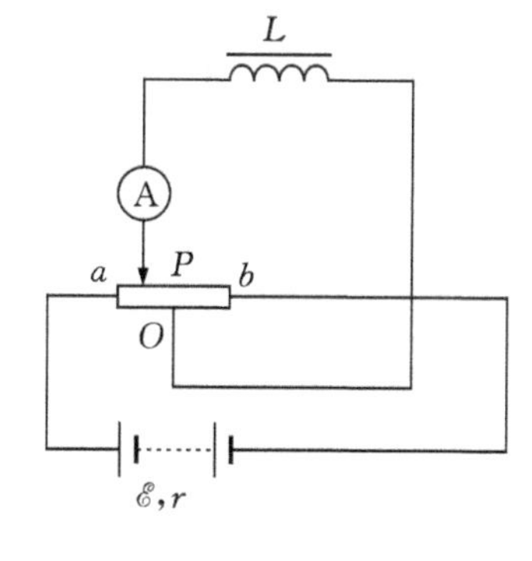

题 17.18 图

17.18 如图所示,线圈的自感系数 $L=1$ mH,O 点在滑线变阻器的中点时,电流表指针指向表盘正中间的零刻度线。当滑动触点 P 在 a 处时,电流表指针左偏,示数为 2 A。当触点 P 在 b 处时,电流表指针右偏,示数也为 2 A。触点由 a 滑到 b 所用时间为 0.02 s,试求当触点 P 由 a 滑到 b 的过程中,线圈 L 两端平均电动势的大小及方向。

17.19 如图 A_1、A_2 是两个电流表,AB 和 CD 两支路直流电阻相同,R 是变阻器,L 是带铁芯的线圈,下列说法正确的是( )。

A. 闭合 S 时,A_1 示数小于 A_2 示数

B. 闭合 S 后(经足够长时间),A_1 示数等于 A_2 示数

C. 断开 S 时,A_1 示数大于 A_2 示数

D. 断开 S 后的瞬间,通过 R 的电流方向与断开 S 前电流方向相反

17.20 如图所示电路中,电源电动势为 $\mathscr{E}$,线圈 L 的电阻不计。以下说法正确的是( )。

A. 闭合开关 S 瞬间，R_1、R_2 中电流强度大小相等

B. 闭合开关 S，稳定后，R_1 中电流强度为零

C. 断开开关 S 的瞬间，R_1、R_2 中电流立即变为零

D. 断开开关 S 的瞬间，R_1 中电流方向向右，R_2 中电流方向向左

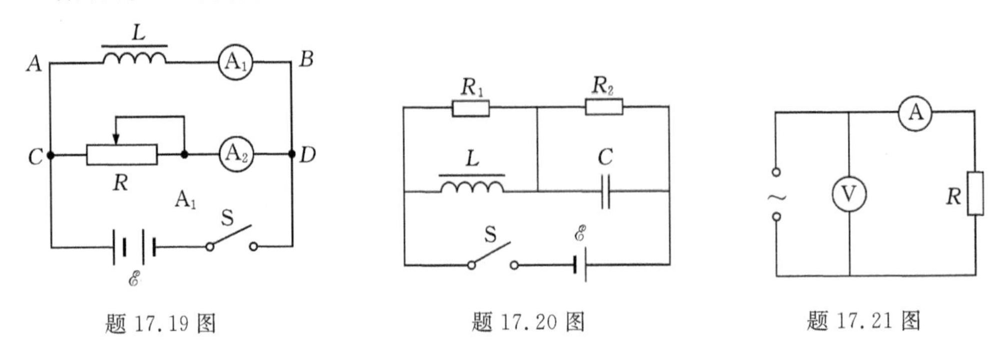

题 17.19 图　　题 17.20 图　　题 17.21 图

17.21　如图所示的电路中，用电器 R 的功率为 2200 W，A、V 分别为交流电流表和交流电压表，交流电源的最大值为 311 V。则交流电流表和交流电压表的读数分别是(　)。

A. 0.1 A、220 V

B. 0.1 A、311 V

C. 0.141 A、220 V

D. 0.141 A、311 V

17.22　下图均为电流随时间变化规律，其中属于交流电的是(　)。

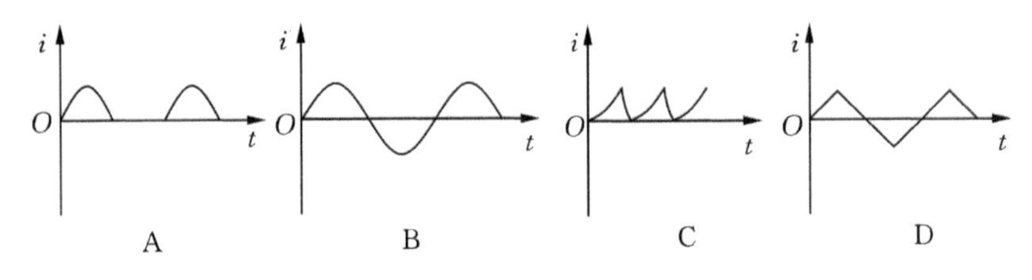

题 17.22 图

17.23　某交流发电机正常工作时的电动势变化规律为 $\mathscr{E}=\mathscr{E}_m\sin\omega t$，若将线圈转速提高一倍，其他条件不变，试求此时电动势变化规律。

17.24　一电热器接在 10 V 的直流电压上，消耗的电功率为 P，若将其接到一交流电压上时，消耗的电功率为 $P/4$，试求该交流电压的最大值。

课外拓展阅读

尼古拉·特斯拉(Nikola Tesla，1856—1943 年)，1856 年 7 月 10 日出生，是世界知名的发明家、物理学家、机械工程师和电机工程师。特斯拉是历史上一位重要的发明家。他一生取得了近 1000 项重大发明，他在 19 世纪末和 20 世纪初对电和磁性的研究做出了杰出贡献。他早期的许多成果变成现代电子工程的先驱，而且，他的许多发现极具开创性和重要性。1943 年，美国最高法院承认他为无线电的发明者。

特斯拉被他当代的钦佩者们视为“创造出20世纪的人”。他是一个被世界遗忘的伟人。他发明了交流发电机,供世人免费使用,他也就放弃了自己成为世界上最富有的人。特斯拉从不在意自己的财务状况,在穷困且被遗忘的情况下病逝,享年86岁。虽然他是一个绝世天才,但是遗憾的是没有多少人能记得他。让我们从此记住他!

尼古拉·特斯拉

第18章 几何光学基础

在日常生活中经常感觉到光的现象，因此人们很早以前就对光的现象进行观察和研究，并积累了很多有关光的知识。关于光的本性问题，早在17世纪就形成了两派不同的学说，以牛顿为代表的一派认为光具有粒子性，主要论据是光的直线前进；以惠更斯为代表的另一派认为光具有波动性。本章以光的直线传播理论讨论球面折射、透镜成像问题，关于光的波动性将在大学物理中讲述。这些现象不仅在理论上是十分重要的，而且在实际中也有很多的应用。

18.1 球面折射

18.1.1 单球面折射

当光线从一种介质进入另一种介质，而两种介质的分界面是球面或球面的一部分时，所产生的折射现象称为单球面折射(refraction at a spherical surface)。单球面是一种最简单的光学系统，同时也是大多数光学仪器的基本部件。因此研究单球面成像规律有助于我们了解光学仪器的成像原理。

如图18.1所示，AP 是球面，P 为球面顶点，C 是球面曲率中心，r 为球面的曲率半径，折射面两侧介质的折射率分别为 n_1、n_2，并设 $n_1<n_2$。位于主光轴上的点光源 O 发出的光线经球面折射后交于主光轴上 I 点，I 就是点光源 O 的像。用 u 代表物距 OP，v 代表像距 IP。物距和像距之间有什么样的关系呢？

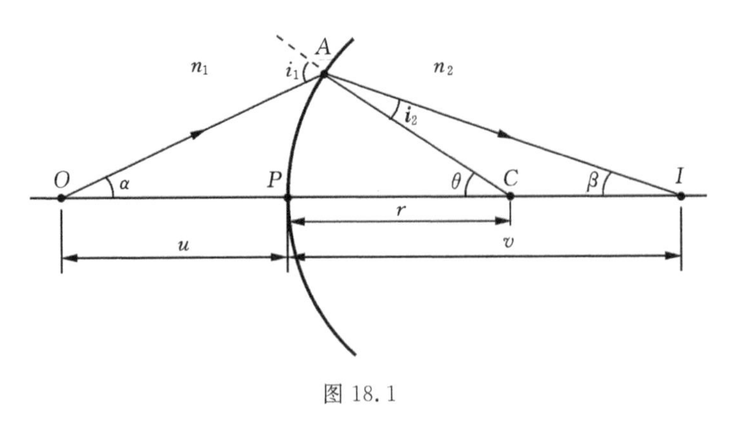

图18.1

入射线 OA 和折射线 AI 应满足折射定律 $n_1\sin i_1=n_2\sin i_2$。对于近轴光线，AP 的长度比 u、v 和 r 都小得多，因此入射角 i_1 和折射角 i_2 都很小，故近似有 $\sin i_1\approx i_1$、$\sin i_2\approx i_2$，折射定律

可写为

$$n_1 i_1 = n_2 i_2$$

在△OAC和△ACI中，$i_1 = \alpha + \theta$，而且$i_2 = \theta - \beta$，将它们代入上式，整理得

$$n_1 \alpha + n_2 \beta = (n_2 - n_1)\theta$$

由于OA是近轴光线，α、β和θ都很小，故近似有$\alpha = \frac{AP}{u}$、$\beta = \frac{AP}{v}$及$\theta = \frac{AP}{r}$。代入上式，消去AP，得

$$\frac{n_1}{u} + \frac{n_2}{v} = \frac{n_2 - n_1}{r} \tag{18.1}$$

上式称为单球面成像公式。其适用条件是入射光线为α较小的近轴光线。上式不论对单凸球面还是单凹球面都成立。n_1是物所在空间介质的折射率、n_2为像所在空间介质的折射率。实际应用时，应遵守符号规则：实物的u和实像的v取正，虚物的u和虚像的v取负；凸球面迎光线时r取正，凹球面迎光线时r取负。

如图18.2(a)所示，F_1是位于主光轴上的点光源，如果它发出的光线经单球面折射后变为平行光束，则F_1称为单球面的第一焦点(first focal point)。从F_1到折射面顶点P的距离称为第一焦距(first focal length)，用f_1表示。将物距$u = f_1$，像距$v = \infty$代入式(18.1)得单球面的第一焦距

$$f_1 = \frac{n_1}{n_2 - n_1} r \tag{18.2}$$

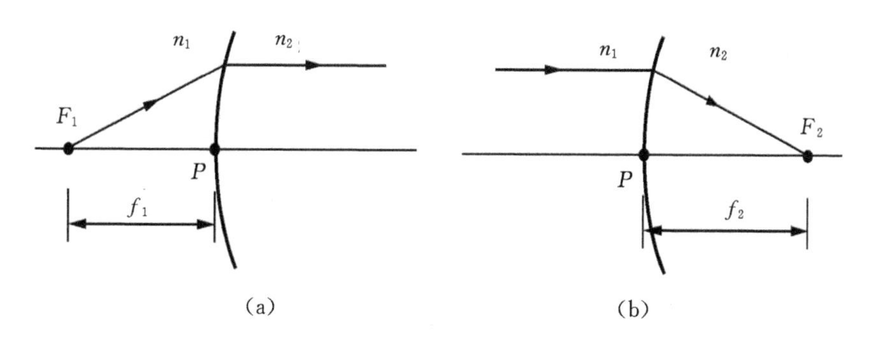

图18.2

如图18.2(b)所示，当平行于主光轴的入射光线经单球面折射后成像于点F_2，则F_2称为单球面的第二焦点(second focal point)。从F_2到折射面顶点P的距离称为第二焦距(second focal length)，用f_2表示。将物距$u = \infty$，像距$v = f_2$代入式(18.1)得单球面的第二焦距

$$f_2 = \frac{n_2}{n_2 - n_1} r \tag{18.3}$$

焦距f_1和f_2可正可负，当f_1和f_2为正时，F_1和F_2为实焦点，折射面是会聚光线的；当f_1和f_2为负时，F_1和F_2为虚焦点，折射面是发散光线的。

式(18.2)和式(18.3)表明，对于同一单球面，f_1和f_2值不同，两者的比值等于两侧介质折射率之比，即$\frac{f_1}{f_2} = \frac{n_1}{n_2}$。

单球面的焦距表征单球面折射光线的本领。焦距越短，单球面折射光线的本领越强，反之

越弱。介质的折射率与相应侧单球面焦距的比值也表征单球面折射光线的本领，称为单球面的焦度(dioptric strength)，用 B 表示，即

$$B=\frac{n_1}{f_1}=\frac{n_2}{f_2}=\frac{n_2-n_1}{r} \tag{18.4}$$

由上式可以看出，单球面的焦度 B 与折射球面的曲率半径 r 成反比，而与两侧介质的折射率之差(n_2-n_1)成正比。因此，r 越小而 n_1 与 n_2 之差越大，B 越大，即单球面折射光线的本领越强。

18.1.2 共轴球面系统

在实际光学系统中，折射球面往往不止一个。由曲率中心在同一直线上的多个折射球面组成的系统称为共轴球面系统(coaxial spherical system)。曲率中心所在的直线叫做共轴球面系统的主光轴。

对于共轴球面系统可采用逐次成像的方法求解整个系统的成像问题，即先求出物体经第一个折射球面所成的像 I_1，然后以 I_1 作为第二个折射球面的物，求它经第二个折射球面所成的像 I_2，依次类推，直到求出最后一个折射球面所成的像为止。

例 18.1 如图 18.3 所示，折射率为 1.5、厚度为 5 cm 的玻璃体，前端面为凸球面、后端面为凹球面，曲率半径均为 2 cm。求位于主光轴上空气中玻璃体前距玻璃体前端面顶点 10 cm 处的点光源通过该光学系统后成的像。

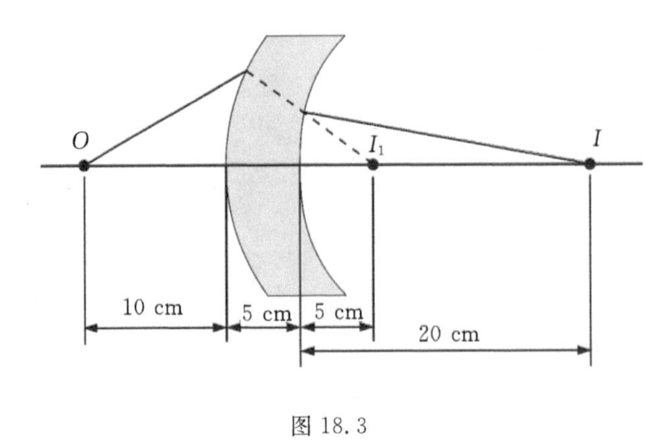

图 18.3

解 对第一个折射面 $n_1=1, n_2=1.5, u_1=10\text{ cm}, r=2\text{ cm}$。

代入式(18.1)有

$$\frac{1}{10}+\frac{1.5}{v_1}=\frac{1.5-1}{2}$$

解得

$$v_1=10\text{ cm}$$

如果没有第二个折射球面，I_1 应该在第一个折射面后 10 cm 处。由于 I_1 是在第二个折射面的后面，因此对第二个折射面来说是一虚物，物距 $n_1=1.5, n_2=1, u_2=-5\text{ cm}, u_2=-5\text{ cm}, r=2\text{ cm}$，代入式(18.1)，有

$$\frac{1.5}{-5}+\frac{1}{v_2}=\frac{1-1.5}{2}$$

解得

$$v_2=20\text{ cm}$$

即像最后成在玻璃体后距玻璃体后球面顶点 20 cm 处，为实像。

18.2 透　镜

由两个共轴折射面构成的光学系统叫做透镜(lens)。透镜是最简单的共轴球面系统，也是放大镜、照像机、显微镜等光学仪器的重要组成部件。

18.2.1 薄透镜

透镜两折射面在主光轴上的间距称为透镜的厚度。厚度与两个折射面的曲率半径相比小得多的透镜称为薄透镜(thin lens)。薄透镜成像具有什么规律呢？

如图 18.4 所示，折射率为 n 的薄透镜处在折射率为 n_0 的透明介质中时，将光源 O 发出的近轴光线会聚于主光轴上，透镜的另一侧形成像 I。u_1、v_1、r_1 及 u_2、v_2、r_2 分别表示薄透镜第一折射面和第二折射面的物距、像距及曲率半径。

对于第一折射面，$n_1=n_0$，$n_2=n$；对于第二折射面，$n_1=n$，$n_2=n_0$。分别应用单球面成像公式，有

$$\frac{n_0}{u_1}+\frac{n}{v_1}=\frac{n-n_0}{r_1}$$

$$\frac{n}{u_2}+\frac{n_0}{v_2}=\frac{n_0-n}{r_2}$$

以上两式相加整理，得

$$\frac{1}{u}+\frac{1}{v}=\frac{n-n_0}{n_0}\left(\frac{1}{r_1}-\frac{1}{r_2}\right) \quad (18.5)$$

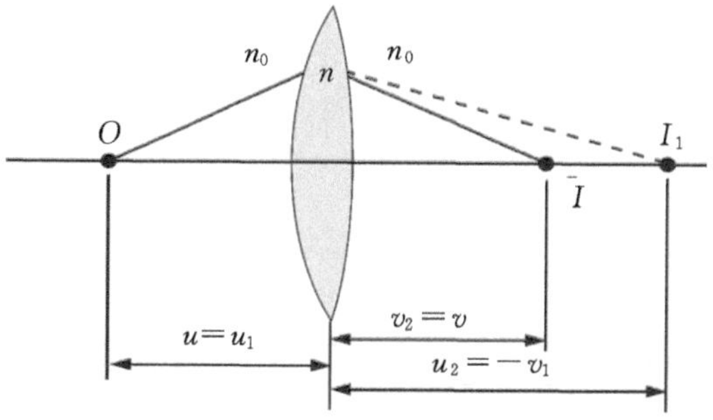

图 18.4

上式称为薄透镜成像公式。薄透镜成像公式适用于所有的凸、凹薄透镜。实际应用时，应遵守符号规则：实物的 u 和实像的 v 取正，虚物的 u 和虚像的 v 取负；凸球面迎光线时 r 取正，凹球面迎光线时 r 取负。

将薄透镜成像公式(18.5)与中学学过的薄透镜成像公式 $\frac{1}{u}+\frac{1}{v}=\frac{1}{f}$ 比较，可得薄透镜的焦距

$$f=\left[\frac{n-n_0}{n_0}\left(\frac{1}{r_1}-\frac{1}{r_2}\right)\right]^{-1} \quad (18.6)$$

透镜的焦距表征透镜折射光线的本领。焦距越短，透镜折射光线的本领越强，反之越弱。

焦距的倒数也表征透镜的折射本领，称为透镜的焦度，用 D 表示，即

$$D=\frac{1}{f} \quad (18.7)$$

焦度的单位叫做屈光度(diopter,D)，焦距为 1 m 的透镜的焦度为 1 D。在配眼镜时焦度一般以度为单位，1 D=100 度。焦度越大，透镜折射光线的本领越强，反之越弱。会聚透镜的焦度为正，发散透镜的焦度为负。

例 18.2　求一个折射面为平面、另一个是半径为 30 cm 的凹球面、折射率为 1.5 的薄透镜在空气中的焦距。

解　如图 18.5 所示，假定光线从平面入射，这时 $r_1=\infty, r_2=30\ \text{cm}, n=1.5, n_0=1$。代入式(18.6)，得

$$f=\left[(1.5-1)\left(\frac{1}{\infty}-\frac{1}{30}\right)\right]^{-1}=-60\ \text{cm}$$

请思考若光线从凹面入射，结果会怎样？

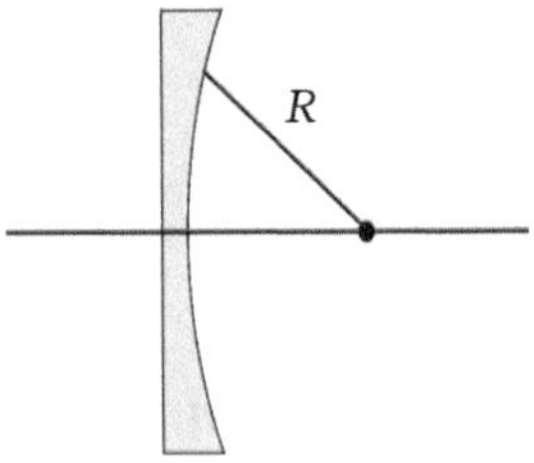

图 18.5

18.2.2　薄透镜组

由两个或两个以上的透镜共轴组成的光学系统称为透镜组。对于透镜组的成像，与共轴球面系统成像类似，采用逐次成像法，即先求出物体经第一个透镜所成的像，用它作为第二个透镜的物，依此类推，直至求出最后一个透镜所成的像为止。

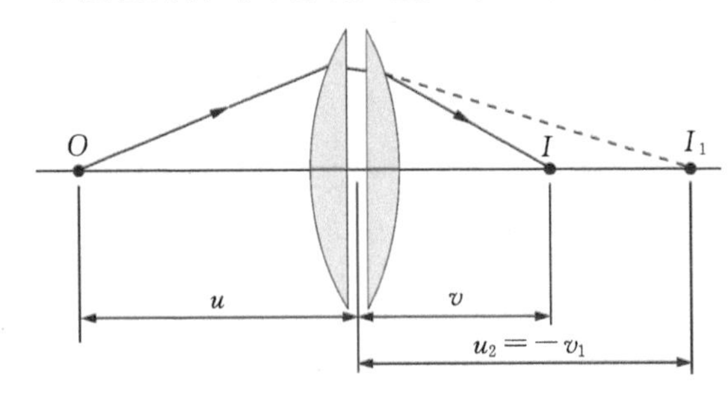

图 18.6

焦距分别为 f_1 和 f_2 的两个紧密接触的薄透镜光学系统，具有怎样的物像关系呢？如图 18.6 所示，点物 O 经第一透镜成像为 I_1，物距、像距分别为 u、v_1 利用薄透镜公式 $\frac{1}{u}+\frac{1}{v}=\frac{1}{f}$ 得

$$\frac{1}{u}+\frac{1}{v_1}=\frac{1}{f_1}$$

对于第二个透镜，物距 $u_2=-v_1$（虚物），像距为 v，有

$$\frac{1}{-v_1}+\frac{1}{v}=\frac{1}{f_2}$$

以上两式相加得

$$\frac{1}{u}+\frac{1}{v}=\frac{1}{f_1}+\frac{1}{f_2}=\frac{1}{f}$$

f 称为透镜组的等效焦距，f 与 f_1、f_2 的关系为

$$\frac{1}{f}=\frac{1}{f_1}+\frac{1}{f_2} \tag{18.8}$$

上式可以用来测定凹透镜的焦距。欲知一凹透镜的焦距 f_1，将其与焦距为 f_2（已知）的凸透镜紧密接触，注意凸透镜的选择应使组合透镜组的等效焦距 $f>0$，即组合透镜相当于一个凸透镜。测出组合透镜组的焦距，根据上式即可求得凹透镜的焦距 f_1。

若 D_1、D_2 分别表示两个透镜的焦度、D 为紧密接触的透镜组的等效焦度，则有

$$D=D_1+D_2 \tag{18.9}$$

18.2.3 圆柱面透镜

表面是圆柱面一部分的透镜叫做圆柱面透镜。如图 18.7 所示，圆柱面透镜有凸透镜也有凹透镜，有两个面都是圆柱面的，也有一面是平面，另一面是圆柱面的。

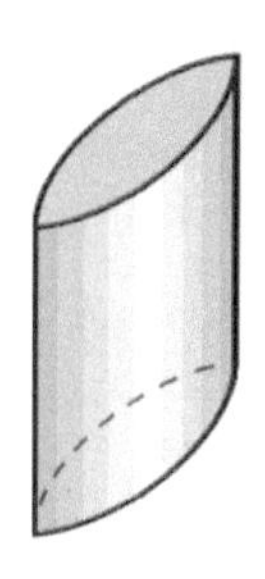
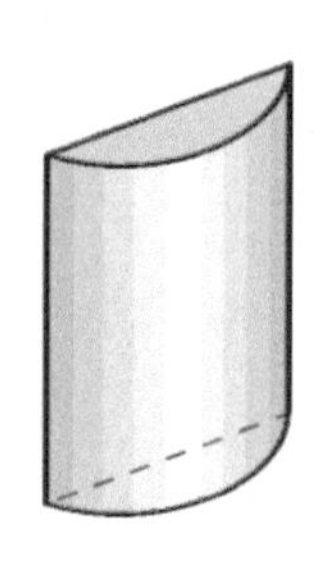
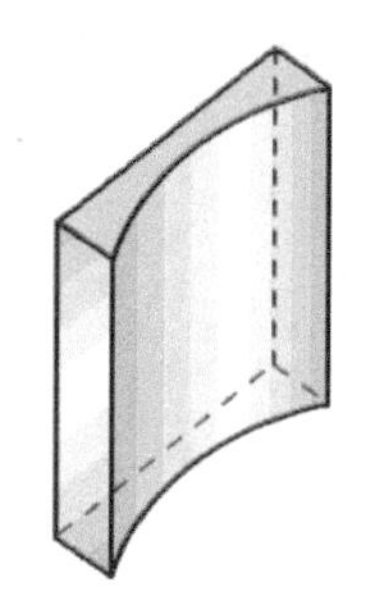

图 18.7

圆柱面透镜的水平截面和球面透镜的截面相似，同一水平面内的入射光线经圆柱透镜后将会聚或发散，如图 18.8(a)所示；而垂直方向的截面就像一块平板，如图 18.8(b)所示。入射光线经垂直平面时不改变方向。点光源经会聚圆柱面透镜后所成的像是一条直线，如图 18.8(c)所示。

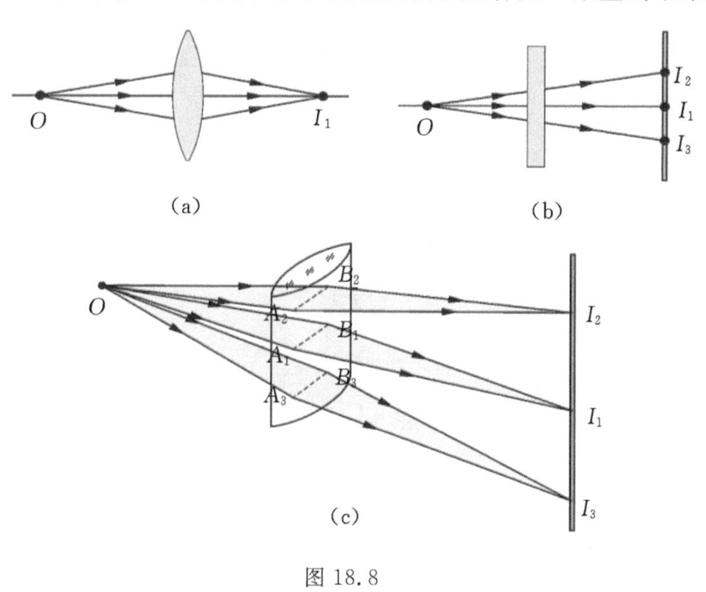

图 18.8

18.3 光学仪器成像

18.3.1 放大镜

1. 角放大率

物体上下两端点对眼睛所张的角度叫做视角。视角决定物体在视网膜上成像的大小，视角愈大，像愈大。在观察微小物体时，为了增大视角，需将物体移近眼睛。若物体太小，移近眼睛仍看不清，这时需要使用增大视角的光学仪器，才能看清微小物体。

光学仪器增大视角的能力叫做角放大率(angular magnification)。若眼睛直接观察明视距离处线度为 y 的小物体时，视角为 θ。使用增大视角的光学仪器观察同一小物体时，视角增为 γ，则增大视角的光学仪器的角放大率为 $a=\frac{\gamma}{\theta}$。因为观察的是小物体，θ 一般很小，近似有 $\theta=\frac{y}{25}$，因此上式可写成

$$a=\frac{25\gamma}{y} \tag{18.10}$$

式中 y 为小物体的线度。

2. 放大镜

放大镜是一种增大视角的光学仪器。一个焦距较短的凸透镜就是一个放大镜(magnifier)。使用时，将物体放在放大镜的焦点内靠近焦点处，使物体发出的光线经过放大镜后变成平行光或近似平行光进入人眼，眼不调节或稍调节便在视网膜上成清晰的像，如图 18.9 所示。由于观察的是小物体，γ 一般较小，f 为放大镜的焦距，近似有 $\gamma=\frac{y}{f}$，代入式(18.10)，放大镜的放大率为

$$a=\frac{25}{f} \tag{18.11}$$

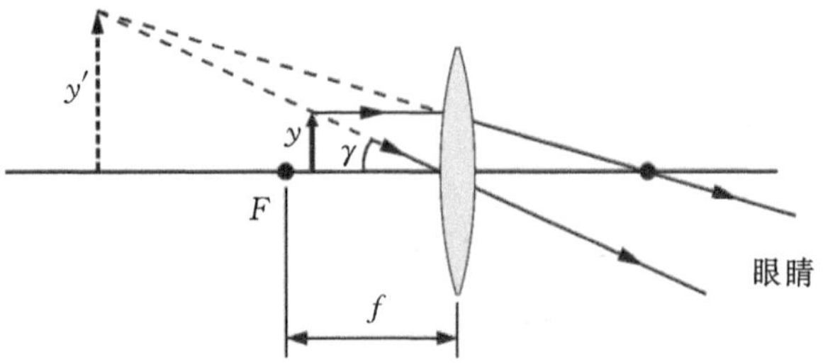

图 18.9

上式表明，放大镜的角放大率与放大镜的焦距成反比。因此可以用缩短透镜焦距的办法增大放大镜的角放大率，但是这种作法是有限度的，因为短焦距的透镜难磨制，而且会产生像差，所以一般单个透镜的放大率约为几倍。由透镜组构成的放大镜放大率也只有二十几倍。

18.3.2 显微镜

显微镜是普遍使用的一种增大视角的光学仪器。两组共轴会聚透镜适当组合便构成了显微镜(microscope)，如图 18.10 所示，左边的一组透镜焦距较短，称为物镜(objective)；右边的一组透镜焦距较长，称为目镜(eyepiece)。物镜和目镜分别由多块透镜组成，主要是为了减少各种像差。被观察的物体 y 置于物镜焦点 F_1 外靠近 F_1 处，它发出的光线经物镜后，在目镜焦点 F_2 内靠近 F_2 处成一放大倒立的实像 y'，再由目镜在观察者的明视距离或无穷远处成一放大的虚像 y''。根据式(18.10)，显微镜的放大率为

$$M = \frac{25\gamma}{y}$$

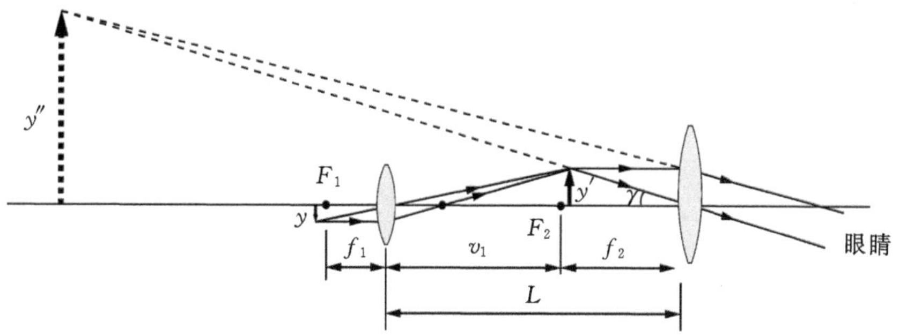

图 18.10

由图 18.10 可知，$\gamma = \frac{y'}{f_2}$，f_2 是目镜的焦距，代入上式得

$$M = \frac{25\gamma}{y} = \frac{y'}{y}\frac{25}{f_2}$$

式中$\frac{y'}{y}$是物镜的线放大率 m，而$\frac{25}{f_2}$为目镜的角放大率 a，因此上式可写成

$$M = ma \tag{18.12}$$

上式表明，显微镜的放大率等于物镜的线放大率与目镜的角放大率的乘积。一般显微镜附有可调换的物镜和目镜，适当配合使用可以获得不同的放大率。

物体在物镜焦点外靠近焦点处，所以近似有$\frac{y'}{y} = \frac{v_1}{f_1}$，$v_1$ 是物镜的像距。式(18.12)可以写成

$$M = \frac{25v_1}{f_1 f_2} \tag{18.13}$$

物镜与目镜间的距离叫做显微镜的镜筒长，记为 L，$L = v_1 + f_2$。根据式(18.13)，放大率与两焦距成反比，故高放大率的显微镜的焦距都比较短，因此近似有 $L = v_1 + f_2 \approx v_1$，上式为

$$M = \frac{25L}{f_1 f_2} \tag{18.14}$$

上式表明，镜筒越长或物镜和目镜的焦距越短，显微镜的放大率越大。

18.3.3 像差

利用光学仪器是为了得到一个与原物在几何形状上相似的清晰且放大的像。实际上，原物通过透镜所成的像往往会出现差异，这就是像差(aberration)。下面介绍两种主要像差。

1. 球面像差

我们在推导单球面成像公式和透镜成像公式时，都假定入射光线是近轴光线。如图18.11所示，如果入射光线中有远轴光线，则经透镜后，由于光线入射角不同而在主光轴上的会聚点不同，这种现象称为球面像差(spherical aberration)。在透镜前加一个光阑，限制远轴光线进入成像系统，便可减小球面像差。

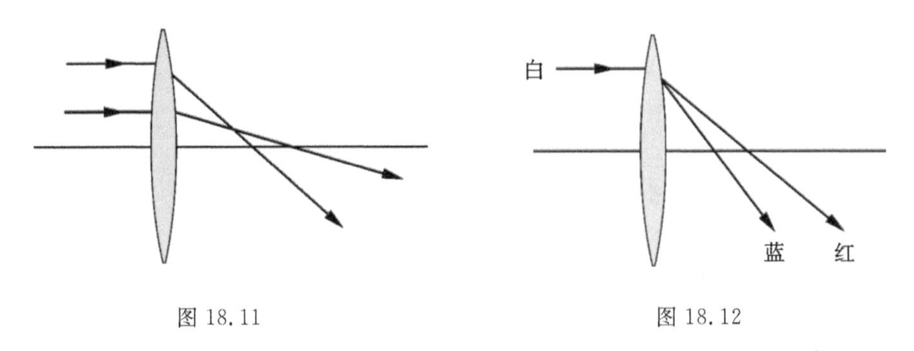

图 18.11　　图 18.12

2. 色像差

由于透镜材料对于不同光波具有不同的折射率，因此不同颜色的光线在透镜中折射情况不一样。若所使用的透镜材料对波长短的光折射强，那么当白光经透镜后紫光焦点离透镜最近，而红光焦点离透镜最远，它们之间分别是紫、蓝、绿、黄、橙的焦点。这种现象称为透镜的色像差(chromatic aberration)，如图 18.12 所示。减小色像差的办法是，使用不同材料制成的凸透镜和凹透镜适当组合，使一个透镜产生的色像差被另一个透镜所抵消。例如冕牌玻璃的色散能力较火石玻璃弱，若在冕牌玻璃的凸透镜上粘贴一个适当的火石玻璃的凹透镜，使由凸透镜产生的色像差的大部分被凹透镜所抵消，从而减小色像差。

思考题

18.1　怎样使用单球面成像公式求解共轴球面系统成像问题？

18.2　根据薄透镜焦距公式说明：一个给定的薄透镜在一种介质中起会聚透镜的作用，而在另一种介质中可能起发散透镜的作用。

18.3　放大镜的作用是什么？显微镜的放大原理是什么？

18.4　产生球面像差、色相差的原因？

习　题

18.1　半径为 6 cm，折射率为 1.5 的玻璃球内，离球面顶点 4.5 cm 处有一小气泡，求：(1)在离气泡近的一侧看到气泡的位置；(2)画出光路图。

18.2　半径为 R 的薄壁玻璃球内充满水。求光轴上离球前表面顶点 $3R$ 处的点物通过该光学系统所成的像。

18.3　长为 3 cm、折射率为 1.5 的玻璃棒，一端是曲率半径为 2 cm 的凸球面，另一端为平面。求棒外光轴上离棒凸球面顶点 8 cm 处的点物通过该光学系统后所成的像。

18.4　折射率为 1.5 的长玻璃棒，一端是曲率半径为 2 cm 的凸球面。求长棒分别在(1)空气中；(2)水中时，棒外光轴上离棒凸球面顶点 8 cm 处的点物通过该光学系统后所成的像。

18.5　将折射率为 1.5、焦距为 10 cm 的薄透镜置于水中，求透镜前光轴上距透镜 20 cm 处的点物通过该透镜后所成的像。

18.6　折射率为 1.5 的平凸薄透镜，凸面曲率半径为 10 cm。求位于透镜前光轴上离透镜 10 cm 处的点物通过该透镜后所成的像。